精/华/卷

思维导图

革命性思维工具◆激发大脑潜能

宿文渊　编著

浙江工商大學出版社
ZHEJIANG GONGSHANG UNIVERSITY PRESS

图书在版编目（CIP）数据

思维导图 / 白虹编著 . — 杭州 : 浙江工商大学出版社 , 2017.9

ISBN 978-7-5178-2229-5

Ⅰ . ①思… Ⅱ . ①白… Ⅲ . ①思维方法 Ⅳ . ① B804

中国版本图书馆 CIP 数据核字（2017）第 141389 号

思维导图

白虹 编著

责任编辑 傅 恒 沈明珠
封面设计 思梵星尚
责任印制 包建辉
出版发行 浙江工商大学出版社
（杭州市教工路 198 号 邮政编码 310012）
（E-mail: zjgsupress@163.com）
（网址：http: //www.zjgsupress.com）
电话：0571-88904980，88831806（传真）
排 版 北京东方视点数据技术有限公司
印 刷 北京德富泰印务有限公司
开 本 710mm × 1000mm 1/16
印 张 20
字 数 274 千
版 印 次 2017 年 9 月第 1 版 2017 年 9 月第 1 次印刷
书 号 ISBN 978-7-5178-2229-5
定 价 48.00 元

浙江工商大学出版社营销部邮购电话 0571-88904970

前 言

Preface

“思维导图”概念的提出，标志着人类对大脑潜能的开发进入了一个全新的阶段。如今，这一由英国“记忆之父”东尼·博赞发明的思维工具，已成为21世纪革命性思维工具。作为一种终极的思维工具和21世纪革命性的管理工具、学习工具，思维导图的出现，在教育界和商界掀起了一场超强的大脑风暴，被人称作“大脑瑞士军刀”。

思维导图又叫心智图，是表达发散型思维的有效图形思维工具，它运用图文并重的技巧，把各级主题的关系用相互隶属与相关的层级图表现出来，把主题关键词与图像、颜色等建立记忆链接，充分运用左右脑的机能，利用记忆、阅读、思维的规律，协助人们在科学与艺术、逻辑与想象之间平衡发展，从而开启人类大脑的无限潜能。

我们知道，每一种进入大脑的资料，不论是感觉、记忆或是想法——包括文字、数字、代码、食物、香气、线条、颜色、意象、节奏、音符等，都可以成为一个思考中心，并由此中心向外发散出成千上万的关节点，每一个关节点代表与中心主题的一个连结，而每一个连结又可以成为另一个中心主题，再向外发散出成千上万的关节点，而这些关节的连结可以视为您的记忆，也就是您的个人数据库。人类从一出生就开始累积这些庞大且复杂的数据库，在使用思维导图后，大脑的资料存储就变得简单明晰，更具效率，也更加轻松有趣了。

众所周知，人与人之间在能力上并没有多大的差别。之所以在学习、工作中分出伯仲，原因就在于思维方式和思考模式的不同。思维导图是彩色的，图文并重，这有助于开发人的智力；思维导图是发散性的，这有助于培养一个人的全面性思维与逻辑性；思维导图是无局限的，可以应用于生活的各个方面；它充满想象，记录联想的过程，从而也激发更多创意。对于世界上的每一个人来说，思维导图的出现，都带来了一场深刻而广泛的思维革命。思维导图可以帮助人们更直接地接近和实现个人目标；更轻松地学习和记忆各类知识；更有效地支配生活；更高效地完成工作；更完美地规划自我。它除了可以提供一种正确而快速的学习方法与工具外，运用在创意开发、项目企划、教育演讲、会议管理，甚至职场竞争、人际交往、自我分析、解决性格缺失等方面，也往往会产生令人惊喜的效果。

今天，在哈佛大学、剑桥大学，学校师生都在使用思维导图这项思维工具教学、学习；在新加坡，思维导图已经基本成为中小学生的必修课，用思维导图提升智力能力、提高思维水平已经得到越来越多人的认可。名列世界500强的众多公司更是把思维导图课程作为员工进入公司的必修课，其中不乏IBM、微软、惠普、波音等世界著名的大公司。

21世纪的经济，无疑是以知识经济作主导，全民族智力的发展将决定着国家未来的繁荣昌盛。人类历史越来越演变成为教育与灾难之间的赛跑。要想促进知识经济的发展和国民素质的提高，就必须提高人们学习、工作的能力和效率。思维导图正是可以帮助我们做到这一点的超强大脑工具，它会在我们学习工作和生活的各个层面发挥作用，为整个社会的发展做出应有的贡献。

本书融科学性、实用性、系统性、可读性于一体，以思维导图的形式介入广大学生和各行各业学习者的生活、工作中，用简明易懂的讲解和实用易学的心智图挖掘其创造潜能、思维潜能、精神潜能、记忆潜能、感觉潜能、计算潜能和文字表达潜能……解决各类疑难问题，使我们的生活、工作更加轻松、更富成效。

当全世界有超过2.5亿人认识到思维导图的巨大价值，使用思维导图并获益的时候，希望你也成为他们当中的一员！

目 录
Contents

第一篇　大脑使用说明

第二篇　唤醒创造天才

第三篇 获取超级记忆

第四篇　磨砺社交技能

第五篇 职场成功秘符

第六篇　画出完美人生

第一篇

大脑使用说明

第一章

思维导图概述

揭开思维导图的神秘面纱

思维导图是由世界著名的英国学者东尼·博赞发明。思维导图又叫心智图，是把我们大脑中的想法用彩色的笔画在纸上。它把传统的语言智能、数字智能和创造智能结合起来，是表达发散性思维的有效图形思维工具。

思维导图自一面世，即引起了巨大的轰动。

作为21世纪全球革命性思维工具、学习工具、管理工具，思维导图已

经应用于生活和工作的各个方面，包括学习、写作、沟通、家庭、教育、演讲、管理、会议等，运用思维导图带来的学习能力和清晰的思维方式已经成功改变了2.5亿人的思维习惯。

英国人东尼·博赞作为“瑞士军刀”般思维工具的创始人，因为发明“思维导图”这一简单便捷的思维工具，被誉为“智力魔法师”和“世界大脑先生”，闻名世界。作为大脑和学习方面的世界超级作家，东尼·博赞出版了80多部专著或合著，系列图书销售量已达到1000万册。

思维导图是一种革命性的学习工具，它的核心思想就是把形象思维与抽象思维很好地结合起来，让你的左右脑同时运作，将你的思维痕迹在纸上用图画和线条形成发散性的结构，极大地提高你的智力技能和智慧水准。

在这里，我们不仅是介绍一个概念，更要阐述一种最有效最神奇的学习方法。不仅如此，我们还要推广它的使用范围，让它的神奇效果惠及每一个人。

思维导图应用的越广泛，对人类乃至整个宇宙产生的影响就越大。

而你在接触这个新东西的时候会收获一种激动和伟大发现的感觉。

思维导图用起来特别简单。比如，你今天一天的打算，你所要做的每一件事，我们可以用一张从图中心发散出来的每个分支代表今天需要做的不同事情。

简单地说，思维导图所要做的工作就是更加有效地将信息“放入”你的大脑，或者将信息从你的大脑中“取出来”。

思维导图能够按照大脑本身的规律进行工作，启发我们抛弃传统的线性思维模式，改用发散性的联想思维思考问题；帮助我们作出选择、组织自己的思想、组织别人的思想，进行创造性的思维和脑力风暴，改善记忆和想象力等；思维导图通过画图的方式，充分地开发左脑和右脑，帮助我们释放出巨大的大脑潜能。

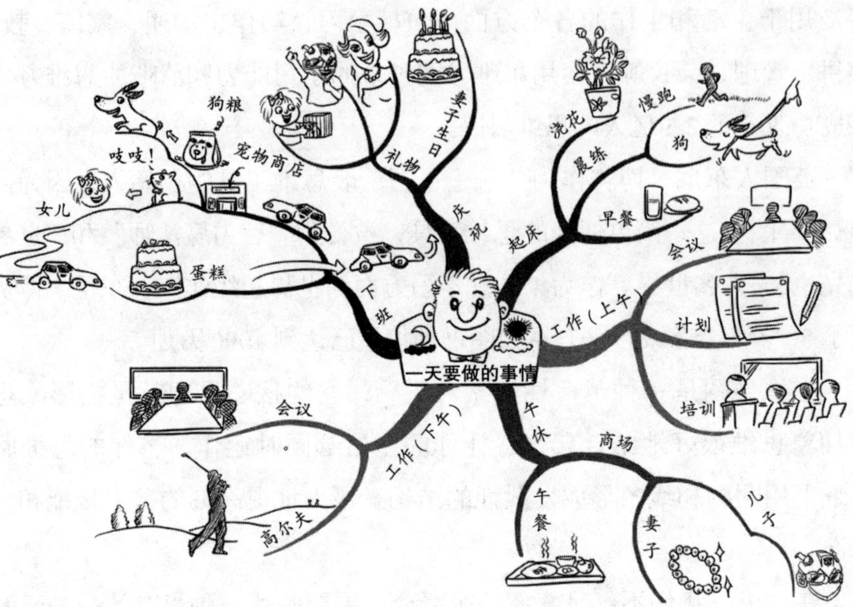

让 2.5 亿人受益一生的思维习惯

随着思维导图的不断普及，世界上使用思维导图的人数可能已经远远超过 2.5 亿。

据了解，目前许多跨国公司，如微软、IBM、波音正在使用或已经使用思维导图作为工作工具；新加坡、澳大利亚、墨西哥早已将思维导图引入教育领域，收效明显，哈佛大学、剑桥大学、伦敦经济学院等知名学府也在使用和教授“思维导图”。

可见，思维导图已经悄悄来到了你我的身边。

我们之所以使用思维导图，是因为它可以帮助我们更好地解决实际中的问题，比如，在以下方面可以帮助你获取更多的创意：

（1）对你的思想进行梳理并使它逐渐清晰；

（2）以良好的成绩通过考试；

（3）更好地记忆；

（4）更高效、快速地学习；

（5）把学习变成“小菜一碟”；

（6）看到事物的“全景”；

（7）制订计划；

（8）表现出更强的创造力；

（9）节省时间；

（10）解决难题；

（11）集中注意力；

（12）更好地沟通交往；

（13）生存；

（14）节约纸张。

怎样绘制思维导图

其实，绘制思维导图非常简单。思维导图就是一幅幅帮助你了解并掌握大脑工作原理的使用说明书。

思维导图就是接住文字将你的想法“画”出来，因为这样才更容易记忆。

绘制过程中，我们要使用到颜色。因为思维导图在确定中央图像之后，有从中心发散出来的自然结构；它们都使用线条、符号、词汇和图像，遵循一套简单、基本、自然、易被大脑接受的规则。

颜色可以将一长串枯燥无味的信息变成丰富多彩的、便于记忆的、有高度组织性的图画，接近于大脑平时处理事物的方式。

“思维导图”绘制工具如下：

（1）一张白纸；

（2）彩色水笔和铅笔数支；

（3）你的大脑；

（4）你的想象！

这些就是最基本的工具，当然在绘制过程中，你还可以拥有更适合自己习惯的绘图工具，比如成套的软芯笔，色彩明亮的涂色笔或者钢笔。

东尼·博赞给我们提供了绘制思维导图的7个步骤，具体如下：

（1）从一张白纸的中心画图，周围留出足够的空白。从中心开始画图，可以使你的思维向各个方向自由发散，能更自由、更自然地表达你的思想。

下页中的图：

（2）在白纸的中心用一幅图像或图画表达你的中心思想。因为一幅图画可以抵得上1000个词汇或者更多，图像不仅能刺激你的创意性思维，帮助你运用想象力，还能强化记忆。

（3）尽可能多地使用各种颜色。因为颜色和图像一样能让你的大脑兴奋。颜色能够给你的思维导图增添跳跃感和生命力，为你的创造性思维增添巨大的能量。此外，自由地使用颜色绘画本身也非常有趣！

（4）将中心图像和主要分支连接起来，然后把主要分支和二级分支连接起来，再把三级分支和二级分支连接起来，依此类推。

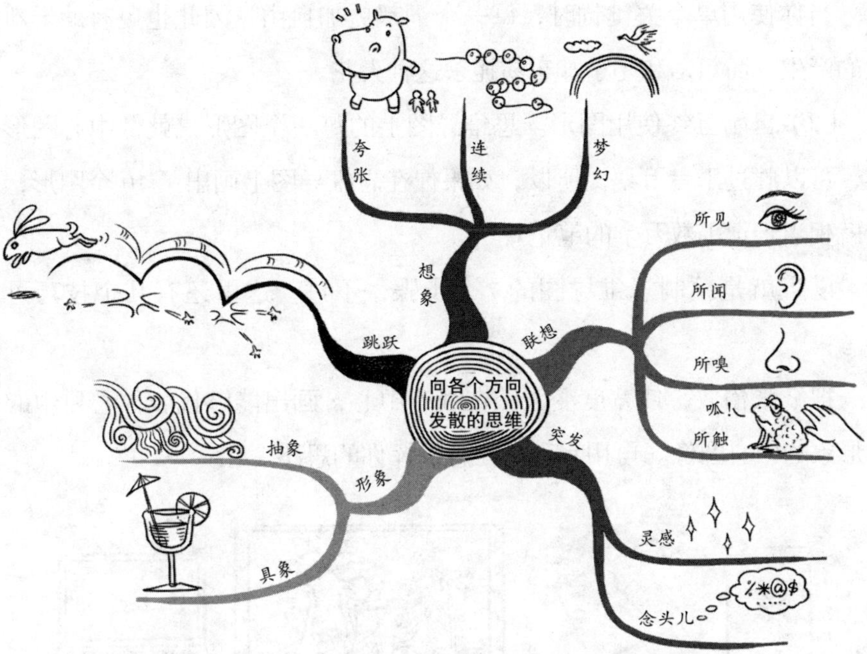

我们的大脑是通过联想来思维的。如果把分支连接起来，你会更容易地理解和记住许多东西。把主要分支连接起来，同时也创建了你思维的基本结构。

其实，这和自然界中大树的形状极为相似。树枝从主干生出，向四面八方发散。假如大树的主干和主要分支、或主要分支和更小的分支以及分支末梢之间有断裂那么它就会出现问题！

（5）让思维导图的分支自然弯曲，不要画成一条直线。曲线永远是美的，你的大脑会对直线感到厌烦。美丽的曲线和分支，就像大树的枝杈一样更能吸引你的眼球。

（6）在每条线上使用一个关键词。所谓关键词，是表达核心意思的字或词，可以是名词或动词。关键词应该是具体的、有意义的，这样才有助于回忆。

单个的词语使思维导图更具有力量和灵活性。每个关键词就像大树的主要枝杈，然后繁殖出更多与它自己相关的、互相联系的一系列次级枝杈。

当你使用单个关键词时，每一个词都更加自由，因此也更有助于新想法的产生。而短语和句子却容易扼杀这种火花。

（7）自始至终使用图形。思维导图上的每一个图形，就像中心图形一样，可以胜过千言万语。所以，如果你在思维导图上画出了 10 个图形，那么就相当于记了数万字的笔记！

以上就是绘制思维导图的 7 个步骤，不过，这里还有几个技巧可供参考：

把纸张横放，使宽度变大。在纸的中心，画出能够代表你心目中的主体形象的中心图像。再用水彩笔任意发挥你的思路。

先从图形中心开始画，标出一些向四周放射出来的粗线条。每一条线都代表你的主体思想，尽量使用不同的颜色区分。

在主要线条的每一个分支上，用大号字清楚地标上关键词，当你想到这个概念时，这些关键词立刻就会从大脑里跳出来。

运用你的想象力，不断改进你的思维导图。

在每一个关键词旁边，画一个能够代表它、解释它的图形。

用联想来扩展这幅思维导图。对于每一个关键词，每一个人都会想到更多的词。比如你写下“橙子”这个词时，你可以想到颜色、果汁、维生素 C，等等。

根据你联想到的事物，从每一个关键词上发散出更多的连线。连线的数量根据你的想象可以有无数个。

教你绘制一幅自己的思维导图

思维导图就是一幅帮助你了解并掌握大脑工作原理的使用说明书，并借助文字将你的想法“画”出来，便于记忆。

现在，让我们来绘制一幅“如何维护保养大脑”的思维导图。

你可以试着按以下步骤进行：

准备一张白纸（最好横放），在白纸的中心画出你的这张思维导图的主题或关键词。主题可以用关键词和图像（比如在这张纸的中心可以画上你的大脑）来表示。

用一幅图像或图画表达你的中心思想（比如你可以把你的大脑想象成蜘蛛网）。

使用多种颜色（比如用绿色表示营养部分，红色表示激励部分）。

连接中心图像和主要分支，然后再连接主要分支和二级分支，接着再连二级分支和三级分支，依次类推（比如“营养”是主要分支，“维生素”、“蛋白质”等是二级分支，“维生素 A”、“B 族维生素”、“卵磷脂”等是三级分支等）。

用曲线连接。每条线上注明一个关键词（比如“滋润”、“创造力”等）。

多使用一些图形。

好了，按照这几个步骤，这张思维导图你画好了吗？

下面就是编者绘制的一张“如何维护保养大脑”的思维导图，仅供大家参考。

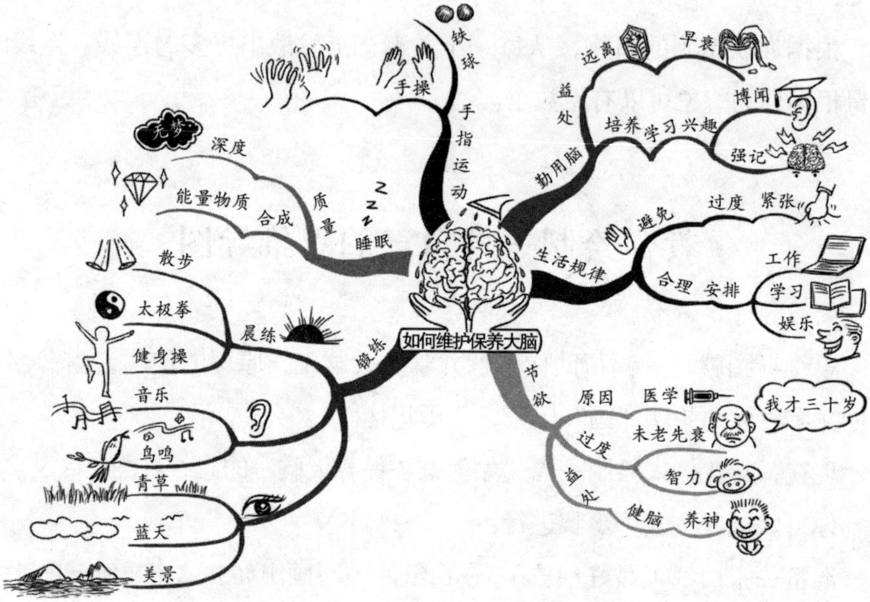

第二章

由思维导图引发的大脑海啸

认识你的大脑从认识大脑潜力开始

你了解自己的大脑吗?

你认为自己大脑潜力都发挥出来了吗?

你常常认为自己很笨吗?

生活中，总有一些人认为自己很笨，没有别人聪明。但是他们不知道，自己之所以没能取得好成绩、甚至取得成功，是因为只使用了大脑潜力的一小部分，个人的能力并没有全部发挥出来。

现在社会发展速度极快，不论在学习或其他方面，如果我们想表现得更出色，那么就必须重视我们的大脑，让大脑发挥出更大的潜力。遗憾的是，很少有人重视这一点。

其实，你的大脑比你想象得要厉害得多。

近年来，对大脑的开发和研究引起了很多科学家的注意，他们做了很多有益的探索，也取得了很多新的科研成果。过去 10 年中，人类对大脑的认识比过去整个科学史上所认识的还要多得多。特别是近代科技上所取得的惊人成就，使我们能够借助它们得以一窥大脑的奥秘。

他们一致认为，世界上最复杂的东西莫过于人的大脑。人类在探索太空极限的同时，却忽略了宇宙间最大的一片未被开采过的地方——大脑。我们对大脑的研究还远远不够，还有很多未知的领域，而且可以肯定我们对大脑的研究和开发将会极大的推动人类社会的进步。

那么，就让我们先来初步认识一下我们的头脑——这个自然界最精密、最复杂的器官：

人脑由三部分组成：即脑干、小脑和大脑。

脑干位于头颅的底部，自脊椎延伸而出。大脑这一部分的功能是人类和较低等动物（蜥蜴、鳄鱼）所共有的，所以脑干又被称为爬虫类脑部。脑干被认为是原始的脑，它的主要功能是传递感觉信息，控制某些基本的活动，如呼吸和心跳。

脑干没有任何思维和感觉功能。它能控制其他原始直觉，如人类的地域感。在有人过度接近自己时，我们会感到愤怒、受威胁或不舒服，这些感觉都是脑干发出的。

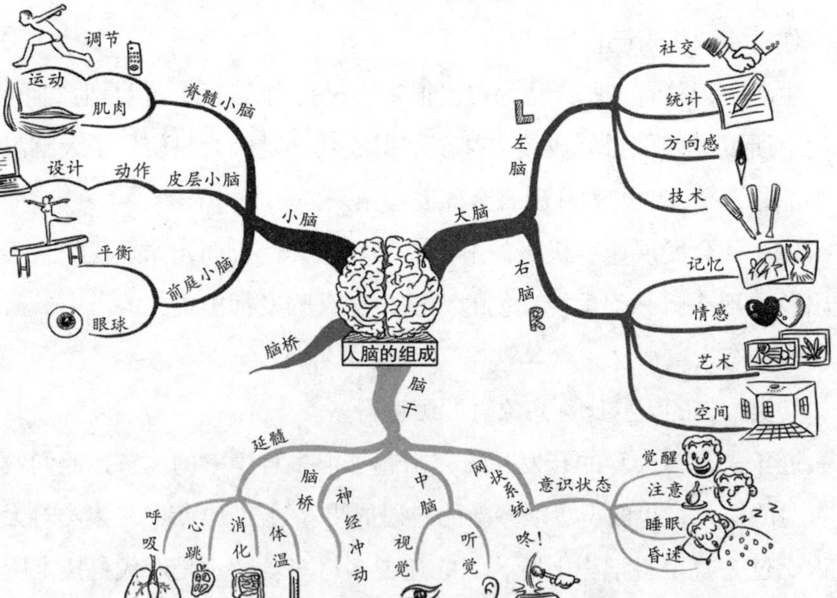

小脑负责肌肉的整合，并有控制记忆的功能。随着年龄的增长和身体

各部分结构的成熟，小脑会逐渐得到训练而提高其生理功能。对于运动，我们并没有达到完全控制的程度，这就是小脑没有得到锻炼的结果。你可以自己测试一下：在不活动其他手指的情况下，试着弯曲小手指以接触手掌，这种结果是很难达到的，而灵活的大拇指却能十分轻松地完成这个动作。

大脑是人类记忆、情感与思维的中心，由两个半球组成，表面覆盖着 2.5 ~ 3mm 厚的大脑皮层。如果没有这个大脑皮层，我们只能处于一种植物状态。

大脑可分成左、右两个半球，左半球就是“左脑”，右半球就是“右脑”，尽管左脑和右脑的形状相同，两者的功能却大相径庭。左脑主要负责语言，也就是用语言来处理信息，把我们通过五种感官（视觉、听觉、触觉、味觉和嗅觉）感受到的信息传入大脑中，再转换成语言表达出来。因此，左脑主要起处理语言、逻辑思维和判断的作用，即它具有学习的本领。右脑主要用来处理节奏、旋律、音乐、图像和幻想。它能将接收到的信息以图像方式进行处理，并且在瞬间即可处理完毕。一般大量的信息处理工作（例如心算、速读等）是由右脑完成的。右脑具有创造性活动的本领。例如，我们仅凭熟悉的声音或脚步声，即可判断来人是谁。

有研究证明，我们今天已经获取的有关大脑的全部知识，可能还不到必须掌握的知识的 1%。这表明，大脑中蕴藏着无数待开发的资源。

如果把大脑比喻成一座冰山的话，那么一般人所使用的资源还不到 100%，这只不过是冰山一角；剩下 90% 的资源被白白闲置了，而这正是大脑的巨大潜能之所在。

科学也证明，我们的大脑有 1000 亿个脑细胞，能够容纳 1000 亿个信息单位，为什么我们还常常听一些人抱怨自己学得不好，记得不牢呢？

我们的思考速度大约是每小时 480 英里，快过最快的子弹头列车，为什么我们不能思考得更迅速呢？

我们的大脑能够建立100万亿个联结，甚至比最尖端的计数机还厉害，为什么我们不能理解得更完整更透彻呢？

而且，我们的大脑平均每24小时会产生4000种念头，为什么我们每天不能更有创造性地工作和学习呢？

其实，答案很简单。我们只使用了大脑的一部分资源，按照美国最大的研究机构斯坦福研究所的科学家们所说，我们大约只利用了大脑潜能的10%，其余90%的大脑潜能尚未得到开发。

我们不妨大胆假设一下，假如我们能利用脑力的20%，也就是把大脑潜能提高一倍的话，你的外在表现力将是多么惊人！

或许我们已经知道，我们的大脑远比以前想象的精妙得多，任何人的所谓“正常”的大脑，其能力和潜力远比以前我们所认识到的要强大得多。

现在，我们找到了问题的原因，那就是我们对自己所拥有的内在潜力一无所知，更不用说如何去充分利用了。

启动大脑的发散性思维

思维导图是发散性思维的表达，作为思维发展的新概念，发散性思维是思维导图最核心的表现。

比如下面这个事例。

在某个公司的活动中，公司老总和员工们做了一个游戏：

组织者把参加活动的人分成了若干个小组，每个小组选出一个小组长扮演“领导”的角色，不过，大家的台词只有一句，那就是要充满激情地说一句：“太棒了！还有呢？”其余的人扮演员工，台词是：“如果……有多好！”游戏的主题词设定为“马桶”。

当主持人宣布游戏开始的时候，大家出现了一阵习惯性的沉默，不一会儿，突然有人开口："如果马桶不用冲水，又没有臭味有多好！"

"领导"一听，激动地一拍大腿："太棒了！还有呢？"

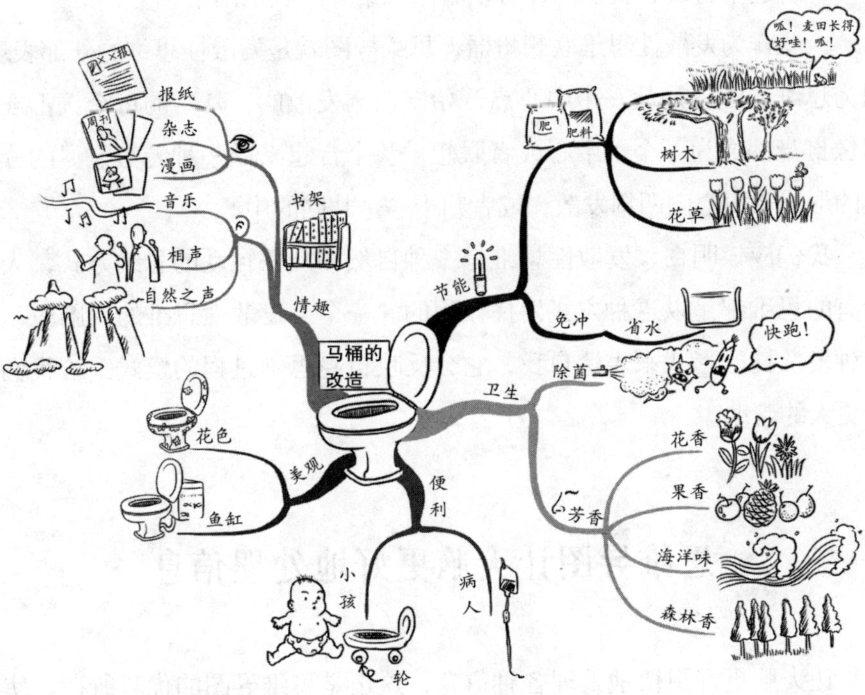

另外一个员工接着说："如果坐在马桶上也不影响工作和娱乐有多好！"

又一位"领导"也马上伸出大拇指："太棒了！还有呢？"

"如果小孩在床上也能上马桶有多好！"

……

讨论进行得热火朝天，各人想法天马行空，出乎大家的意料。

这个公司管理人员对此进行了讨论，并认为有三种马桶可以尝试生产并投入市场：一种是能够自行处理，并能把废物转化成小体积密封肥料的马桶；一种是带书架或耳机的马桶；还有一种是带多个"终端"的马桶，即小孩老人都可以在床上方便，废物可以通过"网络"传到"主"马桶里。

这个游戏获得了巨大的成功，其中便得益于发散性思维的运用。

针对这个游戏，我们同样可以利用思维导图表示出来。

大脑作为发散性思维联想机器，思维导图就是发散性思维的外部表现，因为思维导图总是从一个中心点开始向四周发散的，其中的每个词汇或者图像自身都成为一个子中心或者联想，整个合起来以一种无穷无尽的分支链的形式从中心向四周发散，或者归于一个共同的中心。

我们应该明白，发散性思维是一种自然和几乎自动的思维方式，人类所有的思维都是以这种方式发挥作用的。一个会发散性思维的大脑应该以一种发散性的形式来表达自我，它会反映自身思维过程的模式。给我们更多更大的帮助。

思维导图让大脑更好地处理信息

让大脑更好更快地处理各种信息，这正是思维导图的优势所在。使用思维导图，可以把枯燥的信息变成彩色的、容易记忆的、高度组织的图，它与我们大脑处理事物的自然方式相吻合。

思维导图可以让大脑处理起信息更简单有效。

从思维导图的特点及作用来看，它可以用于工作、学习和生活中的任何一个领域里。

比如作为个人：可以用来进行计划，项目管理，沟通，组织，分析解决问题等；作为一个学习者：可以用于记忆，笔记，写报告，写论文，做演讲，考试，思考，集中注意力等；作为职业人士：可以用于会议，培训，谈判，面试，掀起头脑风暴等。

利用思维导图来应对以上方面，都可以极大地提高你的效率，增强思考的有效性和准确性以及提升你的注意力和工作乐趣。

比如，我们谈到演讲。

起初，也许你会怀疑，演讲也适合做思维导图吗？

没错！你用不着担心思维导图无法使相关演讲信息顺利过渡。一旦思维导图完成，你所需要的全部信息就都呈现出来了。

其实，我们需要做的只是决定各种信息的最终排列顺序。一幅好的思维导图将有多种可选性。最后确定后，思维导图的每个区域将涂上不同的颜色，并标上正确的顺序号。继而将它转化为写作或口头语言形式，将是很简单的事，你只要圈出所需的主要区域，然后按各分支之间连接的逻辑关系，一点一点地进行就可以了。

按这种方式，无论多么繁琐的信息，多么艰难的问题都将被一一解决。

又比如，我们在组织活动或讨论会时需用的思维导图。

也许我们这次需要处理各种信息，解决很多方面的问题。当我们没有想到思维导图的时候，往往会让人陷入这样的局面：每个人都在听别人讲话，每个人也都在等别人讲话，目的只是为等说话人讲完话后，有机会发表自己的观点。

在这种活动或讨论会上，或许会发生我们不愿看到的结果，比如，大家叽叽喳喳，没有提出我们期望的好点子，讨论来讨论去没有解决需要解决的问题，最后现场不仅没有一点秩序，而且时间也白白地浪费了。

这时，如果活动组织者运用思维导图的话，所有问题将迎刃而解。活动组织者可以在会议室中心的黑板上，以思维导图的基本形式，写下讨论的中心议题及几个副主题。让与会者事先了解会议的内容，使他们有备而来。

组织者还可以在每个人陈述完他的看法之后，要求他用关键词的形式，总结一下，并指出在这个思维导图上，他的观点从何而来，与主题思维导图的关联等等。

这种使用思维导图方式的好处显而易见：

（1）可以准确地记录每个人的发言；

（2）保证信息的全面；

（3）各种观点都可以得到充分的展现；

（4）大家容易围绕主题和发言展开，不会跑题；

（5）活动结束后，每个人都可记录下思维导图，不会马上忘记。

这正是思维导图在处理大量信息面前的好处，在讨论会上，可以吸引每个人积极地参与目前的讨论，而不是仅仅关心最后的结论。

利用思维导图这种形式可以全面加强事物之间的内在联系，强化人们的记忆、使信息井然有序，为我所用。

在处理复杂信息时，思维导图是你思维相互关系的外在“写照”，它能使你的大脑更清楚地“明确自我”，因而更能全面地提高思维技能，提高解决问题的效率。

大脑是人体最重要的保护对象

几乎每个人都知道，大脑实在是太重要了。

它是人体最重要的器官，它为我们人类创造了无尽的创意和价值……

大脑对人体是如此重要、如此宝贵，但它也很娇嫩，容易受到伤害：大脑只有1400克左右的重量，80%都是水；它虽然只约占人体总重量的2%，却要使用我们呼吸进来的20%的氧气。

大脑需要的能量很大，却不能储备能量，它每1秒钟要进行10万种不同的化学反应，消耗的氧气和葡萄糖分别占全身供应量的20%～25%，每分钟需要动脉供血800～1200ml，而且脑组织中几乎没有氧和葡萄糖的储备，必须不停地接受心脏搏出的动脉血液来维持正常的功能。

大脑需要通畅的血管，以供给足够的血液。若脑缺血30秒钟则神经元代谢受损，缺血2分钟神经细胞代谢将停止。

尽管每个人都有坚实的颅骨，像一个天然的头盔保护着我们的大脑，大脑仍然容易受到各种外伤。50岁以下的人中，脑外伤是常见的致死和致残原因，脑外伤也是35岁以下男性死亡的第二位原因（枪伤为第一位）。大约一半的严重脑外伤患者不能存活。

即使颅骨没有被穿透，头部遭遇外力打击时大脑也难以避免受到损伤；突然的头部加速运动，与猛击头部一样可引起脑组织损伤；头部快速撞击不能移动的硬物或突然减速运动也是常见的脑外伤原因。受撞击的一侧或相反方向的脑组织与坚硬而凸起的颅骨发生碰撞时极易受到损伤。

大脑每天都在为我们工作，不仅能有效地制作思维导图，还有轻松地为我们解决各种问题……

在日常生活中，我们该如何维护、保养好我们的大脑呢？

首先，我们要认识到保护自己的大脑不受伤害是头等重要的事情，特别要注意使自己的大脑不受外伤是保证你处于最佳状态的一个关键。所以，我们在日常的工作生活中，要特别注意保护大脑，尤其在进行踢足球、滑冰、玩滑板、驾驶等容易伤及大脑的活动中小心谨慎，使它免受外力的侵害。

比如在运动中尽量避免碰撞到头部，在驾驶汽车时要系安全带，开摩托车时要戴头盔等。头部一旦受伤，要到正规的医疗部门诊治，不能因为没有流血或者自己觉得不严重而掉以轻心。

其次，保护你的大脑不受情感创伤的侵害。情感创伤就像身体创伤一样，能够干扰大脑的正常发育以及给大脑带来负面的改变。比如遭遇地震、火灾、交通事故或者被抢劫、枪击等以后，受害者的情感会受到强烈的刺激，如果不能及时给予心理治疗和适当的药物治疗，大脑的功能就会受到伤害。

第三，保护你的大脑不受有毒物质的侵害。众所周知，酗酒、吸烟、吸毒对大脑有很大的毒害作用，我们一定要远离毒品、尼古丁和酒精。同时我们还要知道有很多药物对大脑也会起到毒害作用：比如某类止痛片、某类减肥药和抗焦虑药物等，所以我们在服药时要特别慎重，尽量减少药物对大脑的伤害。

据此，我们绘制了一幅保护大脑的思维导图：

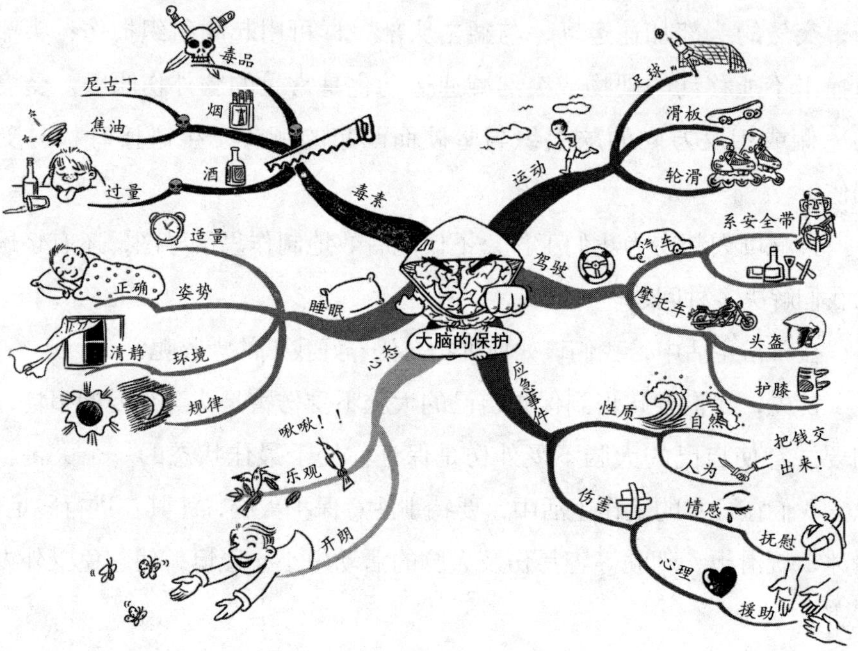

建立良好的生活方式

良好的生活方式对于保护大脑，维持大脑的正常运转，以及进行创造性思维活动具有重要的意义。

简要说来，良好的生活方式包括：起居有时、饮食有节、生活规律、适当运动、保持积极乐观的心态、大人要戒烟限酒等。

与之相反，如果我们的生活无规律——尤其睡眠不足，喜欢吃含有有害物质的垃圾食品和没有营养价值的快餐食品，很少参加户外活动，身体患病不及时医治，吸烟酗酒，甚至赌博吸毒，都会对大脑形成不利的因素，甚至造成损伤。只有保证大脑健康，才能让自己清醒思考，明白做事。生活中，哪些生活方式会影响大脑的健康呢？

日常生活中，人们的用脑习惯和生活因素，对大脑智力和思维有着不利的影响。

具体表现在以下几个方面：

懒用脑

科学证明，合理地使用大脑，能延缓大脑神经系统的衰老，并通过神经系统对机体功能产生调节与控制作用，达到健脑益寿之目的。否则，对大脑和身体的健康不利。

乱用脑

这主要表现在用脑过于焦虑和紧张，或者是不切实际的担忧，对身体和大脑均有损害。

病用脑

人在身体不舒服或生病时，继续用脑，不仅会降低学习和工作效率，同时造成大脑的损害，而且不利于身体的康复。

饿用脑

很多人习惯了早晨不吃早餐，使上午的学习或工作一直处于饥饿状态，自然血糖不能正常供给，继而大脑营养供应不足。长期下去，会对大脑的健康和思维功能造成影响。

睡眠差

睡眠有利于消除大脑疲劳，如果经常睡眠不足，或者睡眠质量不高，对大脑都是一个不良刺激，容易使大脑衰老。

蒙头睡

很多人不知道蒙头睡觉的害处，所以习惯用被子蒙住头。实际上，被子中藏有大量的二氧化碳，被子中二氧化碳浓度在不断增加，氧的浓度在不断下降，空气变得相对污浊，势必对大脑造成损害。

建立良好的生活方式，不仅能保证大脑的健康，而且能有效地挖掘大脑潜能，顺利进行创造性思维活动。

建立良好的生活方式，在于提高对大脑智能的认识，养成良好的生活习惯，长期坚持下去，方能收到理想的效果。

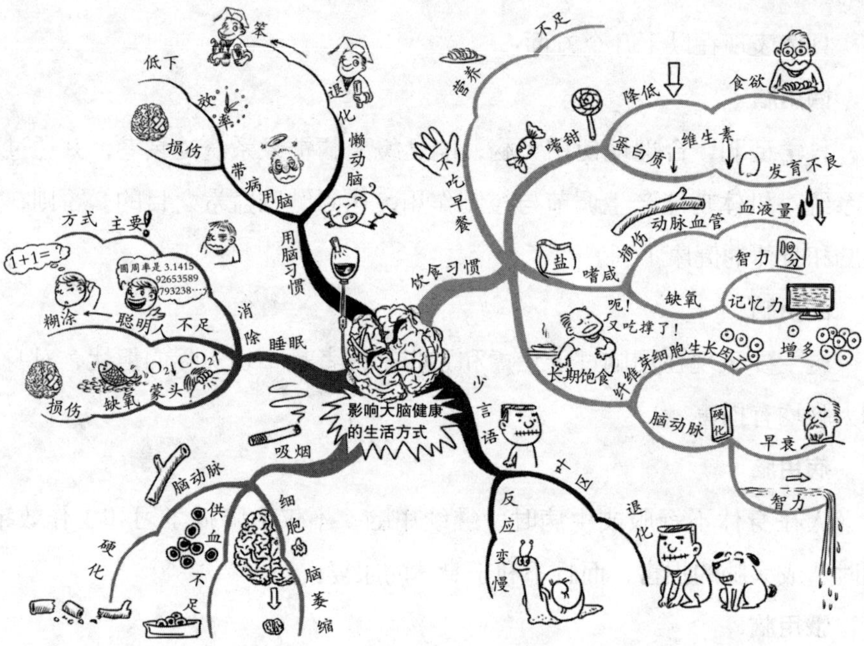

及时供给正确的“大脑食物”

大脑每天都在为我们工作，它需要不断地补充正确的“大脑食物”，因为大脑中有 1000 亿个神经细胞在时刻不停地进行着繁重的活动，这些食物是大脑正常运转的保证。

一般来说，供给大脑低能量食物，它就会运行不力；供给高能量的食物，它就能流畅、高效地工作。所以，我们应该知道哪些是大脑所需的

"大脑食物"。

葡萄糖

大脑有个特点，就是它不能自己储存糖原。大脑在思考的时候会消耗大脑中的葡萄糖。实验证明，缺乏葡萄糖会影响大脑的思考和记忆能力。

要想大脑正常运转，就需要不断地给它供应糖原。大脑每小时需要消耗4 ~ 5克葡萄糖，每天需要100 ~ 150克的葡萄糖。当血糖下降时，脑的耗氧量下降，轻者会感到疲倦，不能集中精力学习，重者会昏迷。

这种现象容易发生在不吃早餐者身上。

新鲜水果和蔬菜、谷类、豆类含有丰富的葡萄糖。

维生素

维生素是人体生理代谢过程正常进行所不可缺少的有机化合物。人体不能自己合成维生素，人所需要的维生素主要从食物中获取。

各种维生素对脑的发育和脑的机能有不同的作用。维生素A、C、E和β 可以避免大脑功能受损。

维生素E非常重要，它可以保护神经细胞膜和脑组织免受破坏脑里的自由基的侵袭，是大脑的保护剂。

维生素A可以保护大脑神经细胞免受侵害。

维生素C被称为脑力泵，对脑神经调节有重要作用，是最高水平的脑力活动所必需的物质，可以提高约5个智商指数。

维生素E含量丰富的食物有坚果油、种子油、豆油、大麦芽、谷物、坚果、鸡蛋及深色叶类蔬菜。

对于学习者而言，维生素B1对保护良好的记忆，减轻脑部疲劳非常有益，学生及脑力劳动者应注意及时补充。富含维生素B1的食物较多，如面粉、玉米、豆类、西红柿、辣椒、梨、苹果、哈密瓜等。

富含维生素A的食物有动物的肝脏、鱼类、海产品、奶油和鸡蛋等动物性食物，富含维生素C的食物一般是新鲜的蔬菜水果，如苹果、鲜枣、橘子、西红柿、土豆、甘薯等。

乙酰胆碱和卵磷脂

有关专家研究指出，大脑记忆力的强弱与大脑中乙酰胆碱含量密切相关。比如一个人在考试前约一个半小时进食富含卵磷脂的食物，可使人的发挥更好。试验也表明，卵磷脂可使人的智力提高25%。富含卵磷脂的食物有蛋黄、大豆、鱼头、芝麻、蘑菇、山药和黑木耳、谷类、动物肝脏、鳗鱼、赤腹蛇、眼镜蛇、红花籽油、玉米油、向日葵等。

乙酰胆碱含量丰富的食物有：大麦芽、花生、鸡蛋、小牛肝、全麦粉、大米、鳟鱼、薄壳山核桃等。

蛋白质

蛋白质是构成大脑的基本物质之一，充分的蛋白质是大脑功能的必需品。

鱼是补充蛋白质的最好、最重要的健脑食品。蛋白质中的酪氨酸和色氨酸也对大脑起着影响作用。在海产品、豆类、禽类、肉类中含有大量酪氨酸，这是主要的大脑刺激物质；而在谷类、面包、乳制品、土豆、面条、香蕉、葵花籽等食品中含有丰富的色氨酸，虽然也是大脑所需要的食物，但往往在一定时间内有直接抑制脑力的作用，食后容易引起困倦感。

矿物质

矿物质是调节大脑生理机能的重要物质，一定矿物质也是活跃大脑的必要元素。钠、锌、镁、钾、铁、钙、硒、铜可以防止记忆退化和神经系统的衰老，增强系统对自由基的抵抗力。许多水果、蔬菜都含有丰富的矿物质。

比如缺铁就会减少注意力、延迟理解力和推理能力的发展，损害学习和记忆，使学习成绩下降；缺钠会减少大脑信息接收量；锌能增强记忆力和智力，缺锌可使人昏昏欲睡，萎靡不振；缺钾会厌食、恶心、呕吐、嗜睡；钙可以活跃神经介质，提高记忆效率，缺钙会引起神经错乱、失眠、痉挛；缺镁，人体卵磷脂的合成会受到抑制，引起疲惫、记忆力减退。

当你知道了我们所需的“大脑食物”之后，你不妨试着用自己的理解、用思维导图的形式把它画出来。

第三章

风靡全球的头脑风暴法

何谓头脑风暴法

美国学者 A.F. 奥斯本提出了头脑风暴法。

头脑风暴法原指精神病患者头脑中短时间出现的思维紊乱现象，病人会产生大量的胡思乱想。奥斯本借用这个概念来比喻思维高度活跃，因打破常规的思维方式而产生大量创造性设想的状况。

头脑风暴的目的是激发人类大脑的创新思维以及能够产生出新的想法、新的观念。

讲到头脑风暴还要提到一个人，那就是英国的大文豪萧伯纳，他曾经就交换苹果的事情，提出这样的理论：

假如两个人来交换苹果，那每个人得到的也就是一个苹果，并没有损失也没有收获，但是假如交换的是思想，那情况是绝对的不一样了。

假设两个人交换思想，两个人的脑子里装的可就是两个人的思想了。对于萧伯纳的理论，A.F. 奥斯本大表赞同。他认为，应该让人们的头脑来一次彻底性的革命，卷起一次风暴。

有这样一个案例：

美国的北方每年的冬天都是十分的寒冷，尤其是进入 12 月之后，大雪纷飞。这对当地的通信设备影响严重，因为大雪经常会压断线路。

以往人们为了解决这一问题，都会想出各种各样的办法，但是没有一种能够成功，基本上都是刚开始有些效果，到最后还是没有办法战胜自然环境。

奥斯本是一家电讯公司的经理，他为了能解决大雪经常性的阻断通信设备的数据传输，召开了一次全体职工的会议，目的就是想让大家开动脑筋，畅所欲言，能够解决问题。

他要求大家首先要独立思考，参加会议的人员要解放自己的思想，不要考虑自己的想法是多么可笑抑或是完全行不通。

其次，大家发言之后，其他人不要去评论这个想法是好还是不好，发言的人只管自己发言，而评断想法值不值得借鉴的话，最后交给高层的组织者。

再次，发言者不要过多地考虑发言的质量，也就是自己提出来的想法到底有多大的可行性，这次会议的重点就是看谁说的多。

最后，就是要求发言的人能够将多个想法拼接成一个，优化资源，尽可能的想出一个效果最为突出的解决办法。

说完规定之后，参加会议的员工便积极地议论起来，大家纷纷出招。有的人说要是能够设计一种给线路用的清扫积雪的机器就好了。可是怎么才能爬到电线上去，难道是坐飞机拿着扫把扫吗？这种想法提出来之后，大家心里都觉得不切实际。

过了一会儿，又有人通过上面提出的坐飞机扫雪想到可不可以利用飞机飞行的原理，让飞机在线路的上空飞行，通过飞机的螺旋桨的震动，把线路上的积雪扫落下来。就这样，大家通过联想飞机除雪的点子，又接着发散思维想到用直升机等七八种新颖的想法。就这样仅仅一个小时的时间，参加会议的员工就想到九十多种解决的办法。

不久公司高层根据大家的想法找到了专家，利用类似于飞机震动的原理设计出了一种类似于“坐飞机扫雪”原理的除雪机，巧妙地解决了冬天积雪过厚，影响通信设备正常工作的问题，还很聪明地避开了采用电热或电磁那种研制时间长、费用高的方案。

从研发除雪机的案例可以看到，这种互相碰撞的能够激起脑袋中的关于创造性的“风暴”，也就是所谓的头脑风暴，英文是Brainstorming。虽然其原意是精神病人的胡言乱语，但是通过奥斯本的引用和应用，得到了广泛的发展和实施。

中国有句古话说：“三个臭皮匠，顶个诸葛亮”，对于那些天资一般的人，如果进行这样的互相补充，一样是可以做出不同凡响的成绩的。也正是奥斯本的头脑风暴的方法，从另外一个角度证明通过头脑风暴这种互相帮助、互相交流的形式，可以集思广益得到不同凡响的效果。

如果，我们要用思维导图法来表示的话，头脑风暴法可作为核心词汇放在中间。接下来，作为思维导图的二级分支，头脑风暴法按照不同的性质又可分成不同的类别。按照交流思想的形式可以分成：智力激励法、默写式智力激励法、卡片式智力激励法等。

如果按照头脑风暴会议的处理形式分类的话，又可以分为直接和质疑的两种。前者是指在群体激发头脑思维的时候，仅仅考虑的是产生出更多更新颖的办法和想法，而不会去质疑或是否定某一个想法；而后者质疑的头脑风暴法，就是去之糟粕，取之精华，最终找到可行的方案办法。

说到分类，又不得不提出另外一个问题——如何解决群体思维。

群体思维是指在多数人商讨决策的时候，由于个人心理因素的问题，往往会产生大多数人同意于某个决策而忽视了头脑风暴的本身。这样的话就会大大降低头脑风暴的创造力，同时也影响了决策的质量。

而头脑风暴法就是这样一个可以减轻群体心理弊端，从而达到提高决策质量的目的，保证了群体决策的创造性。

头脑风暴法的具体执行就是由相关的人员召开会议。在开会之前，与会的人员已经清楚本次的议题，同时告之相应的讨论规则。确保在相当轻松融洽的环境内进行。在过程中不要急于表达评论，使大家能够自由地谈论。

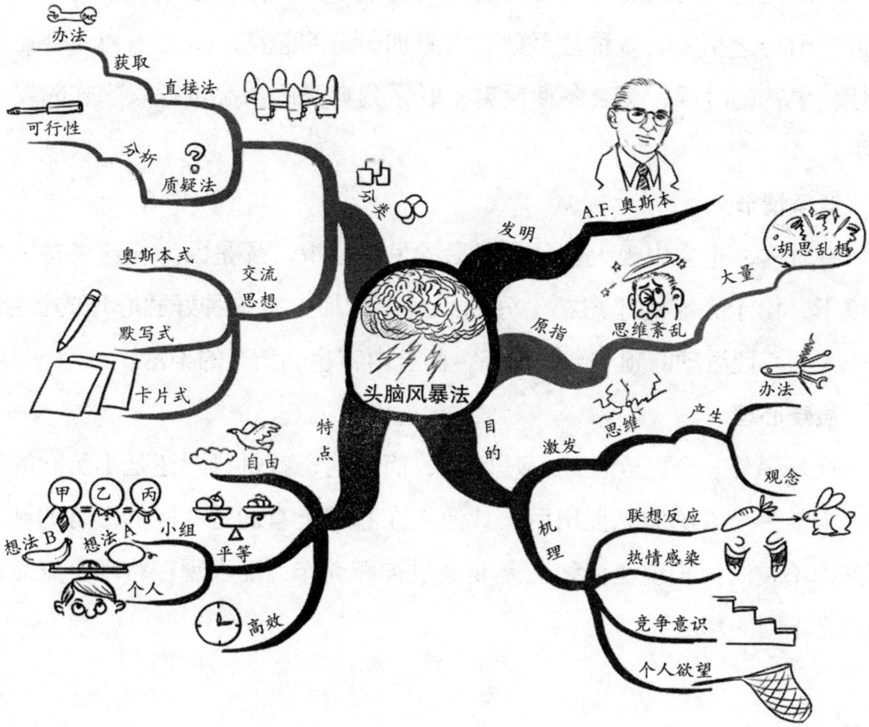

激发头脑风暴法的机理

头脑风暴作为一种新兴的思维方式，它又是如何发挥自己的优点，受到众人青睐的呢？通过奥斯本的研究发现，可以得出以下几个因素：

环境因素

针对一个问题，往往在没有约束的条件下，大家会十分愿意说出自己的真实想法，并很热情地参与到大家的讨论中。而这种讨论通常是在十分轻松的环境下进行的。这样的话会更大限度发挥思维的创造性，得到很好的效果。

链条反应

所谓的链条反应是指在会议进行的过程中，往往通过一个人的观点可以衍生出与之相关的多种甚至创新上更加出奇的想法。这是因为人类在遇到任何事物的时候，都会条件反射，联系到自身的情况进行联想式的发散思维。

竞争情节

有时候，也会出现大家争先恐后的发言情况。那是因为在这种特定的环境下，由于大家的思想都十分的活跃，再加上有一种好胜心理的影响，每个人的心理活动的频率会十分高，而且内容也会相当的丰富。

质疑心理

这是另外一个群众性的心理因素，简单地说就是赞同还是不赞同的问题，当某一个人的观念提出后，其他人在心理上有的是认同的，有的则是非常的不赞同。表现在情绪上无非是眼神和动作，而表现在行动上就是提出与之不同的想法。

头脑风暴法的操作程序

首先我们具体说一说如何利用头脑风暴法举行一次思想交流的会议。

1. 准备开始阶段

我们要确定此次会议的负责人，然后制定所要研究的议题是什么，抓住议题的关键。

与此同时要敲定参加会议的人员人数，5 ~ 10 人为最好。等确认好人数和议题之后，就可以选择会议的时间、场所。然后准备好会议的相关资料通知与会人员参加会议就可以了。

在会议开始阶段，不宜上来就让大家开始讨论。这样的话，与会人员还未进入状态的情况下，讨论的效果不会很好，气氛也不会很融洽。所以我们先要暖场，和大家说一些轻松的话题，让彼此之间有些交流沟通，不会显得生分。

在大家逐渐进入状态后，就可以开始议题了。

此时，主持人要明确地告诉参加会议的人员，本次的议题是什么。

这段时间不要占用的太多，以简洁为主。因为过多的描述在一定程度上会干扰大脑的思考。

之后大家就可以开始讨论了。

在进行一段时间的讨论后，大家往往会有更多的关于议题的想法，但弊端是，有可能只是围绕着一个方向发散思维。这时主持人可以重新明确讨论议题，使大家在回味讨论的情况下重新出发，得到不同的方向。

2. 自由发言阶段

也叫畅谈阶段。畅谈阶段的准则是不允许私下互相交流，不能评论别人的发言，简短发言等。在这种规定之下，主持人要发挥自己的能力，引导式的让大家进入一种自由的讨论状态。

此外要注意会议的记录。随着会议的结束，会议上提出的很多新颖的想法要怎么处理呢？

以下是一些处理方法：

在会议结束的一两天内，主持人还要回访参加会议的人员，看是否还有更加新颖的想法之后整理会议记录等。然后根据解决方案的标准，对每一个问题进行识别，主要是是否有创新性，是否有可施行性进行筛选。经过多次的斟酌和评断，最后找到最佳方案。这里说的最佳方案往往是一个或多个想法的综合。

除了头脑风暴法之外。其实还有很多种类似于这样的优势组合，下面我们就来看另外几种头脑风暴法，即美国人卡尔·格雷高里创立的 7×7 法、日本人川田喜的 KJ 法、兰德公司创立的德尔菲法。

而这些方法主要有以下过程：

首先从组织上讲，参加的人员不要太多，5 ～ 10 人最好，而且参加者不要是同一专业或是同一部门的人员。

而这些与会的人员如何选定呢？不妨建立一个专家小组来进行选定，而这个专家小组不但负责挑选参加会议的人员还要监督会议。

选择参加人员的主要标准：

（1）如果彼此之间互相认识，不能有领导参加，不能有级别的压力。应选择从同一职别中选择；

（2）如果参加的人互相不认识，那就可以不用考虑同一职位了。但是在会议上不能够透露出来职位大小，因为这样也会造成与会人员的压力；

（3）对应不同的议题，要选择不同程度的人员。而专家组的人员最好是阅历比较丰富，层次比较高的人，因为这样的话，会保证决策结果的可行性高。

下面就具体谈谈专家人员的组成成分：

首先主持人应该是懂得方法论的人，这样会更好的调动会议气氛；参加会议的人员应该是涉及讨论议题领域的专家，这样针对性就会很强；后期分析创新思维的人，应该是专业领域更高级别的专家，他们会从非常专业角度来客观正确的分析这些想法。最后可以决策最终可执行方案的人，应该是具备更高的逻辑思维能力的专家。

为什么对于专家组的要求这么高呢？那又为什么不同能力的专家负责不同的事情呢？

这是因为在头脑风暴的会议上，与会者大都是思维敏捷的人。他们往往在别人发言的时候，心里已经开始想到其他的设想了。所以在这种高频率的情况下，需要这种专家的参与，并且能够集大家之长，得到更好的决策。

说完专家组了，再谈谈头脑风暴会议的指挥——主持人。

主持人的要求应该是从他自身敏捷的思维说起。主持人不但要了解和熟悉头脑风暴的程序以及如何处理会议中出现的任何问题，还要能激发大家对议题的兴趣，懂得多用些询问的方法，让大家有种争分夺秒的感觉。

此外，主持人还要负责开场时的暖场，鼓励与会者的发言，引导参加会议的人员往更远更广的地方开始发散的思维，因为只有这样，方案出现的概率才会越大。

值得注意的是主持人的职责仅限于会议开始之初。

因为接下来更重要的工作就是如何记录，如果有条件的话应该准备录音笔，尽量不落下每个细节。

收集上来的想法和观点就可以通过分析组来进行系统化的处理。

系统化处理的流程如下：

（1）简化每一个想法，简言之就是总结出关键词进行列表；

（2）将每个设想用专业的术语标志出关键点；

（3）对于类似的想法，进行综合；

（4）规范出如何评价的标准；

（5）完成上面的步骤之后，重新做一次一览表。

3. 专家组质疑阶段

在统计归纳完成之后，就是要对提出的方案进行系统性的质疑加以完善。这是一个独立的程序。此程序分为三个阶段：

第一个阶段：将所有的提出的想法和设想拿出来，每一条都要有所质疑，并且要加上评论。怎么评论呢？就是根据事实的分析和质疑。值得提出的是，通常在这个过程中，会产生新的设想，主要就是因为设想无法实现，有限制因素。而新的议题就要有所针对地提出修改意见。

第二个阶段：和直接头脑风暴的原则一样，对每个设想编制一个评论意见的一览表。主持人再次强调此次议题的重点和内容，使参加者能够明白如何进行全面评论。对已有的思想不能提出肯定意见，即使觉得某设想十分可行也要有所质疑。

整个过程要一直进行到没有可质疑的问题为止，然后从中总结和归纳所有的评价和建议的可行设想。整个过程要注意记录。

第三个阶段：对上述所提出的意见再次的进行删选，这个过程是十分重要的，因为在这个过程中，我们要重新考虑所有能够影响方案实施的限制因素，这些限制因素对于最终结果的产生是十分重要的。

分析组的组成人员应该是一些十分有能力，而且判断力高的专家，因为假如有时候某些决策要在短时间内出来的话，这些专家就会派上很大的用处。

关于评价标准，我们先看个案例：

美国在制定科技规划中，曾经请过 50 名专家用头脑风暴的形式举行了为期两周的会议，而这些专家的主要任务就是对于事先提出的关于美国长期的科技规划提出些批评。最终得到的规划文件，其内容只是原先文件的 25% ~ 30%。由此可见经过一系列的分析和质疑，最后找到一组可行的方案，这就是头脑风暴排除折中的方法。

此外，值得我们注意到是，影响头脑风暴实施的因素还有时间、费用以及参与者的素质。

此处可作为思维导图的二级分支。头脑风暴成功的关键是探讨方式以及放松心理压力等。要在一个公平公正的情况下，才能有无差别的交流，思想碰击也就更大了。

首先，与会者能够在一个公平公正的前提下进行交流，不要受任何因素的影响，从各个方面进行发散式的思维，可以大胆的发言。

其次，就是不要在现场就对提出的观点进行评论，也不要私自交流。要充分保证会议现场自由畅谈的状态，这样与会的人员才能够集中精力思考议题，能够得到更多的想法。

再次，不允许任何形式的评论，因为评论会抑制其他人的思维发散，从而影响整个会议的发展趋势。可能有些人会谦虚地表达自己的意思，但是一旦受到质疑，就会造成发言人的心理压力，得不到更多的提议了。

最后，就是在头脑风暴的会议上一定不要限制数量。本着多多益善的原则，在不评论的前提下都留到最后进行分析。这样数量越多，质量也就会提高，这是一个普遍的道理。

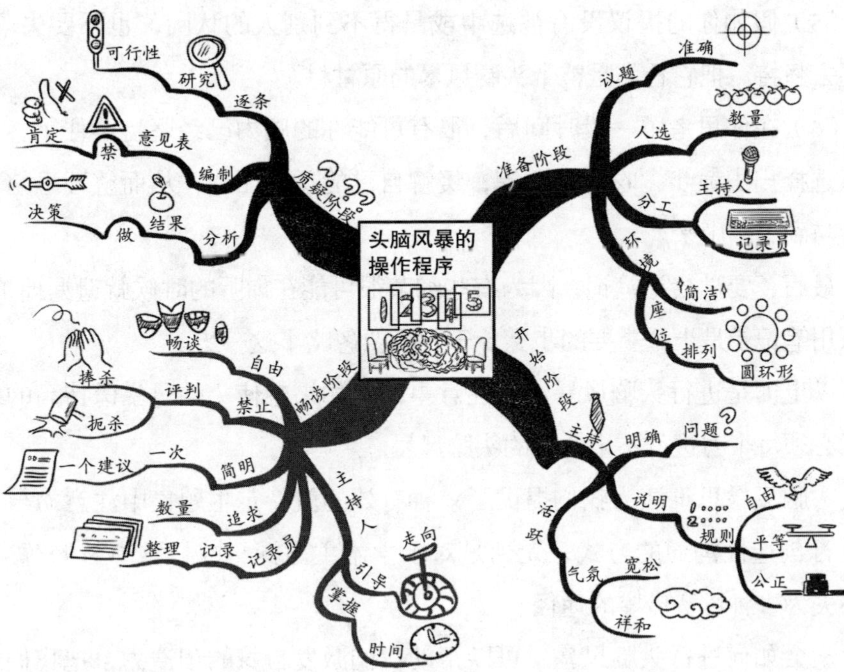

头脑风暴法活动注意事项

参与会议的人员需要注意以下事项：

（1）要对整个会议进行初步的设想，对于你要参加的议题要有所了解。不要觉得你的发言就能得到所有人的赞同。

（2）不要对参加会议的人员有个人情绪，对每个人的发言都要公平，不要以个人的原因而去质疑或是指责别人的想法。

（3）为了使与会者不受任何的影响，最好在一个十分干净的房间内举行会议，使大家不受外界因素的干扰。

（4）要对自己有心理暗示。你的提议不是没有用的，恰恰相反，也许正是你的提议成为最后的决案。

（5）假如你的提议没有被选中或是得不到别人的认同，也不要失落，不要去坚持。把它看作是整个头脑风暴的原材料。

（6）在你思考了一段时间后，很有可能你的脑力已经坚持不住了。你可以选择出去散步，吃点东西等，缓解自己的这种压力，从而整理思绪重新参与到团队中来。

最后，要学会记笔记，因为有些细节很可能在你听的时候就遗漏掉了，所以用笔记录是十分重要的步骤。千万不要忽略了这一步。

以上即是进行头脑风暴法的注意事项，如果想使头脑风暴保持高的绩效，必须每个月进行不止一次的头脑风暴。

头脑风暴思维法为我们提供了一种有效的就特定主题集中注意力与思想进行创造性沟通的方式，无论是对于学术主题探讨或日常事务的解决，都不失为一种可资借鉴的途径。

学会如何进行头脑风暴，可以帮助我们激发自身的创造力，把我们的最好的创意变成现实，并享受创新思维的无限乐趣，让生活更有意义。

第二篇

唤醒创造天才

第一章

施展大脑的创新力量

创新思维的特征

1. 创新思维的定义

创新思维是一种不受常规思维束缚，寻求全新独特的解决问题的方法的思维过程。创新思维是相对于传统思维的新思维，就是我们常说的创造性思维，是每个人天生就拥有的。但是，却不是人人都能够娴熟地使用它。因为，大部分的创新思维在我们接受教育的过程中被埋没了。

我们知道，小孩的创新思维表现在胡思乱想和丰富的想象力上。但是，如果一个小孩子问她的幼儿园老师："老师，如果天上有一个太阳，那会不会有两个呢？"不负责任的老师通常都会斥责孩子"国无二君，天无二日"之类的意思，至少也会说一句"胡说"。孩子的创新思维就这样一次次被打压磨灭，直到完全陷入常规性思维。

其实，在无垠的宇宙里，银河系只是一条小河，太阳不过是一颗小小的鹅卵石。小河里不止一个鹅卵石这就不是常规思维所能够理解的了。

传统思维和常规性思维主导了大部分人，为我们的生活带来了一定的便利，但是，却也在一定程度上，阻碍了我们前进的步伐。

2. 创新思维的作用

创新是一个民族进步的灵魂，是国家兴旺发达的不竭动力。迎接未来科学技术的挑战，最重要的是坚持创新，勇于创新。

爱因斯坦也说过：“没有个人独创性和个人志愿的统一规格的人所组成的社会将是一个没有发展可能的不幸的社会。”

管理学大师德鲁克也说：“对企业而言，要么创新，要么死亡。”可见，创新的重要性。而创新当然来自于有着创新思维的人。

（1）创新思维是创新实践的前提。

“思路决定出路，格局决定结局。”有了创新思维才能走出创新的道路。同样，错误的思维就会走上错误的道路。

当年，泰坦尼克号之所以会沉船并且几乎全员覆没，全因为管理层的错误思维。管理层认为巨大的船是不会沉船的，于是几乎没有考虑任何防护措施。没有带望远镜，于是没有看到远处的冰山，肉眼看到时已然扭转无力。正是因为船太大，于是转弯不便。救生艇和救生衣数量的严重缺乏，导致大多数人几乎没有逃生的可能性。这是错误思维引领人走上错误道路的一个例证。

（2）创新思维是参与竞争的制胜法宝。

这个社会是相互竞争的社会，资本则是特色、创新、点子、思路。尤其是在企业竞争当中，更需要创新思维。

某国有家公司，专门生产牙膏。牙膏包装精美，品质精良，深受消费者喜爱。

记录显示，前年营业增长率为10% ~ 20%，但在第二年后，增长停滞。董事部门非常不满意，于是决定召开全国经理及高层会议。会议中有位年轻经理对董事提出了一条建议，并收费五万元。董事虽然非常生气，却依然买下建议。

果然，公司在三年停滞不前后，第四年的营业额增加了32%。这条建议是什么呢？很简单，扩大牙膏开口一毫米。人人多用一毫米，数量不可估量。开口一毫米，就是创意。如果企业摒弃一毫米，就会丧失进步的机会。

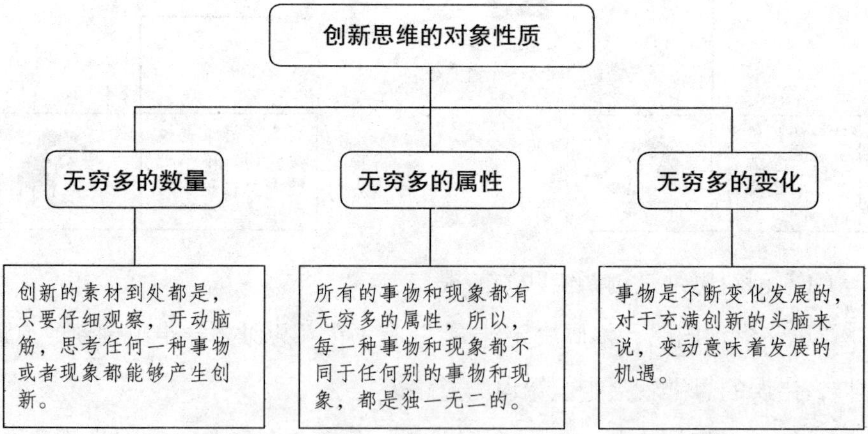

创新思维是企业竞争的法宝，有创新思维的人是企业的重点人才和制胜法宝。

（3）创新思维是高素质人才的重要组成部分。

高素质人才当中最缺乏的是有创新思维的人才。有创新思维的人才，才能让社会、国家持续前进发展，才能带领企业突破瓶颈。培养创新思维人才，是教育的重要课题。

（4）创新思维能够应用到各行各业中去。

无论学习、教书、改革开放或是职场生涯，创新都会对我们产生作用力。

A、B 从同一所大学毕业去同一家公司上班，两年后，老总让 B 升职。A 心里不平衡，他想，一起来工作的两个人，都很努力，为什么提拔 B 却不提拔我。一定是老总偏心。

于是 A 去找老总理论："你吩咐我的每项工作我都踏踏实实完成了，为什么你却只提拔 B 不提拔我呢？我感到很委屈。"老总并没有正面回答 A 的问题，而让他去楼下自由市场看看是否有东西在卖。不久，A 回来答复。

A："老总，楼下有个推手推车的农民在卖苹果。"

老总："苹果怎么卖？"

A："我去看一下。"

A 下楼回来。

A："2 元一斤。"

老总："那一车有多少斤呢？"

A 又下楼回来。

A："大概 300 来斤。"

老总："如果全部都要，最便宜能多少钱呢？"

A 再次下楼回来。

A："如果您全部都要的话，他可以 1.2 元一斤给您。但是，您要这么多苹果干嘛？"

老总还是不说话，他喊 B 过来，让他去做同样的事情，问 B 同样的问题，然而 B 与 A 的做法不同，他一次性将所有问题做好准备，流利地回答了出来。

A目睹这一过程立即知道自己与B的差距在哪里。摒除职场经验不谈，有创新思维，能够自觉正确地理解老总的意图，联想事情的发展，这种人才必然能够立足于各个企业。

3. 创新思维的特征

（1）新。

新是创新思维的第一特征，也是最根本的特征之一。

没有变化、没有差异的思维是旧思维，但旧思维也可能是曾经的新思维。只是因为在某一时间点上没有继续创新，所以就变旧了。

“新”就是有新意，能够给人带来新鲜感，是新思路、新点子，是一种新的考量方式等。

（2）差异性。

差异性是创新思维最大的、最根本的特征之一。

创新思维就是与众不同的思维，它能够用与众不同的语言、行为、方式表现出来。有差异才能有新意。

如“水能载舟亦能覆舟”，网络上有流行语将之改成：“水能覆舟，亦能煮粥”。改动两个字，意思却大大的不同了，这就是差异性产生的效果。

（3）变化性。

变化性也是创新思维的根本特点之一。

无论新意还是差异都需要通过不断地改变来实现。旧的东西也需要通过改变来变成新的。

（4）现实性。

虽然思维、创新等概念似乎都是看不见摸不着虚无缥缈的东西，但创新思维依然具有现实性特征。从另一方面看，它其实是实实在在的存在于人们的生活当中，通过人们的言行举止、学习、工作、生活表现出来，并且几乎人人都有思维创新的经历。

比如，上下班高峰期的地铁公车常常人满为患，扶手不够，有人就把把铁丝弯成弯钩形状，坐车时便能临时使用。

（5）开放性。

“开放”就是让思想冲破牢笼，没有顾忌地飞翔。开放的对立面是封闭。封闭的环境会扼杀创新思维的产生。

（6）间断性和连续性。

这是人的思维的特征。一个正在思考问题或专心说话的人，一旦被打断，便很难再续上去。这就是思维的间断性表现。如果在创新的过程中遭遇困难、风险，遇到危机，甚至会损害自身利益，创新思维就会被中断。当然，如果在思维创新上不思进取，创新自然难以为继。

激发潜伏在体内的创新思维

创新思维是人类才有的高级思维活动，是成为各种出类拔萃的人才所必须具备的条件。心理学认为：创新思维是指思维不仅能提示客观事物的本质及内在联系，而且还能产生新颖的、具有社会价值的前所未有的思维成果。

即使遗失了与生俱来的创造性思维，我们也可以通过运用心理学上的“自我调节”，有意识地在各个方面认真思考和勤奋练习，重新将创造性思维找回来。卓别林说过：“和拉提琴或弹钢琴相似，思考也是需要每天练习的！”

1. 张开想象的翅膀

爱因斯坦曾经说过：“想象力比知识更重要，因为知识是有限的，而想象力概括着世界的一切，推动着进步，并且是知识进化的源泉。”

他之所以能研究出“狭义相对论”，便是因为他在孩童时期便常常幻想自己同光线赛跑。而世界上第一架飞机也来自于人们想要像鸟类一样飞翔的梦想。幻想是创造性想象的一种特殊形式，适当的幻想能够引导人们发现新事物，做出新努力、新探索和创造性的劳动。

大部分人终其一生只运用了大脑想象区大约15%的空间，开发这个空间应该从想象开始。想象力是人类运用储存在大脑中的信息进行综合分析、推断和设想的思维能力。

2. 培养发散性思维

发散思维的含义是指一个问题假如存在着不止一种答案，就要通过思维的向外发散，找出更多妥帖的创造性答案。

“涉猎多方面的学问可以开阔思路……对世界或人类社会的事物形象掌握得越多，越有助于抽象思维。”1979年诺贝尔物理学奖获得者、美国科学家格拉肖启发我们。

当我们思考砖头有多少用途的时候，充分运用发散性思维可以给出我们如此多的答案：建筑房屋、铺路、刹住停靠在斜坡的车辆、砸东西、压纸、垫高、防卫的武器……这就是发散思维的力量！

想象和幻想的区别

·想象

想象是人在头脑里对已储存的表象进行加工改造，形成新形象的心理过程。它是一种特殊的思维形式。

·幻想

幻想同想象不同，是指人内心荒谬的想法。

3. 发展直觉思维

顾名思义，直觉思维是指不经思考分析的顿悟，是创造性思维活跃的表现之一。

物理学家阿基米德在跳入浴桶的时候，注意到浴桶溢出水的体积大约等同于身体入水部分的体积，灵光一闪，发现了“阿基米德定律”，即比重定律。

达尔文在观察植物幼苗生长的过程中，发现幼苗顶端向太阳照射的方向弯曲，推测出可能是由于其顶端含有某种物质，在光照的作用下，转向光照一侧。后来，在达尔文的基础上，科学家作了反复研究，才找到这种植物生长素。

在学习过程中，直觉思维可能表现在许多方面，比如大胆的猜测，急中生智的回答，或者新奇的想法和方案等。在发现和解决问题的过程中，我们要及时留住这些突然闯入的来客，努力发展自己的直觉思维。

4. 培养思维的独创性、灵活性和流畅性

创造力建立在广博的知识基础上，包括三个因素：独创性、灵活性和流畅性。

对刺激做出不同寻常的反应是思维的独创性，能流畅地作出反应的能力是流畅性，而灵活性是指随机应变的能力。

在20世纪60年代，美国心理学家曾经对大学生进行自由联想与迅速

阿基米德的直觉思维

练习创新思维的五个方法

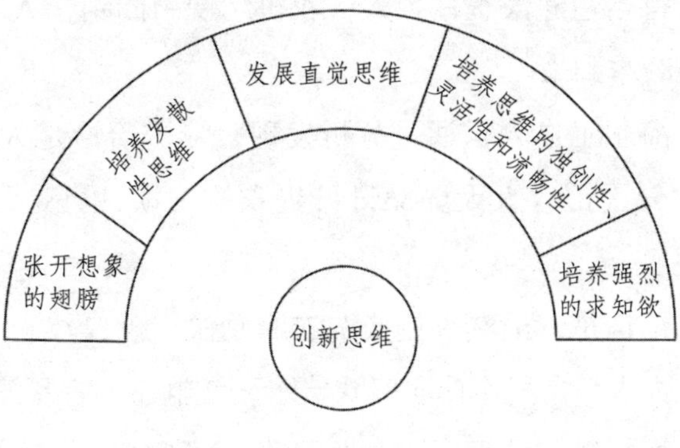

反应训练，要大学生针对迅速抛出的观念，作出最快的反应。速度越快，讲得越多，表示流畅性越高。这种疾风骤雨式的训练，非常有益于促进创造性思维的发展。

5. 培养强烈的求知欲

人类对自然界和自身存在的惊奇是哲学的起源。

古希腊哲学家柏拉图和亚里士多德认为，当人们在对某一问题具有追根究底的探索欲望时，积极的创造性思维由此萌发。精神上的需求是产生求知欲的基础。我们要有意识的设置难题或者探索前人遗留的未解之谜，激发自己创造性学习的欲望。把强烈的求知欲望转移到科学上去，不断探索，使它永远保持旺盛。这样才能使自己在学习过程中积极主动地“上下求索”，进而探索未知的新境界、新知识，创造前所未有的新成就。

创新思维与企业创新

首先看一个案例：

【案例】海尔小小神童洗衣机

无论各行各业，都存在着旺季与淡季之分，洗衣机厂也不例外。一般说来，洗衣机的销售淡季主要是每年的 8 ~ 9 月份，也就是夏季最热的时候。每当遭遇淡季，各大洗衣机厂便召回销售人员以减少成本，并且被动等待旺季到来。

海尔工作人员通过分析发现，夏季恰恰是人们最需要洗衣服的时节，大部分人都有天天洗澡日日更衣的习惯，可是为什么洗衣机反而没有市场呢？

结论是，虽然人们换洗衣服勤快，可夏季衣服通常较薄，而洗衣机容量又太大，常洗小件衣服既费水又耗电还不容易清洁干净。

根据以上情况，海尔人开发出了容量为 1.5 千克的“小小神童”洗衣机，不但满足了消费者的需求，也消除了洗衣机市场的淡季之说。

后来，海尔还研制出不用洗衣粉的洗衣机，“洗净比”甚至高于普遍使用洗衣粉的洗衣机，病菌杀灭率也非常高，最让人无法抗拒的是海尔的洗衣机都很有特色，操作非常简单人性化，难怪成为行业翘楚。

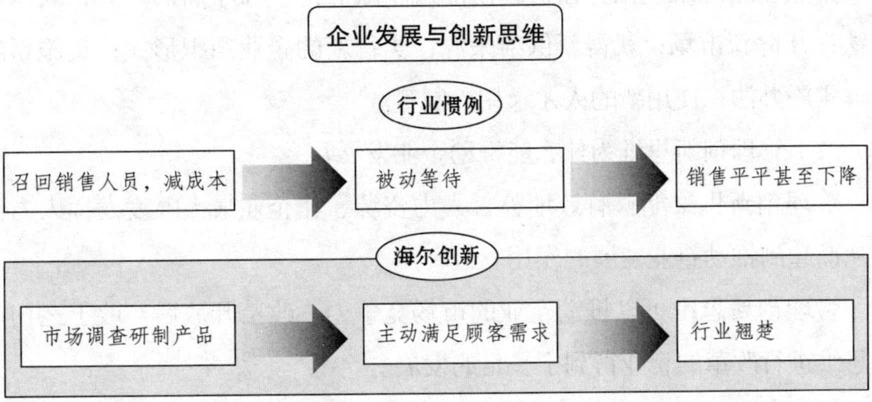

企业发展需要创新思维。其实，创新思维与企业之间是相互联系相互促进的，不但企业发展需要创新思维，创新思维也能够推动企业的发展。

下面就来具体分析企业和创新思维之间的相互关系：

1. 企业发展需要创新思维

企业发展需要创新思维，这是因为：

（1）创新思维能给企业带来进步技术。市场结构和技术领域发生了翻天覆地变化的现代，企业必须创新才能适应市场以及创造利润。

（2）创新思维是市场的推动力。企业需要不断地变革创新，来适应产品周期的兴衰或市场的产业结构变动，以确保在新的经济环境的挑战中，不断进步。

（3）企业的创新与国家政策紧密相连。如果想加快企业发展，获得更多市场份额，就要时时关注国家政策的要求。

（4）创新思维是促进企业内部发展的必要条件。企业的更快更好发展带来的福利和待遇的提高，是企业内部每一个成员的期望。创新是企业发展的不竭源泉。

2. 创新思维能推动企业的发展

技术创新思维和管理创新思维是企业创新的重要组成部分，它们能够巩固和发展企业竞争力、企业生命力、企业文化等。

企业创新思维包括：创造新产品或将原有产品赋予新的功能；采用新方法；开辟新市场；获得新供给来源；实行新的企业组织形式；实施新的管理实施办法；使用新的人才录用机制等。

（1）管理创新思维为什么能推动企业发展？

管理创新思维能够有效地整合人力资源、让企业最大限度发挥人力作用从而起到推动企业发展的作用。

管理创新思维可以推动企业的市场竞争力。改革开放后，敢于运用创新思维进行改革的企业得到了长足的发展。

管理创新思维可以推动企业文化。有了创新思维就会对不符合企业发展的企业文化提出质疑，然后进行调整，能丰富和完善企业文化，促进企业员工了解企业文化，加大归属感。

管理创新思维能推动企业凝聚力。管理创新思维能给企业带来生机，给员工带来实际利益，企业的凝聚力就加强了。企业凝聚力提高后，优秀人才不但会失而复得，还能吸引大批外来人员。

（2）技术创新思维为什么能推动企业发展？

技术创新思维包括新技术的引用、新设备的投入、新产品的设计等，极大地推动着企业在科技技术发展、新技术产品开发和新业务的拓展等方面的新成就。

技术创新思维能够促进产品不断创新，跟随市场需求变动，在激烈的竞争中提高市场占有率，从而锻炼企业的技术队伍，提升企业的技术实力，增强企业的核心竞争力。

技术创新思维运用到企业的创新技术人才管理和新技术开发及引进方面，能够使企业始终保持强势的核心竞争力和旺盛的生命力。

技术创新思维能够在企业进行新技术开发和引进的时候，引发成员的危机感，促使他们学习新知识来适应企业的人才需要，而企业必须招揽能够尽快适应新技术的优秀人才，从而推动企业的人力资源管理。

创新思维从人事制度、企业文化、技术知识、财务等各方面全方位地推动着企业竞争力的加强和发展，巩固着企业在市场竞争中的地位，保持企业旺盛的生命力。

【案例】上海通用汽车的柔性化生产模式

几乎中国所有的汽车工厂都是采用一个车型、一个平台、一条流水线、一个厂房的生产方式。但是上海通用却实现了在一条生产线上共线生产四种不同平台的车型，这种生产方式叫作“柔性化”生产方式。

企业创新的三种方法

与此方式相配备的是严格而规范的采购系统，科学严密的物流配送系统，以市场为导向的高度柔性化生产系统，以及以客户为中心的客户关系管理系统，这些配备共同组成了柔性化生产管理模式，为厂家和消费者带来了最直接的利益——金钱与时间。

柔性化生产管理模式多年来深入了上海通用企业管理的每一个环节，这也是通用汽车占据汽车市场极大份额的原因。

创新思维与社会创新

首先，了解什么是社会创新。

社会创新是指可以实现社会目标的新想法，通过发展新产品，新服务和新机构来满足未被满足的社会需求。社会创新的过程是国家政府、城市以及企业通过设计和开发新的有效方法，应对城市扩张、交通堵塞、人口老龄化等一系列迫在眉睫的必须解决的问题的过程。

（1）人口老龄化。

当老年人在总人口的比例中占的比例较大或者有了很大比例的上升，就需要有新的如养老金和护理等方法、形式甚至法律来保障老年人的利益，改善他们的生活境况。

（2）差异文化。

世界上不同文化、民族、国家甚至不同城市之间，都具有差异性，这些差异性容易造成彼此的冲突和憎恶。因此，我们需要以创新的方式来进行文化教育和语言学习，来促进不同地域文化间的和谐。

（3）医疗部门。

传统的医疗部门在抑制慢性病发生率和急性病转化成慢性病的过程中，并未发挥出完善的作用。因此，越来越多的人开始认识到创新的必要性。

（4）个人不良习惯的治疗。

传统的方法对于解决吸烟饮酒、赌博、肥胖和不良饮食习惯等“富贵病”常常束手无策，这些大多由于富裕引起的行为问题正在等待创新。

（5）环境问题。

二氧化碳排放量超标导致的全球变暖，人类滥砍滥伐造成的热带雨林面积的剧减，都使气候发生了不可逆转的变化。如何重新调整交通系统，重组城市布局和住房体系，来适应这种状况，各界都在等待合适有效的创新方法。

创新活动必然需要机构、组织或个人来发起，那么哪些机构、组织或个人掌握了发起社会创新的先天条件呢？

1

社会机构和社会企业

社会机构或企业往往源于某个社区或某个人的一时兴起，它具备了创新的先天优势。

2

社会运动

社会运动产生于民间和政治社会之间，成功的社会运动本身就是一种创新，但它发生几率小，且容易破坏社会和平。

3

政治和政府

政治家和政坛人物常常会为了赢得民众，获取政治优势和权力，在游说演说政策项目中努力推进创新。

4

市场

一些新型的商业模式和新市场是市场重要的社会创新。

5

学术界

学术人员是研究的主力军，自然是社会创新的研究主力军。

6

慈善机构

慈善家拥有超强的经济实力、网络和自主权，能为创新模式的提出和发展提供丰厚的奖金支持，对社会创新产生巨大的影响。

实现社会创新并不是一件容易的事情，总会遇到来自各方面的阻力。这些阻力使社会创新无法成功实现，也可以看成社会创新失败的原因。

具体表现在：

（1）里昂那多效应。

很久以前，有一个叫里昂纳多的人，他总是会有一些奇怪的想法，例如插上翅膀就可以成为飞人等。但这在他所处的时代无法实现，并且违反了物理学原则。

虽然人们天生就具有创造力和好奇心，但是社会创新并不总是简单易行，应该说社会创新的实现是非常有难度的。特别是那些远远超过现有科技水平、像直升机那样高高在上的想法。人们将这种情形称之为“里昂那多效应。”

（2）不适宜的环境。

可保证的法律制度与开放的媒体和网络是实现社会创新的关键因素。商业环境中的社会创新通常会因为资本垄断受阻；政治和政府方面的社会创新活动通常被党派竞争所阻；社会机构可进行的社会创新活动则通常因为私心和经验不足而受阻。

（3）失败的规律。

社会创新同商业和科技领域里的多数创新一样，通常失败次数比成功的次数多得多。

（4）社会创新实行者的错误想法。

政府或公共部门对新想法通常会保持谨慎的态度，因为他们责任在身，并且是在用稳定性为人们的生活提供依靠（比如交通等系统和福利发放部门）。大多数的公共服务和非营利组织，通常会集中精力运用管理来提高现有模式的水准，而并非采取新想法。因此，社会创新实行者对政府反应迟缓的错误想法也会影响他进一步改善自己的想法，以至于影响社会创新活动的顺利实施。

（5）缺乏耐性。

显然，缺乏耐性的创新活动领导者很难将任何一件事情真正打理成功。

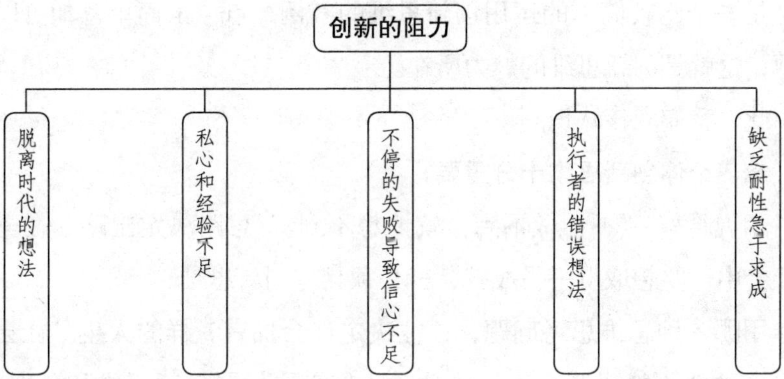

创新思维与个人创新

创新思维有时与个体创新有着密切的联系。

【案例】

几名装修工在帮助客户装修房子时遇到了一个问题：要把新电线穿过一个 10 米长，但直径只有 25 厘米的管道。管道砌在墙壁的砖石里，转了 4 个弯。要把电线装好，就必须打烂墙壁，不仅花费不小，房子的主人也不情愿。

大家思考了很久，却依然想不出不毁坏墙壁就让电线穿过去的方法。

突然间，一个员工想到了一个点子。大家一听，连连称妙。根据这个点子进行操作，果然很快就把问题解决了。

解决这一难题的主角，竟然是两只小白鼠！

他们到一个商店买来两只小白鼠，一只公一只母，然后把一根线绑在公鼠身上并把它放到管子的一端。

另一名工作人员则把那只母鼠放到管子的另一端，逗它“吱吱”地叫。公鼠听到母鼠的叫声，便沿着管子跑去救它。公鼠沿着管子跑，身后的那根线也被拖着跑。电线拴在线上，小公鼠就拉着线和电线跑过了整个管道。

这是一个比较简单的运用创新思维的案例，点子虽简单，却可以解决大问题，这就是创新思维的魅力所在。

由此，我们应该认识到：

1. 培养个体创新思维十分重要

俗话说得好："不怕做不到，就怕想不到。"思路决定出路。在竞争激烈的社会中，要想取得一番成就，就必须具有创新思维。

你用哪一种思维思考问题，往往决定你会拥有怎样的人生。社会环境和自身条件并不能限制个人的成功，我们需要发展创新思维和创新精神，来适应不断进步的时代，造就精彩的人生。创新是新时代的主旋律，创新素质是当代人才选拔的标准。是否具有创新能力和是否具有创造力，是衡量人才价值和能否成为一流人才的标尺。

2. 个体创新思维的四个阶段

创造性思维并非喊喊口号或者凭空想象就可以获得，它通常需要完成很多有序的思考才能完成整个创意过程。

而创新思维一般由准备、酝酿、顿悟、验证这四个阶段组成，各个阶段互相联系，相互交叉。

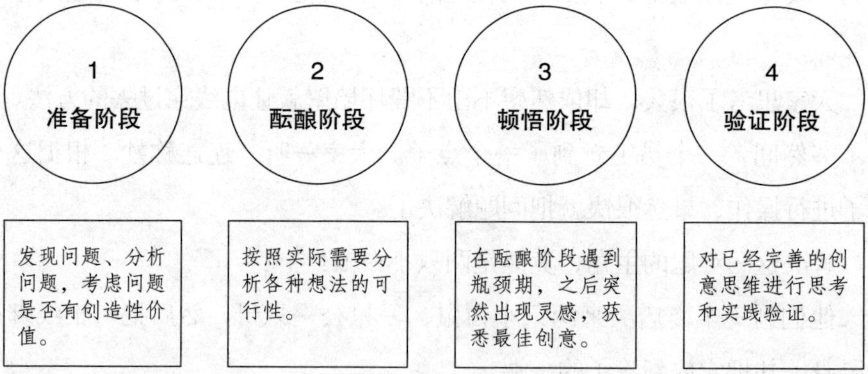

3. 个体创新思维方法

个体创新思维的方法不胜枚举，如果不运用正确的思维方式，很难解决问题。但是，掌握创新思维方法只是基础，只有深入理解才能在特定的环境和事件中合理应用创新思维来解决具体问题，进行创新活动。

其实，每个人自身都有一座宝藏，一座几乎被遗忘的宝藏。那就是我们的头脑，我们的创新思维；头脑能思维，思维能产生创意，创意能改变世界——人的外在世界和内心世界。

认真地挖掘这座属于你自己的宝藏，肯定会有意想不到的收获。

第二章

心理制胜：改变始于自己

以“己变”应万变

对于每一件事物，我们都应该首先去认识事物的性质和特点，然后再根据实际情况来调整改变自己的思路和行为方式。只有如此，我们才能在顺应事物变化的同时，驾驭变化，走向成功。

现代社会，瞬息万变。如果我们的思维不能顺时而变、顺势而变，那么生存的空间可能就会很小。

动物学家们在做青蛙与蜥蜴的比较实验时发现：

青蛙在捕食时，四平八稳、目不斜视、呆若木鸡，直到有小虫子自动飞到它的嘴边时，才猛地伸出舌头，粘住飞虫吃下去。

之后，它又开始那目不斜视的等待。看得出来，青蛙是在“等饭吃”。而蜥蜴则完全不同，它们整天奔忙在私人住宅区、老式办公楼、蓄水池边等地方，四处游荡搜寻猎物。一旦发现目标，它们就会狂奔猛追，直到吃到嘴里为止。吃完后，它们在略事休息，喝口水后，就整装待发，又去“找饭吃”了。

我们不妨将青蛙与蜥蜴的捕食方法当作两种不同的处世风格。

青蛙的捕食方法也有可能会吃饱，但它对环境的依赖性过高，不能对随时变化的环境做出迅速的反应，池塘一旦干涸了，青蛙也就消失了；而蜥蜴的方法却很灵活，它们能够快速适应变化了的环境，所以，即使这一片池塘干涸了，蜥蜴仍能够活跃在另外一个池塘边。

曾有一位哲人说过："如果你不能阻止环境的变化，那么就改变自已，去适应它吧。"

改变了自己，相当于为自己提供了更多的生存机会，为职场发展扫除了诸多障碍，为事业的成功增添了砝码。

1930年，日本初秋的一个清晨，一个只有1.45米的矮个子青年从公园的长凳上爬了起来，徒步去上班，他因为拖欠房租，已经在公园的长凳上睡了两个多月了。他是一家保险公司的推销员，虽然工作勤奋，但收入少得甚至租不起房子，每天还要看尽人们的脸色。

一天，年轻人来到一家寺庙向住持介绍投保的好处。老和尚很有耐心地听他把话讲完，然后平静地说："听完你的介绍之后，丝毫引不起我投保的意愿。"

"人与人之间，像这样相对而坐的时候，一定要具备一种强烈吸引对方的魅力，如果你做不到这一点，将来就不会有什么前途可言……"

从寺庙里出来，年轻人一路思索着老和尚的话，若有所悟。接下来，他组织了专门针对自己的"批评会"，请同事或客户吃饭，目的是请他们指出自己的缺点。

"你的个性太急躁了，常常沉不住气……"

"你有些自以为是，往往听不进别人的意见……"

"你面对的是形形色色的人，必须要有丰富的知识，所以必须加强进修，以便能很快与客户找到共同的话题，拉近彼此之间的距离。"

……

年轻人把这些可贵的逆耳忠言一一记录下来。每一次"批评会"后，他都有被剥了一层皮的感觉。通过一次次的"批评会"，他把自己身上那一层又一层的劣根性一点点剥落。

与此同时，他总结出了含义不同的 39 种笑容，并一一列出各种笑容要表达的心情与意义，然后再对着镜子反复练习。

年轻人开始像一条成长的蚕，随着时光的流逝悄悄地蜕变着。到了 1939 年，他的销售业绩荣膺全日本之最，并从 1948 年起，连续 15 年保持全日本销售量第一的好成绩。1968 年，他成了美国百万圆桌会议的终身会员。

这个人就是被日本国民誉为“练出价值百万美金笑容的小个子”、被美国著名作家奥格·曼狄诺称为“世界上最伟大的推销员”的推销大师原一平。

“我们这一代最伟大的发现是，人类可以由改变自己而改变命运。”原一平用自己的行动印证了这句话，那就是：有些时候，迫切应该改变的或许不是环境，而是我们自己。

有时想一想，顿觉人生如钓鱼。如果你固守在一个位置，用一套渔具、一个方法来钓，也许可以偶尔钓上来一条，但不会钓到大鱼，更不会有许多鱼上钩。

钓鱼的设备和方法要随着不同情况而有所改变。钓不同的鱼要用不同的鱼饵、不同长度的线；即使钓同一种鱼，依季节的变化，方法也不相同。鱼不会听从人的安排而上钩，但想钓上它来，就必须改变自己，以你的方式适应鱼的习性。

世界上的任何事情都不会完全按照我们的主观意志去发展变化。我们要获得成功，就首先得去认识事物的性质和特点，适时地调整自己。如果我们想当然地凭自己的想法去办事，就会像钓鱼不知道鱼的习性一样，注定要徒劳无功。

所以，做一切事、解决一切问题，我们都必须随着客观情况的变化而不断地调整自己，不断地采取与之相适应的方法，做到以“己”变应万变，才能够在职场上立足，使自己的职业之树常青。

对此，你可以运用思维导图，针对自己的现状，画出你身上的优秀品质，以及需要改变和调整的地方。

用“心”才能创“新”

总听到有人抱怨自己时运不佳，找不到任何开拓创新的时机。当看到别人有所成就时又会悔恨不已，殊不知别人的“新”是用“心”换来的。

凡事只有用心去做，才会激发出更多的智慧和想法；只要用心去做，就不会存在难以逾越的困境，创新就不是一件难事了。

日本是个服装王国，而独立公司则是这个王国中一颗格外耀眼的新星。独立公司不生产高档时装和名牌服装，而是独树一帜，专门为伤残人设计和生产各种服装，因此才在日本服装业占据了一席不可缺少的位置。

独立公司的老板是一位残疾妇女，名叫木下纪子。过去她曾经营过室内装修公司，而且在该行业颇有名气。

可是就在事业一帆风顺的时候，一场意外的疾病——中风，给了木下纪子毁灭性的打击。她的左半身瘫痪了。木下纪子痛苦过、颓废过，觉得再没什么希望了，甚至还想过自杀。

但是当她从极度痛苦中摆脱出来、冷静思考时，理智和意志终于占了上风:“必须振作起来，不能让这辈子就这样了结！”

然而，对于一个瘫痪的残疾人来说，要做成事业实在太难了。就拿穿衣服来说吧，这是每天必做的极小的一件事，而木下纪子却要非常吃力地花上数分钟或更长时间。“难道就不能设计出一种让伤残人容易穿脱的服装吗？”一个全新念头突然产生。一种要为和自己有同样遭遇的人解除不便的渴望重新燃起了木下纪子的事业心。

就这样，木下纪子根据设想和以往的经营管理经验，创办了世界上第一家专为伤残人设计和生产服装的公司——独立公司，专门产销“独立”牌服装。特意取“独立”这个名字，不仅向人们宣告伤残人的志愿和理想，同时也说出了木下纪子的心声——要走一条独立自主的生活道路，这是一个强者的选择。

独立公司开张后，生意非常兴隆，因为它确实抓住了一部分特殊人群的需要，找准了市场空当，更因为木下纪子是用一颗心来做这个事业的，每一点都可以体现出她的用心之处。木下纪子设计的服装看上去很普通，甚至不像伤残人穿的服装，而有点像时装。

对此，木下纪子有她的见解：伤残人很容易失去信心和勇气，服装的款式、面料及色彩讲究一些，不但能使伤残人穿着方便，也能增强他们的信心。更为重要的是，爱美之心人皆有之，伤残人何尝不想穿得漂亮一点！

木下纪子不仅是个意志刚强的女人，而且是一位具有发展眼光的企业家，她要把“独立”牌服装打进国际市场。这一计划不但得到了日本政府的支持，同时还得到了国外友人的帮助。后来，木下纪子与美国一家同行组成一个合资公司，在美国生产和销售“独立”牌服装。就连艾威琳·肯尼迪这位名门望族的后裔，也远道而来，与木下纪子协商业务合作事宜。为了扩大出口，日本政府还以政府的名义出面帮助木下纪子在美国、加拿大和澳大利亚等国举办独立公司的大型展览会。通过这种展览、展销，独立公司在国外迅速名噪一时，木下纪子的事业走向了辉煌。

木下纪子是个有心人，更是用心人。“残疾人”的身份使她更能设身处地去为客户着想，因为她的用心，才把事情做到了细微之处，同样因为用心，她才把事业做得伟大。

生活中并不缺乏创新的机遇，而是缺乏用心之人。只要你用心地去观察、去思考，就一定能够抓住创新的良机。

没有解决不了的问题，只有还未开启的智慧

工作中，我们总会碰到各种各样看似无法解决的问题。这些问题就像拦路虎，挡住了我们的去路，使我们战战兢兢，不敢前行一步。也许我们努力了，但还是无法成功，于是更多的人选择了放弃，并安慰自己：算了吧，这是一个解决不了的问题，我还是不要再浪费时间了吧。

但是，问题真的解决不了吗？情况似乎并不是这样的。

詹妮芙·帕克小姐是美国鼎鼎有名的女律师。她曾被自己的同行——老资格的律师马格雷先生愚弄过一次，但是，恰恰是这次愚弄使詹妮芙小姐名扬全美国。

事情是这样的：

一位名叫康妮的小姐被美国“全国汽车公司”制造的一辆卡车撞倒，司机踩了刹车，卡车把康妮小姐卷入车下，导致康妮小姐被迫截去了四肢，骨盆也被碾碎。康妮小姐说不清楚是自己在冰上滑倒摔入车下，还是被卡车卷入车下。马格雷先生则巧妙地利用了各种证据，推翻了当时几名目击者的证词，康妮小姐因此败诉。

绝望的康妮小姐向詹妮芙·帕克小姐求援，詹妮芙通过调查掌握了该汽车公司的产品近5年来的15次车祸——原因完全相同，该汽车的制动系统有问题，急刹车时，车子后部会打转，把受害者卷入车底。

詹妮芙对马格雷说：“卡车制动装置有问题，你隐瞒了它。我希望汽车公司拿出200万美元来给那位姑娘，否则，我们将会提出控告。”

老奸巨猾的马格雷回答道：“好吧，不过，我明天要去伦敦，一个星期后回来，届时我们研究一下，做出适当安排。”

一个星期后，马格雷却没有露面。詹妮芙感到自己是上当了，但又不知道为什么上当，她的目光扫到了日历上——詹妮芙恍然大悟，诉讼时效

已经到期了。

詹妮芙怒气冲冲地给马格雷打了电话，马格雷在电话中得意扬扬地放声大笑："小姐，诉讼时效今天过期了，谁也不能控告我了！希望你下一次变得聪明些！"詹妮芙几乎要给气疯了，她问秘书："准备好这份案卷要多少时间？"

秘书回答："需要三四个小时。现在是下午 1 点钟，即使我们用最快的速度草拟好文件，再找到一家律师事务所，由他们草拟出一份新文件，交到法院，那也来不及了。"

"时间！时间！该死的时间！"詹妮芙小姐在屋中团团转，突然，一道灵光在她的脑海中闪现，"全国汽车公司"在美国各地都有分公司，为什么不把起诉地点往西移呢？隔一个时区就差一个小时啊！

位于太平洋上的夏威夷在西区，与纽约时差整整 5 个小时！对，就在夏威夷起诉！

詹妮芙赢得了至关重要的几个小时，她以雄辩的事实，催人泪下的语言，使陪审团的成员们大为感动。陪审团一致裁决：康妮小姐胜诉，"全国汽车公司"赔偿康妮小姐 600 万美元！

像这个故事一样，寻找解决问题的方法虽然不很容易，但方法总是有的，只要我们努力地思考。工作中的难题也是这样。所以在工作中，如果我们遇到了难题，就应该坚持这样的原则：努力找方法，而不是轻易放弃。

对于通过思索以寻找解决问题方法的重要性，许多杰出的企业家都深有体会。比尔·盖茨曾说："一个出色的员工，应该懂得：要想让客户再度选择你的商品，就应该去寻找一个让客户再度接受你的理由。任何产品遇到了你善于思索的大脑，都肯定能有办法让它和微软的视窗一样行销天下的。"

洛克菲勒也曾经一再地告诫他的职员："请你们不要忘了思索，就像不要忘了吃饭一样。"

只要努力去找，解决困难的方法总是有的，而这些方法一定会让你有所收益。

只要精神不滑坡，方法总比困难多

在蒙牛集团，有这样一副对联："只要精神不滑坡，方法总比困难多。"这是一种无所畏惧的信念，也是一种工作指导方针。

牛根生说："在一个单位，不管是领导还是员工，只要有着这样的精神，有什么困难不能克服，有什么问题不能解决呢！"

相信不少人对2003年上半年的"非典"仍然记忆犹新，它带给我们的不只是对"SARS"病毒的恐慌，对我国的企业也是一种前所未有的冲击和考验。

虽然炎炎夏季来临，但冰激凌市场似乎依然冻结在"冰点"。不必说"吃冰激凌不利于预防'非典'"的传言，也不必说店铺纷纷关门，单论大街上锐减的人流，对于随意消费、冲动购买型的产品冰激凌来说，命运多舛就是注定的。

4月下半月，冰激凌整体销量急剧下滑。一些小厂相继关停。

但自古"危机"就具有双面性，对退缩者而言是坟墓，对进取者而言是天堂。乱"市"出英雄，旧的市场格局每动乱一次，行业格局就调整一次。蒙牛却在此期间打了一场胜利的营销仗。它在三个方面采取了"与众不同"的措施。

或者说，在蒙牛的决策层里早已形成了一幅制胜的思维导图。

（1）转移阵地，开辟"第二渠道"。

食品一旦走出工厂，最基本的营销法则就是到"嘴多"、"胃多"的地方去。既然"非典"把人们逼到了社区，那么，社区就是最佳的"卖场"。

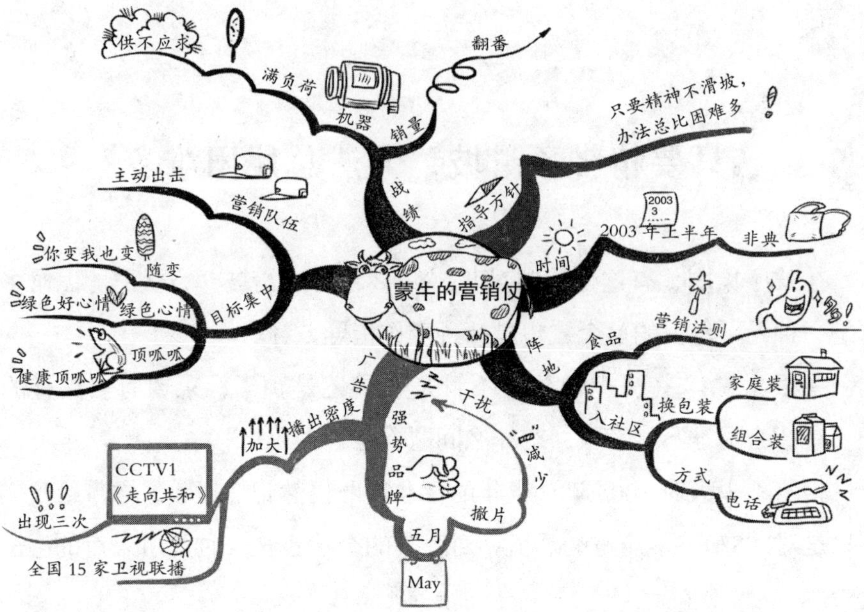

阵地变了，策略跟着变。蒙牛冰激凌紧急调整部署，在社区发展经销商、发展售点。同时，改换包装形式，根据人们在“非典”期间不愿打开包装而愿整箱购买的现状，发展家庭装、组合装。结果领先一步，“抢位”成功。

许多社区都打出了“不让‘非典’进社区”的口号，蒙牛冰激凌何以出入社区？两个字：中转。到了小区门口，打个电话到里面，只交流货，不交流人。

（2）密播广告，强化“品牌经营”。

进入五月份，冰激凌市场萎靡不振，许多在中央电视台播放广告的强势品牌不愿再做“守望者”，纷纷撤片。连2002年销量第一的某冰激凌品牌，大概也不堪重负，同样撤下了在央视播放的广告。

销量第二的蒙牛却反其道而行之，不但不撤广告，甚至加大了播出密度，如在央视一套《走向共和》每晚三集剧前（这是央视一套第一次采取三集连播方式），蒙牛冰激凌广告与液体奶广告双双雄飞，集集不落，各出现三次，气势逼人；同时在全国15家卫视联播中也加大了播出密度。

为什么这样做？因为“非典”将人们堵在家里，电视成为联系外界的主要窗口，正是品牌传播的好机会。如果别人都撤了广告，那又平添了一样好处：品牌的相互干扰减少。

（3）众志成城，采取“播种行动”。

时任蒙牛冰激凌销售部长的赵全生说：“非典”到来，有的冰激凌品牌选择了放弃，业务员放假的放假，观望的观望。蒙牛的营销队伍却选择了“播种”，戴上口罩，主动出击。

在产品结构调整上，放弃三类，淡化二类，主攻一类。由于目标集中，聚焦收效，“随变”“绿色心情”“顶呱呱”等产品，随着“你变我也变”“绿色好心情”“健康顶呱呱”的宣传主题，一路畅销。

有无相生，长短相形，祸福相依。只要精神不滑坡，办法总比困难多。全国市场一会儿这里燃起一团火，一会儿那里燃起一团火，众人拾柴火焰高，“冰点”化作了“沸点”，蒙牛冰激凌5月份的销量比上年同期翻了一番，工厂所有机器满负荷运转，仍然供不应求，一再断货。6月份销势更猛。

坚信“方法总比困难多”，能够增强我们战胜困难的信心，还能激发出我们的创造热情。许多成功者回忆走过的艰难路途时都表示，就是因为有了“方法总比困难多”这一信念的支撑，才有了他们今日的成就和辉煌。

画出发掘你创造力的思维导图

由于思维导图能够最大限度地挖掘大脑中的创造潜力，目前有很多企业和个人都在创造和运用开启创造力的思维导图，取得的效果也非常惊人。

一个学习型公司的总裁说：“作为一个头脑风暴的工具，思维导图让我们感觉到创造力一下子打开了，新点子层出不穷，真是思如泉涌，这种感觉以前从来没有过，真是太棒了。”

那好，从现在开始，就让我们也来创造开启创造之门的思维导图吧。

在画图之前，让我们先来作以下的测试，评判一下你的创造能力：

1. 在学校里，我喜欢试着对事情或问题作猜测，即使不一定都猜对也无所谓。

A. 完全符合　B. 部分符合　C. 完全不合

2. 我喜欢仔细观察我没有看过的东西，以了解详细的情形。

A. 完全符合　B. 部分符合　C. 完全不合

3. 我喜欢听变化多端和富有想象力的故事。

A. 完全符合　B. 部分符合　C. 完全不合

4. 画图时我喜欢临摹别人的作品。

A. 完全符合　B. 部分符合　C. 完全不合

5. 我喜欢利用旧报纸、旧日历及旧罐头等废物来做成各种好玩的东西。

A. 完全符合　B. 部分符合　C. 完全不合

6. 我喜欢幻想一些我想知道或想做的事。

A. 完全符合　B. 部分符合　C. 完全不合

7. 如果事情不能一次完成，我会继续尝试，直到成功为止。

A. 完全符合　B. 部分符合　C. 完全不合

8. 做功课时我喜欢参考各种不同的资料，以便得到多方面的了解。

A. 完全符合　B. 部分符合　C. 完全不合

9. 我喜欢用相同的方法做事情，不喜欢去找其他新的方法。

A. 完全符合　B. 部分符合　C. 完全不合

10. 我喜欢探究事情的真假。

A. 完全符合　B. 部分符合　C. 完全不合

11. 我喜欢做许多新鲜的事。

A. 完全符合　B. 部分符合　C. 完全不合

12. 我不喜欢交新朋友。

A. 完全符合　B. 部分符合　C. 完全不合

13. 我喜欢想一些不会在我身上发生过的事情。

A. 完全符合　B. 部分符合　C. 完全不合

14. 我喜欢想象有一天能成为艺术家。音乐家或诗人。

A. 完全符合　B. 部分符合　C. 完全不合

15. 我会因为一些令人兴奋的念头而忘记了其他的事。

A. 完全符合　B. 部分符合　C. 完全不合

16. 我宁愿生活在太空站，也不喜欢住在地球上。

A. 完全符合　B. 部分符合　C. 完全不合

17. 我认为所有的问题都有固定的答案。

A. 完全符合　B. 部分符合　C. 完全不合

18. 我喜欢与众不同的事情。

A. 完全符合　B. 部分符合　C. 完全不合

19. 我常想要知道别人正在想什么。

A. 完全符合　B. 部分符合　C. 完全不合

20. 我喜欢故事或电视节目所描写的事。

A. 完全符合　B. 部分符合　C. 完全不合

21. 我喜欢和朋友一起，和他们分享我的想法。

A. 完全符合　B. 部分符合　C. 完全不合

22. 如果一本故事书的最后一页被撕掉了，我就自己编造一个故事，把结局补上去。

A. 完全符合　B. 部分符合　C. 完全不合

23. 我长大后，想做一些别人从没想过的事情。

A. 完全符合　B. 部分符合　C. 完全不合

24. 尝试新的游戏和活动，是一件有趣的事。

A. 完全符合　B. 部分符合　C. 完全不合

25. 我不喜欢太多的规则限制。

A. 完全符合　B. 部分符合　C. 完全不合

26. 我喜欢解决问题，即使没有正确的答案也没关系。

A. 完全符合　B. 部分符合　C. 完全不合

27. 有许多事情我都很想亲自去尝试。

A. 完全符合　B. 部分符合　C. 完全不合

28. 我喜欢唱没有人知道的新歌。

A. 完全符合　B. 部分符合　C. 完全不合

29. 我不喜欢在班上同学面前发表意见。

A. 完全符合　B. 部分符合　C. 完全不合

30. 当我读小说或看电视时，我喜欢把自己想成故事中的人物。

A. 完全符合　B. 部分符合　C. 完全不合

31. 我喜欢幻想 200 年前人类生活的情形。

A. 完全符合　B. 部分符合　C. 完全不合

32. 我常想自己编一首新歌。

A. 完全符合　B. 部分符合　C. 完全不合

33. 我喜欢翻箱倒柜，看看有些什么东西在里面。

A. 完全符合　B. 部分符合　C. 完全不合

34. 画图时，我很喜欢改变各种东西的颜色和形状。

A. 完全符合　B. 部分符合　C. 完全不合

35. 我不敢确定我对事情的看法都是对的。

A. 完全符合　B. 部分符合　C. 完全不合

36. 对于一件事情先猜猜看，然后再看是不是猜对了，这种方法很有趣。

A. 完全符合　B. 部分符合　C. 完全不合

37. 玩猜谜之类的游戏很有趣，因为我想要知道结果如何。

A. 完全符合　B. 部分符合　C. 完全不合

38. 我对机器有兴趣，也很想知道它里面是什么样子，以及它是怎样转动的。

A. 完全符合 B. 部分符合 C. 完全不合

39. 我喜欢可以拆开来的玩具。

A. 完全符合 B. 部分符合 C. 完全不合

40. 我喜欢想一些新点子，即使用不着也无所谓。

A. 完全符合 B. 部分符合 C. 完全不合

41. 一篇好的文章应该包含许多不同的意见或观点。

A. 完全符合 B. 部分符合 C. 完全不合

42. 为将来可能发生的问题找答案，是一件令人兴奋的事。

A. 完全符合 B. 部分符合 C. 完全不合

43. 我喜欢尝试新的事情，目的只是为了想知道会有什么结果。

A. 完全符合 B. 部分符合 C. 完全不合

44. 玩游戏时，我通常是有兴趣参加，而不在乎输赢。

A. 完全符合 B. 部分符合 C. 完全不合

45. 我喜欢想一些别人常常谈过的事情。

A. 完全符合 B. 部分符合 C. 完全不合

46. 当我看到一张陌生人的照片时，我喜欢去猜测他是怎么样一个人。

A. 完全符合 B. 部分符合 C. 完全不合

47. 我喜欢翻阅书籍及杂志，但只想知道它的内容是什么。

A. 完全符合 B. 部分符合 C. 完全不合

48. 我不喜欢探寻事情发生的各种原因。

A. 完全符合 B. 部分符合 C. 完全不合

49. 我喜欢问一些别人没有想到的问题。

A. 完全符合 B. 部分符合 C. 完全不合

50. 无论在家里或在学校，我总是喜欢做许多有趣的事。

A. 完全符合 B. 部分符合 C. 完全不合

该测验可以测试创造性的四种特征，即冒险性、好奇心、想象力、挑战性。记分的方法是“完全符合”记3分，“部分符合”记2分，“完全不合”记1分。

其中“冒险性”包括1、5、21、24、25、28、29、35、36、43、44等11题，满分33分；

“好奇心”包括2、8、11、12、19、27、32、34、37、38、39、47、48、49等14题，满分42分；

“想象力”包括6、13、14、16、20、22、23、30、31、32、40、45、46等13题，满分39分；

“挑战性”包括3、4、7、9、10、15、17、18、26、41、42、50等12题，满分36分。

在好奇性特征上得分高：表明受测者具有下列个性品质：富有追根究底的精神；主意多，乐于接触暧昧迷离的情境；肯深入思索事物的奥妙；能把握特殊的现象并观察其结果。在好奇性特征上得分低，表明受测者不具备上述特征，影响受测者创造力的发展。

在想象力特征上得分高：表明受测者具有下列特征：善于视觉化并建立心像；善于幻想尚未发生过的事情；可进行直觉地推测；能够超越感官及现实的界限。低分者缺乏想象力，因而创造性不高。

在挑战性特征上得分高：表明受测者具有下列特征：善于寻找各种可能性；能够了解事情的可能性及现实间的差距；能够从杂乱中理出秩序；愿意探究复杂的问题或主意。低分者在这方面表现出因循守旧的特点，因而缺乏创造性。

在冒险性特征上得分高：表明受测者具有下列特征：勇于面对失败或批评；敢于猜测；能在杂乱的情境下完成任务；勇于为自己的观点辩护。而低分者缺乏冒险性，因而创造性不足。

通过这个测试，想来你对自己的创造力已经有了一个比较准确的估价。接下来，你就可以根据自己的具体情况，画一张发掘创造力的思维导图了。

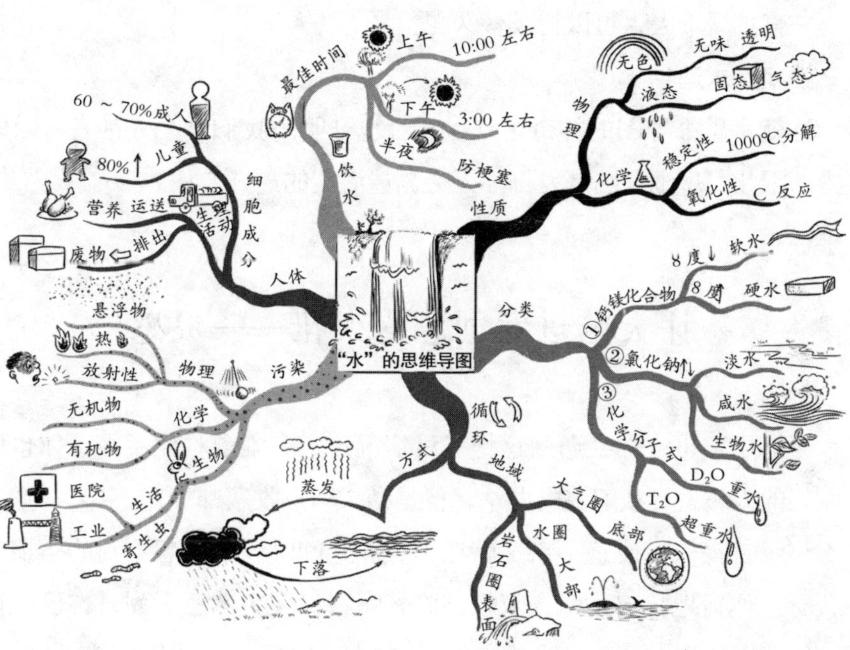

为了用思维导图证实我们具有非凡的创造力，现在让我们做一个关于“水”的练习，并尝试自己绘制一幅简单的思维导图。

首先，我们在思维导图上画“水”的形象图。分别有 5 条或更多的分支将从思维导图的中心发散出去，并且每条分支的“末梢”又有三条小的分支。

接下来，运用你的想象力，给那些分支加上关键词和图形。那么，围绕“水”字就引发出 5 个主要想法，这样你第一次的创造成果就增加到了 5 个。

其次，你可以使用这 5 个新创造出来的想法，把它们中的每一个都另外扩展出三个新的想法，这样就又增加了三倍，或者说增加了 300%。即，瞬间的工夫，你把你的一个想法扩展出 15 个新想法。

如果现在让你把最初扩展出来的 15 个关键词中的每一个再扩展 5 个呢？你当然可以！那将会创造出 75 个新想法。

如果接着扩展下去呢，又将会有 375 个新想法……

一直扩展下去，可以持续多久呢？

答案是永远！

这就是思维导图的神奇之处，同时也证明了我们每个人都有无限的创造力。因此，思维导图是发掘你无穷创造潜能的最好方法。

让大脑迸发创意的火花——灵感

生活中，也许你会遇到这样一种情况：一个难题难住了你，你也使用了吃奶的力气去寻找解决的办法，但是结果一点收获都没有。

你垂首丧气、疲惫不堪，就在决定放弃的时候。意想不到的事情出现了，呀，你猛地抬起头来，双眼圆睁，啊哈！你突然意识到，你已经撞到了解决问题的答案——灵感。

法国著名画家毕加索曾说："艺术家是一个容器，他可以容纳来自四面八方的感情，可以是来自天上的，地下的，来自一张碎纸片，也可以是来自一闪即过的形象，或是来自一张蜘蛛网。"毕加索说的，就是创意的火花——灵感。

灵感指的是当人们研究某个问题的时候，并没有像通常那样运用逻辑推理，一步一步地由未知达到已知，而是一步到位，一眼看穿事物的本质。

神话传说中的灵感是缪斯女神对凡间诗人的赐予。如此说来，灵感似乎是神赐之物，它来自外部。或许某些发挥创造力的人在某些情况之下会认为自己的灵感的确是来自外部，但冷静地分析下来，大部分的情况并非如此。通过一个人灵感"来"的时候，会达到一种极度专注的境界，这可能是外在事物带来的一种刺激，但绝非拜神所赐。

著名的诗《忽必烈汗》是英国浪漫主义诗人柯勒律治从一次梦中得到的启示，醒来之后即刻写下来，直到一位访客到他家拜访，打断了他的思绪，这首诗后来就写不下去了。

现代英国诗人豪斯曼曾生动地描述他创作一首诗的灵感过程。他写作时习惯在住家附近的英国乡下散步，他说：在途中，这首诗的其中两段就来到我脑中，跟后来出版的一字不差。喝完下午茶之后，稍做努力，第三段也跟着来了。但还差一段，就是来不了，那一段我还得费事自己写呢。

著名作家赖声川的舞台剧《在那遥远的星球，一粒沙》的故事也是他做梦梦到的，半夜醒来，逼自己起床写下来。最后完成的剧本跟那天半夜的笔记相差甚少。

豪斯曼说那些词句“就来到我脑中”到底是什么意思？从哪里来？赖声川说《在那遥远的星，一粒沙》的故事是“做梦梦到的”，那故事又是从哪里来的？难道空气中某处真的存在一间大仓库，里面装满故事、诗、音乐、画、各种发明和创意点子供创意人取用？谁能走进这间仓库？去哪里办通行证？还是真的有“缪斯”，我们可以培养她们，随时请求她们从空气中传递创意构想和执行方法给我们？

其实灵感的产生没有那么玄。灵感的产生与我们的内在需求相呼应。针对创意题目，灵感提供可行的答案和方向。

以豪斯曼及赖声川为例，这是很明确的。以柯勒律治为例，我们无法确定他是否一直想写一个异国情调的浪漫诗，或者是否一直对蒙古帝国感兴趣，但灵感在他身上产生的时候，并不是以无法辨认的密码形式出现的，它是可理解的，并且应当是针对他意识中或潜意识中所关心的题目而来的。

换句话说，当你苦思一个创意题目时，来的灵感是针对这个题目的。万一是另一个题目的答案来到心中，这题目必定也是在自己意识或潜意识中浮现过的。

灵感的逻辑很难捉摸。当灵感来的时候，它可能出现的面貌好比说是“A”，但它带来的联想未必是“B”，很可能是“C”，而从“C”未必顺理成章到达“D”，可能直接跳到结论“Z”。

所以说，当我们看到“A”突然联结到“Z”，不了解整体情况的人会觉得毫无道理，所以看不懂，认定是神秘而不可分析的。但跳跃的逻辑也是一种逻辑，道理自然存在于它发生的过程中。

为什么在某一时刻，思考者会对某样东西或某件事物产生一种新的视角，看到新的可能性，知道如何组合、清楚地排列到心中？虽然灵感的发生充满神秘色彩，但不管多么随机、庞大、复杂，灵感发生的方式确实有其脉络可循。

这些用途都可以在思维导图中很好地表示出来。

不知你尝试过每个月至少读一本自己并不感兴趣的书没有？你只有在阅读过程中受到新的影响，才能得到新的想法。

爱因斯坦曾说过：“我日复一日、年复一年地不断思考，99 次的结论都是错误的，但第 100 次我是正确的。”很多灵感在刚产生的时候就被扼杀了，没经过任何考验，因此，它们仅仅是灵感而已。

还有很多灵感在实现过程中由于种种原因失败了——每次当你想出一

个新创意时，你一定能听见很多关于失败的例子。

如果你想有所收获，你必须敢于尝试新事物。要想成功，你必须敢于面对失败。事实上，如果你想让你的灵感得到生长，来一点小小的疯狂是会有所帮助的。

提倡使用思维导图进行创意性工作，其中一个最大的好处就是激发创意和灵感，加强和巩固构思过程，增加了生成新想法的可能性。

使用思维导图还能让人感到轻松愉快、充满幽默，使思维导图的制作者极有可能游离于常识之外，因而导致新创意——灵感的产生。

让一本书变成一张纸的思维导图

能让一本书变成一张纸吗?

当然可以!

秘密就在于使用思维导图。

其实给一本书绘制思维导图是很容易的。简单归纳起来，主要有两个技巧：即准备和应用。

要把一本书变成一张薄纸，可分以下 8 个阶段：

（1）浏览（10 分钟）。

在我们确定要仔细阅读某一本书之前，首先要大致浏览一下全书。把握住对全书的“感觉”。

这时，我们可以取一张大纸，或者用一张思维导图专用纸，在纸中间画一个中央图，并将该书主题或者书名总结上去。

如果该书封面和内页里有特别引人注目的彩色图像，不妨把这个图像作为中央图。如果你对从中央图像发散出去的主干有非常合理地把握，不妨同时画上主要分支。它们经常是与全书的主要篇章或者章节相符合的，也符合你阅读该书的目的。

（2）设定时间和总量目标（5分钟）。

这一点可以根据你的学习目标、该书的内容和难度水平以及你已经具有的知识总量，决定你将花在本书全部任务上的全部时间，以及每个学习期间所包含的内容。

（3）用思维导图画出与该书有关的知识（10分钟）。

你可以不管刚才画过的思维导图，直接拿过几张纸来，以尽量快的速度画一张思维导图，把你对于即将要学习的有关知识画出来。其中包括你在前面翻阅本书时得到的任何信息，再加上总体的知识，或者在你目前得到的所有与该课题有关的任何信息。

结果会令很多人吃惊，因为他们会惊讶地发现，他们对一些课题已经具备的知识比他们预想的多得多。它还可以让你看出自己知识领域里的强项和弱项，让你知道哪些方面的知识是需要进一步弥补的。

（4）用思维导图画出确定的目标（5分钟）。

你可以用不同的颜色在刚刚完成的知识思维导图上增加一些内容，或者重新拿一张新纸，再画一幅思维导图，说明你学习本书的目标。这些目标可以是一些具体的问题，你希望得到对这些问题的回答，可能是你希望知道的更多的有关知识，或者是你希望获取的某些技巧。

（5）~（8）为总述、预览、内视和复习。

以上阶段准备完毕，你就可以开始在这四个水平上进行阅读了——总述、预览、内视和复习，这样水平上的阅读会把你带入该书更深的层次。

这个时候，你可以一边读书一边做思维导图；一边读一边在书上做一些标记，并在事后完成思维导图。这些办法都同样有效——你所选择的都是根据个人的爱好，同时也决定着这本书是否是你自己的。

不过，事后画思维导图也有一个好处，即你只在掌握理解了全书内容，或部分内容与彼此的关系后才开始做。你的思维导图因此就会更为全面，更有一个核心，也不太可能需要修改。

实际上，不管你选择哪一种方法，都必须记住，对一本书做思维导图都是一个双向的过程。目标不是简单地以思维导图的形式复制作者的思想。它是要根据你自己的知识、理解力、解释和具体目标来组织和综合书的思想。你的思维导图应该能够理想地包括你自己的评论、想法以及从刚刚读到的东西里得到的创造性的理解。用不同的颜色或者代码会把你自己对该图的贡献与作者的思想区分开来。

第三章

用创新力提升行动效能

正确地做事和做正确的事

让我们先看一个故事。

这是约翰·米勒先生亲身经历的一件事，也许从这件事中你可以体会出“效能”的含义。

那是阳光明媚的一个中午，在明尼阿波利斯市区，米勒先生经过一家叫“石邸”的餐厅，想吃顿简单的午餐。

餐厅就餐的人非常多，赶时间的米勒先生，很庆幸找到了一张吧台旁边的凳子坐了下来。几分钟后，有位年轻人端了满满一托盘要送到厨房清洗的脏碟子，匆匆地从他的身边经过。年轻人用眼角余光注意到了米勒先生，于是停下来，回头说道，“先生，有人招呼您了吗？”

“还没有，”他说，“我赶时间，只是想来一份沙拉和两个面包圈。”

“我替您拿来，先生。您想喝点什么？”

“麻烦来杯健怡可乐。”

“对不起，我们只卖百事可乐，可以吗？”

“啊，那就不用了，谢谢。”米勒先生面带微笑，说道：“请给我一杯水加一片柠檬。”

“好的，先生，马上就来。”他一溜烟不见了。

过了一会儿，他为米勒先生送来了沙拉、面包圈和水，留下米勒先生用餐。

又过了一会儿，年轻人突然为米勒先生送来了一听冰凉的健怡可乐。

米勒先生一阵高兴，却又有疑问：“抱歉，我以为你们不卖健怡可乐。”他说。

“没错，先生，我们不卖。”

“那这是从哪儿来的？”

“街角杂货店，先生。”米勒先生惊讶极了。

“谁付的钱？”他问。

“是我，才2块钱而已。”

听到这里，米勒先生不禁为年轻人专业的服务所折服，他原本想说的是：“你太棒了！”但实际却说：“少来了，你忙得不可开交，哪有时间去买呢？”

面带笑容的年轻人，在米勒先生眼前似乎变得更高更大了。“不是我买的，先生。我请我的经理去买的！”

米勒先生被这位年轻人高效能的工作作风所感动了，他认为这个店员选用了“正确的方式”做了“正确的事”，于是米勒先生当时就决定：把这家伙挖过来，不管多费事！你明白了吗？“效能”就是指“用正确的方式做了正确的事”。“正确地做事”保证了做事的效率，“做正确的事”保证了将事做对，两者结合在一起，也就保证了我们说的“工作效能”。

“正确地做事”指的是方法问题。就像这个故事中的年轻人变通地“让经理替自己去杂货店买健怡可乐”这一做法就属于“正确地做事”。

他没有拘泥于传统的服务理念，而是以顾客的需求为重，努力找方法创造性地满足了顾客的需求。这种创造性思维和做法都是我们所提倡的。

要了解“做正确的事”的含义，就要先了解什么才是“正确的事”。

我们的生活、工作中有许许多多的事情需要去做，是否这些都是“正确的事”呢？不是的。比如，你在第二天有重要的工作要做，现在需要充分地休息，可这时接到一个朋友的电话邀请你去酒吧聊天。那么，“休息”

就是“正确的事”，而“去酒吧聊天”就不是“正确的事”。

我们每天面对的众多事情，怎么才能区分哪些是需要做的“正确的事”呢？其实，按照轻重缓急的程度，我们遇到的事情可以分为以下四个象限，即重要且紧急的事，重要但不紧急的事，紧急但不重要的事，不紧急也不重要的事。

第一象限是重要又紧急的事。诸如应付难缠的客户、准时完成工作、住院开刀，等等。

第二象限是重要但不紧急的事。比如，长期的规划、问题的发掘与预防、参加培训、向上级提出问题处理的建议，等等。

第三象限属于紧急但不重要的事。表面看似第一象限，因为迫切的呼声会让我们产生“这件事很重要”的错觉——实际上就算重要也是对别人而言。电话、会议、突来访客都属于这一类。我们花很多时间在这个里面打转，自以为是在第一象限，其实只是在第四象限徘徊。

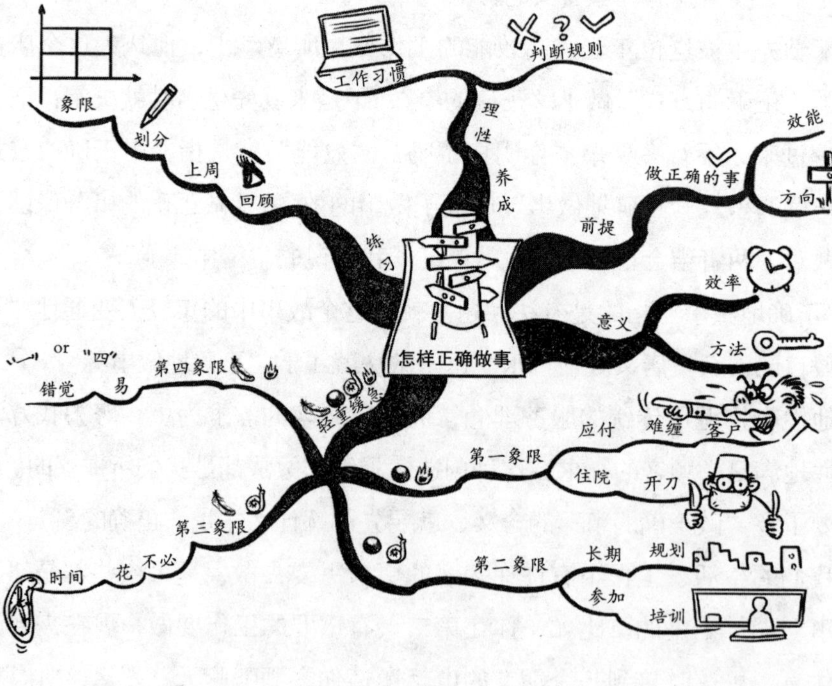

第四象限是不紧急也不重要的事。既然不重要也不紧急，那就不值得花时间在这个象限。

现在我们不妨回顾一下上周的生活与工作，你在哪个象限花的时间最多？请注意，在划分第一和第三象限时要特别小心，急迫的事很容易被误认为是重要的事。

其实两者的区别就在于这件事是否有助于完成某种重要的目标，如果答案是否定的，便应归入第三象限。

要学会把时间花在第二象限，做重要而不紧迫的事。那样才会减少重要的事进入第一象限，变得紧急。

在工作中，我们需要时刻提醒自己，怎样做才是创造最高工作效能的最佳方式？找到重要但不紧急的事，之后用上全部的智慧、最恰当的方法去做好它，你的工作就能够保持高效而平衡了。

机器不转动，工厂也能赚钱

据参观丰田工厂的人说，丰田工厂和其他工厂一样，机器一行一行地排列着。但有的在运转，有的没有启动，很显眼。

于是有的参观者疑惑不解：“丰田公司让机器这样停着也赚钱？”

不错，机器停着也能赚钱！这是由于丰田汽车公司创造了这样的工作方法：必须做的工作要在必要的时间去做，以避免生产过量的浪费，避免库存的浪费。

原来，不当的生产方式会造成各种各样的浪费，而浪费又是涉及提高效能增加利润的大事。

丰田公司对浪费做了严格区分，将浪费现象分为以下 7 种：

（1）生产过量的浪费；

（2）窝工造成的浪费；

（3）搬运上的浪费；

（4）加工本身的浪费；

（5）库存的浪费；

（6）操作上的浪费；

（7）制成次品的浪费。

丰田公司又是怎样避免和杜绝库存浪费的呢？许多企业的管理人员都认为，库存比以前减少一半左右就无法再减了，但丰田公司就是要将库存率降为零。为了达到这一目的，丰田公司采用了一种“防范体系”。

就以作业的再分配来说，几个人为一组干活，一定会存在有人“等活”之类的窝工现象存在。所以，有人就认为，对作业进行再分配，减少人员以杜绝浪费并不难。

但实际情况并非完全如此，多数浪费是隐藏着的，尤其是丰田人称之为“最凶恶敌人”的生产过量的浪费。丰田人意识到，在推进提高效率缩短工时以及降低库存的活动中，关键在于设法消灭这种过量生产的浪费。

为了消除这种浪费，丰田公司采取了很多措施。以自动化设备为例，该工序的“标准手头存活量”规定是 5 件，如果现在手头只剩 3 件，那么，前一道工序便自动开始加工，加到 5 件为止。

到了规定的 5 件，前一道工序便依次停止生产，制止超出需求量的加工。后一道工序的标准手头存活量是 4 件，如减少 1 件，前一道工序便开始加工，送到后一道工序。后一道工序一旦达到规定的数量，前一工序便停止加工。

像这样，为了使各道工序经常保持标准手头存活量，各道工序在联动状态下开动设备。这种体系就叫作“防范体系”。在必要的时刻，一件一件地生产所需要的东西，就可以避免生产过量的浪费。

在丰田生产方式中，不使用“运转率”一词，全部使用“开动率”，而“开动率”和“可动率”又是严格区分的。所谓开动率就是，在一天的规定作业时间内（假设为8小时），有几小时使用机器制造产品的比率。假设有台机器只使用4小时，那么这台机器的开动率就是50%。开动率这个名词是表示为了干活而转动的意思，倘若机器单是处于转动状态即空转，即使整天开动，开动率也是零。

“可动率”是指在想要开动机器和设备时，机器能按时正常转动的比率。最理想的可动率是保持在100%。为此，必须按期进行保养维修，事先排除故障。由于汽车的产量因每月销售情况不同而有所变动，开动率当然也会随之而发生变化。如果销售情况不佳，开动率就下降；反之，如果订货很多，就要长时间加班或倒班，有时开动率为100%，有时甚至会达120%或130%。丰田完全按照订货来调配机器的“开动率”，将过量生产的浪费情况减少到最低，才出现了即使机器不转动也能赚钱的局面。

讲到这里，不得不提戴尔公司的“零库存管理模式”，它与丰田的“防范体系”颇有异曲同工之妙。

戴尔公司走在物流配送时代的前列。分析家们分析戴尔成功的诀窍时说：“戴尔总支出的74%用在材料配件购买方面，2000年这方面的总开支高达210亿美元。如果我们能在物流配送方面降低0.1%，就等于我们的生产效率提高了10%。”

戴尔公司分管物流配送的副总裁迪克·亨特说：“我们只保存可供5天生产的存货，而我们的竞争对手则保存30天、45天，甚至90天的存货。这就是区别。”

戴尔是怎样做到的呢？原来，这一切的实现源于互联网生产与客户紧密相连。

工厂的多数生产过程都由互联网控制，就连几辆鸣着喇叭在厂房里穿行的叉车都是由无线电脑来控制其装卸活动的。

公司30万平方米的厂房不仅是戴尔追求效能的标志，而且是公司不断缩短从顾客订货至成品装车这段时间的标志。目前的目标是5～7小时。

由于戴尔公司按单定制，因此，这些库存一年可周转15次。相比之下，其他依靠分销商和转销商进行销售的竞争对手，其周转次数还不到戴尔公司的一半，这种快速的周转能使总利润多出1.8%～3.3%。

据此，我们可以用一幅思维导图来分析对比丰田和戴尔的成功之道。

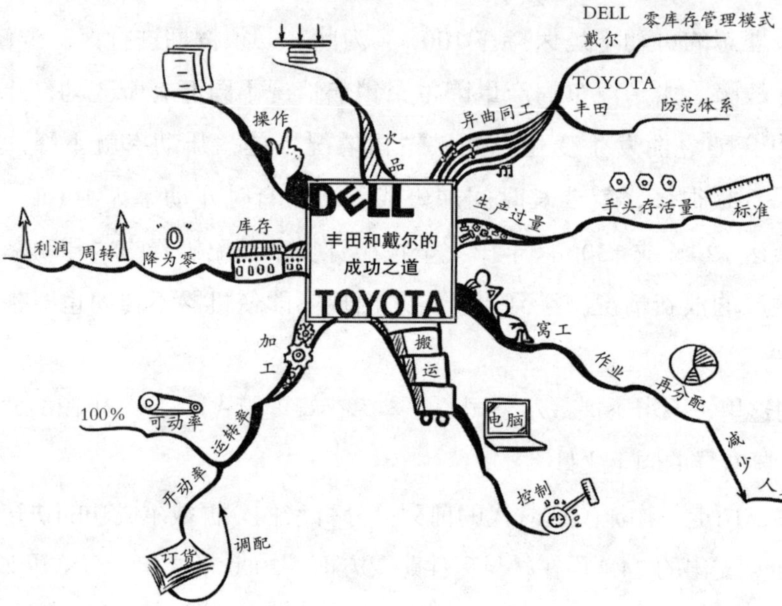

进行技术革新，工作高效做到位

提高工作效能，技术革新是一个关键环节。对生产效率和产品质量的要求不断增加，使得技术上的创造和革新成为必然。

在美国南北战争时期，联邦政府急需大批枪支，并与美国一家制造商签订了两年内为政府提供1万支来复枪的合同。当时造枪工艺为手工制造，而且从制作所有零件到装配成枪支，整个过程全部是由一个熟练工匠来完成。由于效率很低，第一年仅生产出500支枪，所以无法保证按时完成合同。

如果按照传统的思维，依靠增加人手或加班加点，也是远水不解近渴。为此，厂商很焦急。既然每支枪的零部件都是一样的，为何不采用每个人制造一个部件，然后再由他人组装成一支枪呢？新的思维方式使厂商犹如走出迷雾，随即改为流水作业批量生产，即把整个造枪过程简化为若干工序，每一组成员只负责一道工序，每一个零件都按一个标准。

结果，无论效率还是质量都大幅度提高，生产成本也大幅下降，其发明者也因为首创标准化而被誉为美国的“标准件之父”。

先进的生产技术和管理技术不但能够明显地提高工作效率和产品质量，同时也是提升竞争优势的因素所在。这方面，联邦快递的技术革新堪称典范。

隔夜快递服务是快递行业的一次重要变革。在联邦快递刚刚诞生时，运输系统只意味着一条条断断续续的航线，货运似乎是一种边缘行业，本土卡车货运公司在本地市场之外也没有任何网络。

联邦快递发起的对快递市场的整合需要一种新的物流组织技术，而这种新的技术便是“轮轴——轮辐”模式。“轮轴——轮辐”模式实际上在很多活动中都用过，例如，银行票据清算中心很早就已经使用该模式。但弗雷德·史密斯被公认为是个创新者，他巧妙地将这个模式应用到实际中。

“轮轴——轮辐”模式现在看起来似乎没什么，因为这种模式已经被其他同行广泛使用。但是在联邦快递使用之前，快递行业中从没有人能预测到使用这种模式的巨大效益和广阔前景。

将这项新技术应用到实际中需要大量的投资，因为“轮轴——轮辐”模式中活动的部分必须被控制起来。这要求整合新设备和流程系统，以实现速度和可靠性目标。采用“轮轴——轮辐”模式跟发明一项新的电子设备一样，都是技术革新的例子。

“轮轴——轮辐”模式需要一个复杂的物流运输信息系统。弗雷德·史密斯认为运输信息跟所运输的货物一样重要。在 1979 年，联邦快递引入客户、操作、服务和在线控制系统（COSMOS），成为该行业中第一个用电脑来集中跟踪所处理的所有包裹的公司。这个系统不仅能使联邦快递的员工掌握递送货物的确切状态和所处位置的实时信息，同时也能使客户通过拨打联邦快递的免费热线电话来查询、跟踪自己的产品信息。

在孟菲斯总部的信息处理中心，由 COSMOS 系统维护包裹在运输、运价和递送方面的相关信息。在每个包裹上面都有条形码，在收集和递送过程的每个阶段，条形码要被扫描 20 次（对国际货运而言）。1999 年，COSMOS 每天要处理 6300 万条信息。

除此之外，联邦快递物流信息技术的创新还有：全球操作控制中心（GOC）、数字协助递送系统（DADS）、自动运输系统（FedEx Powership）和超级追踪者（SuperTracker）、全球性资源信息分配（GRID）等。

技术的革新大大提高了联邦快递的工作效能，不但能够保证货物以最快的速度准确送达收件人手中，还能够对货物的整体传递情况进行查询和控制。

德鲁克说："创新即是创造一种资源。"在我们的工作中，应该提高我们的创新敏感度，对技术进行革新，以提高作业效率和客户服务，努力把工作高效做到位。

运用新方法，创造高效能

美国亚利桑那州的一座小镇上有一家电话公司，由于公司规模不大，而且业务比较单一，所以有很大一部分员工每天的工作就是负责转接电话，其工作单调可想而知。

公司刚成立的半年里，由于工作比较轻松，而且收入也比较稳定，所以小镇上的很多人都想到这家公司来工作，在工作一段时间之后，接线员们的业务水平得到了极大提高，工作效率也逐渐高了。

可半年之后，这家公司的管理者鲍勃却明显感觉到员工的工作效率和服务质量明显下降了，客户投诉的现象也越来越多。与此同时，员工离职率也越来越高——他们甚至宁愿回家待业，也不愿意待在办公室里工作。

到底是怎么回事呢?

在与那些前来辞职的员工进行一番交谈之后，鲍勃发现，其中绝大部分员工离职的原因都是相同的：他们都觉得公司提供的工作过于单调，毫无乐趣，尤其夜间值班容易犯困，经常出错，而自己的待遇也不会有太大的提高。

在了解了问题的真相之后，鲍勃想出了一个解决办法。几天之后，公司出台了一项新的管理规定，允许夜间值班的接线员每天晚上可以为三个来电提供免费服务。

在刚开始的一段时间里，当有人打电话到公司，听到接线员告诉自己“这个电话免费”的时候，他们还以为接线员是在跟自己开玩笑，可过了一段时间之后，一些电话客户发现自己确实得到了免费服务，于是这件事情就开始在小镇上传扬开来，电话公司成了整个小镇关注的焦点。员工渐渐感到工作有了乐趣，因为提供免费服务的三个顾客名额可由接线员自己来确定，大家觉得很有新意，干劲也越来越足了，工作效率又慢慢地提高了。

新的工作方法能够有效提高人们的工作积极性。著名企业管理杂志《Fast Company》上曾经刊载过一篇文章，谈到一家专门生产文字录入软件公司的成长过程。

在接受记者采访的时候，这家公司的CEO说道：“一个偶然的机会，我们发现了一个秘密，如果能够在人们键入每一个字母的时候让计算机随之发出悦耳的声音的话，那就能使文字录入工作变得极为有趣，而且能够有效地提高工作效率。要知道，几乎每个在办公室工作的人都需要在某些时候用自己的计算机去写文件，所以我对我们软件的市场前景非常乐观。”

确实如此，该公司产品一经上市，便立即受到市场追捧，成为许多办公人员首选的文字录入软件。

不仅如此，与旧的工作方法相比较而言，新的工作方法往往会更加合理，从而提高工作效率。虽然改革并不一定等于进步，但一个明显的事实就是，大部分的改革都是向着改进的方向发展的，而且由于很多改革是通过新的工作方法得以实现的，所以采用新方法在大多数情况下都能够有效地提高工作效率。沃尔玛发展历史的一次实践就很好地证明了这个道理。

大约在20世纪60年代的时候，有人曾经建议沃尔玛的创始人兼当时的总裁山姆·沃尔顿采用电子技术来为客户结款，这样就可以大大减少客人们在柜台前等待的时间。

我们知道，山姆并不是一个容易对新技术产生兴趣的人，所以在刚开始的时候，无论周围的人如何劝说，山姆始终坚持传统的结算方式。

直到有一天，山姆像往常一样来到一家沃尔玛商店体验客人们购物的感觉，他突然发现，一旦客流量达到高峰的时候，每位客人在柜台前面等待的时间就会变得很长，这使得山姆大为震动。于是他立即回到办公室，召集多家沃尔顿商店的经理前来开会，立即讨论采用电子技术进行结款的问题。

新的工作方法，就是一种全新的思维方式，它可以改善我们对待工作的态度和心情，可以有效地激发我们的工作积极性，自然也可以使人们的工作效率得以提高。在工作中，你不妨也尝试一下新的方法，也许会有新的收获和惊喜。

从“尽职尽责”到“尽善尽美”

美国总统麦金莱在得州的一所学校演讲时，对学生们说：“比其他事情更重要的是，你们需要尽最大努力把一件事情做得尽可能完美。”

美国作家威廉·埃拉里·钱宁说：“劳动可以促进人们思考。一个人不管从事哪种职业，他都应该尽心尽责，尽自己的最大努力求得不断地进步。如此下去，追求完美的念头才会在我们的头脑中根深蒂固。”

曾经有一位推销员看到这样一句话：“只有尽心尽责，才能够尽善尽美。”开始，他有些怀疑，后来，为了验证这一句话，他细细反省自己的工作方法和态度，结果发现自己错过了许多可以与顾客成交的机会。

后来，他分析原因，认为自己在工作中的确没有做到尽职尽责。在工作之前准备不充分，没有想好最佳的应付方法。于是，他制定了严格的工作计划，并付诸工作实践当中。

几个月后，他回顾了一下自己的工作，突然发现自己的工作业绩已经增长了几倍。数年后，他拥有了自己的公司，开始在更广阔的天地里施展自己的才华。

在实际工作中，很多人都认为自己的工作已经做得很好了。但是，你真的已经发挥了自己最大的潜能、寻找到最简捷有效的方法，从而把事情做得尽善尽美了吗？

有些人认为“尽职尽责”就好，而有些人却追求“尽善尽美”。也许你会问：“尽职尽责”与“尽善尽美”有什么区别吗？当然有。它们之间的区别就像“100%”与“120%”的区别，“尽善尽美”需要在“尽职尽责”之中再加入你的创造力与热情，加入你的信念与才能。

“尽善尽美”是一种心理的追求，这种心理会体现在你的工作表现中，可以有效地改善你的工作状况；“尽善尽美”更是一种工作态度，它的有无直接影响你的用心程度、创造力的发挥，以及最后得到的结果。

有一则故事，故事中的出租车司机是个平凡的人，做的是平凡的工作，但一颗追求“尽善尽美”的心使他在工作中加入了许多创造性元素，同时也使他超越了平凡，走向了卓越。

在美国某个城市，有一位先生搭了一部出租车要到某个目的地。这位乘客上了车，发现这辆车不只是外观光鲜亮丽，司机先生服装整齐，车内的布置亦很典雅。车子一发动，司机很热心地问车内的温度是否适合，又问他要不要听音乐或是收音机。

车上还有早报及当期的杂志，前面是一个小冰箱，冰箱中的果汁及可乐如果有需要，也可以自行取用，如果想喝热咖啡，保温瓶内有热咖啡。这些特殊的服务，让这位上班族大吃一惊，他不禁望了一下这位司机，司机先生愉悦的表情就像车窗外和煦的阳光。

不一会儿，司机先生对乘客说：“前面路段可能会塞车，这个时候高速公路反而不会塞车，我们走高速公路好吗？”

在乘客同意后，这位司机又体贴地说：“我是一个无所不聊的人，如果您想聊天，除了政治及宗教外，我什么都可以聊。如果您想休息或看风景，那我就会静静地开车，不打扰您了。”

从一上车到此刻，这位常搭出租车的乘客就充满了惊奇，他不禁问这位司机：“你是从什么时候开始这种服务方式的？”

这位专业的司机说：“从我觉醒的那一刻开始。”司机继续说他那段觉醒的过程。他一直一如往常，经常抱怨工作辛苦，人生没有意义。但在不经意间，他听到广播节目里正在谈一些人生的态度，大意是你相信什么，就会得到什么。如果你觉得日子不顺心，那么所有发生的事都会让你觉得倒霉；相反地，如果今天你觉得是幸运的一天，那么今天每次所碰到的人，都可能是你的贵人。就从那一刻开始，他开始了一种新的生活方式。

目的地到了，司机下了车，绕到后面帮乘客开车门，并递上名片，说声：“希望下次有机会再为您服务。”

结果，这位出租车司机的生意没有受到经济不景气的影响，他很少会空车在这个城市里兜转，他的客人总是会事先预定好他的车。他的改变，不只是创造了更好的收入，而且更从工作中得到尊敬。

无数成功的经验告诉我们：世界上没有做不成的事，只有做不成事的人。作为一个优秀员工，凡是别人已经做到的事，我们即使面临的困难再大，也一定要做得更好；凡是别人认为做不到的事，我们即使遇到挫折，也要继续拼搏直至取得成功；凡是别人还没有想到的事，我们不仅应该想到，而且一定要敢为人先，迅速行动。

总之，我们一定要用上所有的智慧和创意，将工作做到尽善尽美。

2% 的改进成就 100% 的完美

如果你问普通员工与优秀员工有何区别？

我们会告诉你：普通员工满足于“尚可”的状态，而优秀员工会用尽一切办法以求达到“完美”。

其实，平凡和卓越只有一线之隔。在平凡中日复一日，做一天和尚撞一天钟，是为平凡；在平凡中勇于开拓，不断创新，即为卓越。

海尔集团的员工魏小娥用实际行动向我们阐释了“卓越”的含义。

为了发展海尔整体卫浴设施的生产，1997 年 8 月，33 岁的魏小娥被派往日本，学习掌握世界上最先进的整体卫浴生产技术。在学习期间，魏小娥注意到，日本人试模期废品率一般都在 30% ~ 60%，设备调试正常后，废品率为 2%。

“为什么不把合格率提高到 100%？”魏小娥问日本的技术人员。“100% 你觉得可能吗？”日本人反问。

从对话中，魏小娥意识到，不是日本人能力不行，而是思想上的桎梏使他们停滞于 2%。作为一个海尔人，魏小娥的标准是 100%，即“要么不干，要干就要争第一”。她拼命地利用每一分每一秒的学习时间，3周后，带着先进的技术知识和赶超日本人的信念回到了海尔。

时隔半年，日本模具专家宫川先生来华访问，见到了“徒弟”魏小娥，她此时已是卫浴分厂的厂长。面对一尘不染的生产现场、操作熟练的员工和100%合格的产品，他惊呆了，反过来向徒弟请教问题。

“有几个问题曾使我绞尽脑汁地想办法解决，但最终没有成功。日本卫浴产品的现场脏乱不堪，我们一直想做得更好一些，但难度太大了。你们是怎样做到现场清洁的？100%的合格率是我们连想都不敢想的，对我们来说，2%的废品率、5%的不良品率天经地义，你们又是怎样提高产品合格率的呢？”

“用心。”魏小娥简单的回答又让宫川先生大吃一惊。用心，看似简单，其实不简单。

一天，下班回家已经很晚了，吃着饭的魏小娥仍然在想着怎样解决“毛边”的问题。突然，她眼睛一亮：女儿正在用卷笔刀削铅笔，铅笔的粉末都落在一个小盒内。魏小娥豁然开朗，顾不上吃饭，在灯下画起了图纸。

第二天，一个专门收集毛边的“废料盒”诞生了，压出板材后清理下来的毛边直接落入盒内，避免了落在工作现场或原料上，这就有效地解决了板材的黑点问题。

魏小娥紧绷的质量之弦并未因此而放松。试模前的一天，魏小娥在原料中发现了一根头发。这无疑是操作工在工作时无意间落入的。一根头发丝就是废品的定时炸弹，万一混进原料中就会出现废品。

魏小娥马上给操作工统一制作了白衣、白帽，并要求大家统一剪短发。又一个可能出现2%废品的原因被消灭在萌芽之中。

2%的改进得到了100%的完美，2%的可能被一一杜绝。终于，100%，这个被日本人认为是“不可能”的产品合格率，魏小娥做到了，不管是在试模期间，还是设备调试正常后。

魏小娥的“用心”体现在对2%的改进上，而2%的改进又进一步成就了 100% 的完美。魏小娥作为卓越员工的代表，再一次向我们证明：只要用心，只要能够创新，没有什么问题是不可以解决的，没有什么目标是不可以达到的。

“完美”并不是遥远的神话，是可以真真切切地做到的，这个过程又是异常艰辛的，它需要我们激活全身的能量，开启聪明才智，转换思维模式，及时将“创新因子”注入其中。

好创意使危机变商机

对于常常无所不在的问题，究竟是令人讨厌的危机，还是一种蕴含希望的契机呢？

一般情况下，很多人都会不假思索地回答是前者，但那些优秀的员工却有不同的答案。

危机可以转变为商机，这是所有优秀员工最基本的观念。每当他们面对问题时，总会这样想：“这里面藏有什么样的机会呢？”

在优秀员工的眼中，问题永远不是“无法完成任务”的预言家，而是“机会”的乔装者。无论所面对的问题难度有多大，优秀人士所做的，首先是坦然地接受“问题”，然后对这个问题做出冷静、清晰的分析，积极行动，让隐藏在问题背后的机会浮出水面。因此，每当问题到来，他们总会说：“感谢上帝！又有巨大的机遇等着我去发现了。”而不是放下工作，中途逃避、退缩。

当危机出现时，积极应对、巧妙利用，也可以转化为很好的发展机遇。

在美国纽约，有一家联合碳化钙公司，为了进一步谋求发展，斥巨资新建了一栋 52 层高的总部大楼。工程马上就竣工了，但如何面向社会宣传而又不引起人们的反感呢？公司的广告部人员绞尽了脑汁，仍然找不到一个满意的宣传方式。

就在这时，突然接到值班人员的报告，在大楼的32层大厅中发现了大群的鸽子。这群鸽子似乎将这个大厅当成巢穴了，把整个大厅搞得脏乱不堪。

正是这群鸽子，给广告部人员带来了灵感，公司的公关广告专家们非常敏感地抓住这一偶然事件大做文章，制造新闻。他们先派人关好窗子，不让鸽子飞走，并立即打电话通知了纽约动物保护委员会，请他们立即派人妥善处理好这些鸽子。

可想而知，历来以注重动物保护而自誉的美国人会怎么样。

动物保护委员会的人闻讯后立即赶来了，他们兴师动众的大举动马上惊动了纽约的新闻界，各大媒体竞相出动了大批记者前来采访。

三天之内，从捉住第一只鸽子直到最后一只鸽子落网，新闻、特写、电视录影等，连续不断地出现在报纸和荧屏上。这期间，出现了大量有关鸽子的新闻评论、现场采访、人物专访。而整个报道的背景就是这个即将竣工的总部大楼。

此时，公司的首脑人物更是抓住这千金难买的机会频频出场亮相，乘机宣传自己和公司。一时间，“鸽子事件”成了酷爱动物的纽约人乃至全美国人关注的焦点。

随着鸽子被一只只放飞，这家碳化钙公司的摩天大楼以极快的速度闻名遐迩了，但是，这家碳化钙公司却连一分钱的广告费都没花。

回过头，我们再想一想，如果这家碳化钙公司不是突发奇想地利用这个危机事件，而是派人打开窗户，不惊动任何人，把鸽子全放掉就完了，这固然省去了许多周折，但是，也就丧失了免费宣传公司大楼的机会。

无独有偶，英国一家足球生产厂接到了一份“莫名其妙”的控诉，因此而面临一场不大不小的危机。

一天，在英国麦克斯亚洲的法庭上，一位中年妇女声泪俱下，面对法官，严词指责丈夫有了外遇，要求和丈夫离婚。她对法官控诉了自己的丈夫，指责他不论白天还是黑夜，都要去运动场与那“第三者”见面。

法官问这位中年妇女："你丈夫的'第三者'是谁？"她大声地回答："'第三者'就是臭名远扬、家喻户晓的足球。"

面对这种情况，法官啼笑皆非，不知如何是好，只得劝这位中年妇女说："足球不是人，你要告也只能去控告生产足球的厂家。"不料，这位中年妇女果真向法院控告了一年可生产20万只足球的足球厂。

更让人意想不到的却是这家被人控告到法庭上的足球厂，他们在接到法院的传票后，不怒反喜，竟爽快地出庭，并主动提出愿意出资10万英镑作为这位中年妇女的孤独赔偿费。这位太太喜出望外、破涕为笑，在法庭上大获全胜。

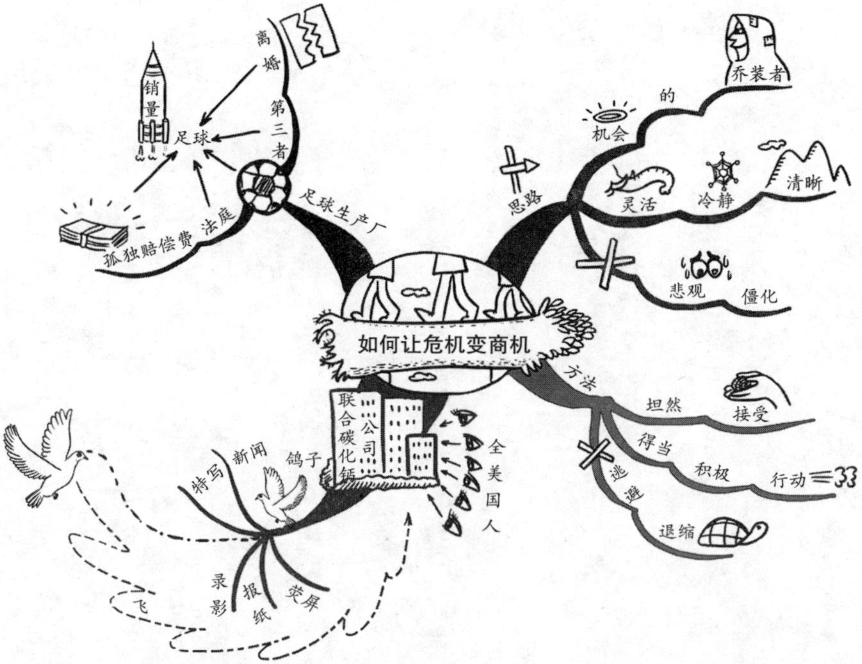

大家知道，英国是现代足球的发祥地，国人对足球的酷爱几乎达到了发狂的地步，这场因足球而引起的官司自然在全英国产生了巨大的轰动效应，各个新闻媒体纷纷出动，做了大量的报道。

头脑精明的厂长，敏锐地利用了一次非常糟糕的事件大做文章，没花一分钱的广告费，却让他和他的足球厂名声大振，闻名遐迩。

这位足球厂厂长在接受记者采访时说：“这位太太与其丈夫闹离婚，正说明我们厂生产的足球魅力之大，并且她的控词为我厂做了一次绝妙的广告。”后来，这家足球厂的产品销量因此直线上升，成为同行中的“领头羊”。

优秀的员工往往能从危机中寻找可以利用的商机，在失利中寻找契机，从而使自己反败为胜。只要思路再灵活一些、方法再得当一些，遇上的麻烦可能会带给你推销自己和企业的机会。

每一个人都有可能成功，但有时就差这么一点点火候，把握好时机，你便走到别人的前面了。

第三篇

获取超级记忆

第一章

记忆与遗忘一样有规可循

不可回避的遗忘规律

在日常生活中，我们对经历过的事情、体验过的情感、思考过的问题等，都会在大脑中留下一定的痕迹。这些痕迹在日后一定的条件下，就可能重新被“激活”，使我们重现当时的情境或体验。

假如，某天有人问你：“你能记得回家的路线吗？”

也许你会反驳道：“一只小狗都认得回家的路，难道我会不认得吗？”。

倘若又有人问你：“如果你想记住你爸爸的生日，能记得住吗？”

你可能回答说：“当然没问题啦，一次记不住，可以两次……一天记不住，可以两天……”

如果以上两个问题你都回答了“是的！”那么就表示你与我们达成了共识。从理论与实践上来说，每个人都可以记住任何他想要记住的东西，只有当大量记忆的时候，才会出现“部分遗忘”的情况。

记忆的对立面就是遗忘。

在认识遗忘之前，我们应对记忆有个大致了解。

记忆是大脑对于过去经验中发生过的事情的反映，是对过去感知过的事物在大脑中留下的痕迹，记忆是智力活动的仓库。

简而言之，记忆就是把需要记忆的元素形成一种链接，是学习的过程。随着脑科学的发展，人们对记忆不断有新的认识，对记忆分类也不断出现新的方法。

经典的分类是将人类的记忆按照记忆发生和保持的时间的长短分为即时记忆、短时记忆、长时记忆。

1. 即时记忆

即时记忆又称瞬间记忆，通常情况下，多数人并不会特别注意它。对即时记忆的最佳描述是：用它来记忆一些立即要做反应的信息。

即时记忆经常被应用于我们的生活中，比如当你在通讯录上逐一打电话给自己朋友时，每个电话号码的记忆只维持到接通为止；比如读者在读书时，对每个字的记忆也只维持到能将下一个字的意思连贯起来为止。

但如果有人问，在这段文章中，“我”这个字出现了多少次，就多半答不出来。但是对上面这些字读者必须记住一段时间，否则就不能了解它们所在句子的意思。这种将信息维持到足以完成工作的时间，就是即时记忆的特性。

或许我们会有这样的经历，走路时，看到沿途的建筑物、风景，奔驰而过的汽车，穿梭的行人，可爱的小狗，听到各种不同的声音，这些都作为短时记忆进入脑海。

只要不是特别引人注目的事情或事件，就会很快忘记。听见身后的汽车鸣笛便躲开，看见前面有水洼就绕着走，诸如此类的事情都没必要长时记忆，因此瞬间记忆在生活中是不可忽视的。

2. 短期记忆

短期记忆是一个中继站，等待记忆的内容在这里可以被有意识地保存着，并为进入长时记忆做好准备。不过，短期记忆的容量是很有限的。

有时，我们为了能够将某些材料记住长达几个小时，譬如一份简单的报告、一份准备第二天演讲的稿子、一篇即将讨论的学习主题等，我们必须通过巩固程序，将即时记忆过渡到短期记忆的阶段。

其实，这就是我们在巩固进入大脑的东西，并让这部分信息的印象停留在脑海中超过 30 秒的时间。这种记忆被人们称为短期记忆。

3. 长期记忆

长期记忆与短期记忆有个最显著的差别，就是信息容量非常大，而且信息可以在这里被长期保存。长期记忆所保存的信息并不是一成不变的，也会随着时间的流逝而发生一定程度的变化。

各种信息在长期记忆系统中的组织情况决定了从长期记忆中寻找信息的难易程度。组合信息的技巧有很多，最重要的是要有一个基本认识：组织信息远比取出信息时的工作重要。

有时你会觉得很难记起一天或一周前所学的东西，主要的原因便是没有系统地把学到的东西加以组织，再输人记忆系统。假如你这样做了，记忆时就不会那么难了。总而言之，要增进记忆，首先要改善对信息的组织能力。

以上就是记忆的三种分类。

对记忆有所认识以后，我们继续回到遗忘上。我们把对于识记过的事物，不能回忆，则称为遗忘；如果既无法回忆又无法认知，则称为完全遗忘。

也可以说，遗忘是指记忆元素之间的链接淡化甚至消失，导致你对某东西再也不能回忆起来。

遗忘也分为暂时遗忘与完全遗忘。

记忆和遗忘与人类生活息息相关，无时无刻不在影响和改变着我们的生活。

记忆在每个人身上的表现是不同的，有的人过目不忘，有的人则相对弱些。我们都会有这样的经历，如果一个东西多次出现在眼前浮现在脑海，那么我们对它的印象就深一些，反之就会自然遗忘，记忆与遗忘就如同自由和约束的关系一样，如果没有遗忘，便无所谓记忆。德国心理学家艾宾浩斯提出了著名的“艾宾浩斯遗忘原理”，对人类的记忆产生了积极的影响。举个学习中的小例子，如果你在记忆单词时，只记忆了一次，第二天或者第三天你肯定会忘记它的。所以，想要记住一样东西必须反复的复习记忆，以达到牢记状态。

而实践证明，遵循“艾宾浩斯遗忘原理”进行复习和记忆，耗时将会是最少的。或许你会说“有些东西很特别，我看过一次就永远牢记了”，事实上是由于它的特殊性，因此在后来你经常会回忆起它，那么，说明你已经在不知不觉中复习了它。

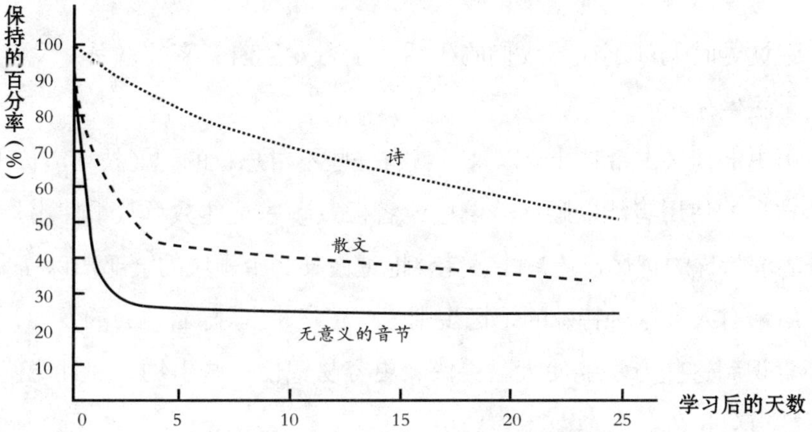

从艾宾浩斯遗忘曲线可以总结出遗忘的一般规律：人们在记忆材料 20 分钟之后，遗忘率就会达到 42%，1 小时后的遗忘率高达 56%，到了 9 个小时之后达到 64%。

由此可见，记忆内容在最初的时候最容易遗忘，时间愈久，则遗忘的速度越慢。掌握这个规律，我们便可以在记忆过程中采取相应的对策，在遗忘内容之前适时地加以复习。在不同的时间复习需要记忆的内容，会产生截然不同的记忆效果，如果是抢在遗忘的高峰之前复习记忆内容，那么会达到强化记忆、加深印象的效果；如果是在遗忘了以后复习，那么这就意味着要重新学习，导致浪费。

这就是许多人学了忘，忘了学，再学了忘，忘了学，进入了一种魔鬼怪圈的原因。进入怪圈后，不断的遗忘成了恶性循环，所以就会产生害怕和厌恶学习的心理。

思维导图记忆术作为一种全新的记忆技巧，弥补了遗忘带给人类的种种缺陷。

改变命运的记忆术

记忆无时无刻不在与人们的生活、学习发生着紧密的联系。没有记忆人就无法生存。

历史上，从古希腊社会以来，就有一些不可思议的记忆技巧流传下来，这些技巧的使用者能以顺序、倒序或者任意顺序记住数百数千件事物，他们能表演特殊的记忆技巧，能够完整地记住某一个领域的全部知识等等。

后来有人称这种特殊的记忆规则为“记忆术”。随着社会的发展，人们逐渐意识到这些方法能使大脑更快、更容易记住一些事物，并且能使记忆得保持得更长久。

实际上，这些方法对改进大脑的记忆非常明显，也是大脑本来就具有的能力。

有关研究表明，只要训练得当，每个正常人都有很高的记忆力，人的大脑记忆的潜力是很大的，可以容纳下5亿本书那么多的信息——这是一个很难装满的知识库。但是由于种种原因，人的记忆力没有得到充分的发挥，可以说，每个人可以挖掘的记忆潜力都是非常巨大的。

思维导图，最早就是一种记忆技巧。

从以上章节介绍中，我们已经了解到，人脑对图像的加工记忆能力大约是文字的1 000倍。让你更有效地把信息放进你的大脑，或是把信息从你的大脑中取出来，一幅思维导图是最简单的方法——这就是作为一种思维工具的思维导图所要做的工作。

在拓展大脑潜力方面，记忆术同样离不开想象和联想，并以想象和联想为基础，以便产生新的可记忆图像。

我们平时所谈到的创造性思维也是以想象和联想为基础。两者比较起来，记忆术是将两个事物联系起来从而重新创造出第三个图像，最终只是达到简单地要记住某个东西的目的。

思维导图记忆术一个特别有用的应用是寻找“丢失”的记忆，比如你突然想不起了一个人的名字，忘记了把某个东西放到哪去了等等。

在这种情况下，对于这个“丢失”的记忆，我们可以采用思维的联想力量，这时，我们可以让思维导图的中心空着，如果这个“丢失”的中心是一个人名字的话，围绕在它周围的一些主要分支可能就是像性别、年龄、爱好、特长、外貌、声音、学校或职业以及与对方见面的时间和地点等等。

通过细致的罗列，我们会极大地提高大脑从记忆仓库里辨认出这个中心的可能性，从而轻易地确认这个对象。

据此，编者画了一幅简单的思维导图：

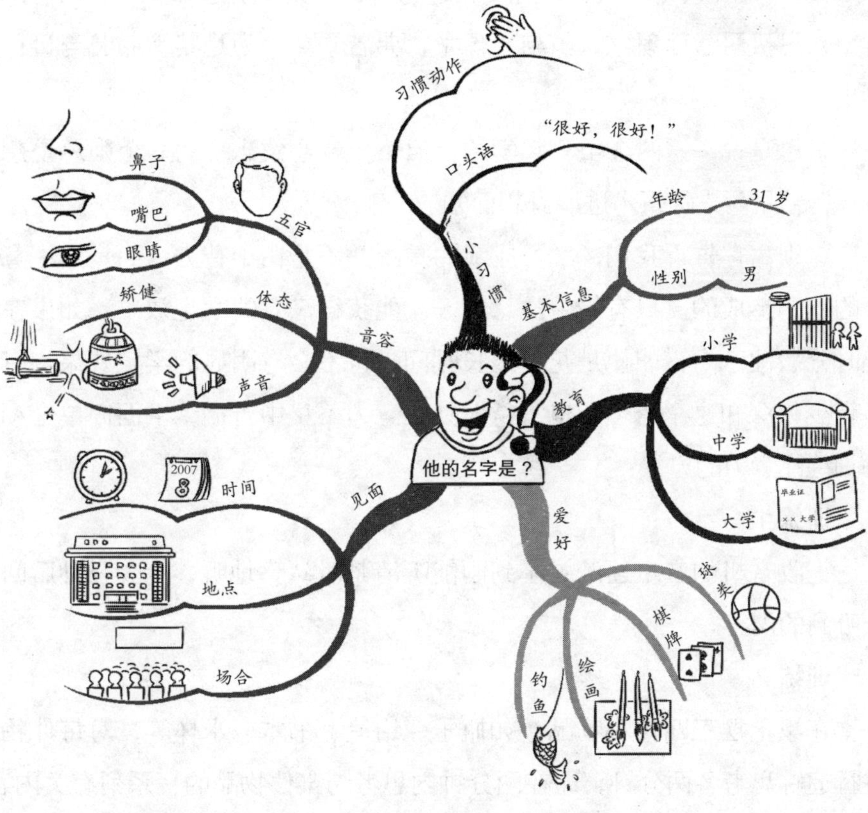

受此启发，你也可以回想自己曾经忘记的人和事，借助思维导图记忆术把他们一一“找”回来。

如果平时，我们尝试把思维导图记忆术应用到更广的范围的话，那么就会有效地解决更多的问题。

思维导图记忆术需要不断地练习，让它潜移默化你的生活、学习和工作，才会发生更大的效用，甚至彻底改变你的人生。

记忆的前提：注意力训练

中国有个寓言《学弈》，大意说的是两个人同向当时的围棋高手奕秋学围棋，“其一人专心致志，听奕秋之为听；一人虽听之，一心以为有鸿鹄将至，思拔弓缴而射之。虽与之俱学，弗若知矣。为是其智弗若与日：非然也”。

意思是说，这两个虽一起学习，但一个专心致志，另一个则总是想着射鸟，结果两人的棋术进展可想而知。

这则寓言告诉我们，学习成绩的差距并不是由于智力，而是由注意程度的差距造成的。只有集中注意力，才能获得满意的学记效果；如果在学记时分散注意力，即使是花费很长时间，也不会有明显的学记效果。有很多青少年深知这个道理，也常常尤其注意力不集中苦恼，下面简单介绍几种训练注意力的方法：

训练 1：

把收音机的音量逐渐关小到刚能听清楚时认真地听，听 3 分钟后回忆所听到的内容。

训练 2：

在桌上摆三四件小物品，如瓶子、铅笔、书本、水杯等，对每件物品进行追踪思考各两分钟，即在两分钟内思考与某件物品的一系列有关内容，比如思考瓶子时，想到各种各样的瓶子，想到各种瓶子的用途，想到瓶子的制造，造玻璃的矿石来源等。

这时，控制自己不想别的物品，两分钟后，立即把注意力转移到第二件物品上。开始时，较难做到两分钟后的迅速转移，但如果每天练习 10 多分钟，两周后情况就大有好转了。

训练 3：

盯住一张画，然后闭上眼睛，回忆画面内容，尽量做到完整，例如画中的人物、衣着、桌椅及各种摆设。回忆后睁开眼睛再看一下原画，如不完整，再重新回忆一遍。这个训练既可培养注意力集中的能力，也可提高更广范围的想象能力。

或者，在地图上寻找一个不太熟悉的城镇，在图上找出各个标记数字与其对应的建筑物，也能提高观察时集中注意力的能力。

训练 4：

准备一张白纸，用 7 分钟时间，写完 1 ~ 300 这一系列数字。测验前先练习一下，感到书写流利、很有把握后再开始，注意掌握时间，越接近结束速度会越慢，稍微放慢就会写不完。一般写到 199 时每个数不到 1 秒钟，后面的数字书写每个要超过 1 秒钟，另外换行书写也需花时间。

测验要求：能看清所写的字，不至于过分潦草；写错了不许改，也不许做标记，接着写下去；到规定时间，如写不完必须停笔。

结果评定：第一次差错出现在 100 以前为注意力较差；出现在 101 ~ 180 间为注意力一般；出现在 181 ~ 240 间是注意力较好的；超过 240 出差错或完全对是注意力优秀。总的差错在 7 个以上为较差；错 4 ~ 7 个为一般；错 2 ~ 3 个为较好；只错一个为优秀。如果差错在 100 以前就出现了，但总的差错只有一两次，这种注意力仍是属于较好的。要是到 180 后才出错，但错得较多，说明这个人易于集中注意力，但很难维持下去。在规定时间内写不完则说明反应速度慢。

将测验情况记录，留与以后的测验作比较。

训练 5：

假设你在读一本书、看一本杂志或一张报纸，你对它并不感兴趣，突然发现自己想到了大约 10 年前在墨西哥看的一场斗牛，你是怎样想到那里去的呢？看一下那本书你或许会发现你所读的最后一句话写的是遇难船发出了失事信号，集中分析一下思路，你可能会回忆出下面的过程：

遇难船使你想起了英法大战中的船只，有的人得救了，其他的人沉没了。你想到了死去的 4 位著名牧师，他们把自己的救生圈留给了水手。有一枚邮票纪念他们，由此你想到了其他的一些复印邮票硬币和 5 分镍币上的野牛，野牛又使你想到了公牛以及墨西哥的斗牛。这种集中注意力的练习实际上随时随地都可以进行。

经常在噪音或其他干扰环境中学习的人，要特别注意稳定情绪，不必一遇到不顺心的干扰就大动肝火。情绪不像动作，一旦激发起来便不易平静，结果对注意力的危害比出现的干扰现象更大。要暗示自己保持平静，这就是最好的集中注意力训练。

训练 6：

从 300 开始倒数，每次递减 3 位数。如 300、297、294，倒数至 0，测定所需时间。

要求读出声，读错的就原数重读，如“294”错读为“293”时，要重读“294”。

测验前先想想其规律。例如，每数 10 次就会出现一个“0”（270、240、210……），个位数出现的周期性变化。

结果评定：2 分钟内读完为优秀，2.5 分钟内读完为较好，3 分钟内读完为一般，超过 3 分钟为较差。这一测验只宜自己与自己比较，把每次测验所需时间对比就行了。

训练 7：

这个练习又称为“头脑抽屉”训练，是练习集中注意力的一种重要方法。请自己选择 3 个思考题，这 3 个题的主要内容必须是没有联系的。如：科研课题、数学课题、工作计划、小说、电影情节、旅游活动或自身成长的某段经历等都可以。题目选定后，对每个题思考 3 分钟。在思考某一题时，一定要集中精力，思想上不能开小差，尤其不能想其他两个问题。一个题思考 3 分钟后，立即转入对下一个题的思考。

集中注意力的训练形式可以多种多样，随处都可因地制宜进行训练。例如，有时在等人、候车，周围是各种繁杂的现象和噪声，这时可以做一些背书训练或两位数的乘、除心算，这种心算没有集中的注意力是无法进行的。

记忆的魔法：想象力训练

一个人的想象力与记忆力之间具有很大的关联性，甚至在有些时候，回忆就是想象，或者说想象就是回忆。如果一个人具有十分活跃的想象力，他就很难不具备强大的记忆力，良好的记忆力往往与强大的想象力联系在一起。

因此，要训练我们的记忆力，可以从训练我们的想象力着手。

训练 1：

向学前班的孩子学习，培养你的想象力，如问自己一个问题：花儿为什么会开？

你猜小朋友们会怎么回答呢？

第一个孩子说："她睡醒了，想看看太阳。"

第二个孩子说："她伸伸懒腰，就把花骨朵顶开了。"

第三个孩子说："她想和小朋友比比，看谁穿得更漂亮。"

第四个孩子说："她想看看，小朋友会不会把她摘走。"

这时，一个孩子问老师一句："老师，您说呢？"

这时候，如果你是老师该怎么回答才能不让孩子失望呢？

如果你是个孩子，你又认为答案会是什么呢？

其实，只要你不回答："因为春天来了。"那你的想象力就得到了锻炼。

你也可以随便拿出一张画，问自己："这是什么？"

一块砖。

别的呢？一扇窗。

别的呢？事实上，从侧面看，这是字母n。或者，另一个字母，如，F。

别的呢？一个侧面看到的数字。

别的呢？任何一个从上端看的三维数字，包括2，3，5，6，7，8，9，0。

别的呢？任何一个装在盒子里的物体。

别的呢？一个特殊尺寸的空白屏幕（垂直方向）。

别的呢……

每个事物都可能成为其他所有的事物，高度创造性的大脑是没有逾越不了的障碍的。自由联想是天才最好的朋友。天才的感知力就是在每个事物中看到其他所有的事物！这就是为什么天才能看到普通人看不到的实质。

训练2：

从剧本或诗歌中读一段或几段，最好是那些富有想象的段落，例如下文：

茂丘西奥，她是精灵们的媒婆，

她的身体只有郡吏手指上一颗玛瑙那么大。

几匹蚂蚁大小的细马替她拖着车子，

越过酣睡的人们的鼻梁……

有时奔驰过廷臣的鼻子，

就会在梦里寻找好差事。

他就会梦见杀敌人的头，

进攻、埋伏，锐利的剑锋，淋漓的痛饮……

忽然被耳边的鼓声惊醒，

咒骂了几句，

又翻了个身睡去了。

把书放到一边，尽量想象出你所读的内容，这不是重复和记忆。如果 10 行或 12 行太多了，就取三四行，你实际的任务是使之形象化，闭上眼睛你必须看到精灵们的媒婆，你必须想象出她的样子只有一颗玛瑙那么大，你必须看到廷臣在睡觉，精灵们在他的鼻子上奔驰，你必须想出士兵的样子并看到他杀敌人的头。你要听到他的祷词，祷词的内容由你设想。

你是否已经读过了《罗密欧与朱丽叶》这本书的前一部分或几行文字？现在把书放在一边，想出你自己的下文来。当然，做这个练习时你不能先知道故事的结尾。你要假设自己是作者，创造出自己的下文来，你要想象出人物的形象，让他们做些事情，并想象出他们做事时的形态样子，直至你心目中的形象和亲眼所见一样清楚为止。

训练 3：

用 3 分钟时间，将下面 15 组词用想象的方法联在一起进行记忆。

老鹰——机场　轮胎——香肠　长江——武汉

闹钟——书包　扫帚——玻璃　黄河——牡丹

汽车——大树　白菜——鸡蛋　月亮——猴子

火车——高山　鸡毛——钢笔　轮船——馒头

马车——毛驴　楼梯——花盆　太阳——番茄

通过以上三个方面的训练，可以提高我们的想象力，以至于有效提高我们的记忆力。

记忆的基石：观察力训练

记忆就像一台存款机要先有存款才能取款。记忆也先要完成记忆的输入过程，之后你才能将这部分信息或印象重现出来。

这样就有一个存入多少、存什么的问题，也就是你记忆的哪方面的内容以及真正记忆了多少或是印象有多深，这就有赖于观察力了！

进行观察力训练，是提高观察力的有效方法。下面介绍几种行之有效的训练方法：

训练 1：

选一种静止物，比如一幢楼房、一个池塘或一棵树，对它进行观察。按照观察步骤，对观察物的形、声、色、味进行说明或描述。这种观察可以进行多次，直到自己能抓住主要观察物的特征为止。

训练 2：

选一个目标，像电话、收音机、简单机械构件等，仔细把它看几分钟，然后等上大约一个钟头，不看原物画一张图。把你的图与原物进行比较，注意画错了的地方，最后不看原物再画一张图，把画错了的地方更正过来。

训练 3：

画一张中国地图，标出你所在的那个省的省界，和所在的省会，标完之后，把你标的与地图进行比较，注意有哪些地方搞错了，不过地图在眼前时不要去修正，把错处及如何修正都记在脑子里，然后丢开地图再画一张。错误越多就越需要重复做这个练习。

在你有把握画出整个中国之后就画整个亚洲，然后画南美洲、欧洲以及其他的洲。要画得多详细由你自己决定。

训练 4：

以运动的机器、变化的云或物理、化学实验为观察对象，按照观察步骤进行观察。这种观察特别强调知识的准备，要能说明运动变化着的形、声、色、味的特点及其变化原因。

训练 5：

随便在书里或杂志里找一幅图，看它几分钟，尽可能多观察一些细节，然后凭记忆把它画出来。如果有人帮助，你可以不必画图，只要回答你朋友提出的有关图片细节的问题就可以了。问题可能会是这样的：有多少人？他们是什么样子？穿什么衣服？衣服是什么颜色？有多少房子？图片里有钟吗？几点了？等等。

训练 6：

把练习扩展到一间房子。开始是你熟悉的房间，然后是你只看过几次的房间，最后是你只看过一次的房间，不过每次都要描述细节。不要满足于知道在西北角有一个书架，还要回忆一下书架有多少层，每层估计有多少书，是哪种书，等等。

右脑的记忆力是左脑的 100 万倍

关于记忆，也许有不少人误以为“死记硬背”同“记忆”是同一个道理，其实它们有着本质的区别。死记硬背是考试前夜那种临阵磨枪，实际只使用了大脑的左半部，而记忆才是动员右脑积极参与的合理方法。

在提高记忆力方面，最好的一种方法是扩展大脑的记忆容量，即扩展大脑存储信息的空间。有关研究也表明，在大脑容纳信息量和记忆能力方面，右脑是左脑的一百万倍。

首先，右脑是图像的脑，它拥有卓越的形象能力和灵敏的听觉，人脑的大部分记忆，也是以模糊的图像存入右脑中的。

其次，按照大脑的分工，左脑追求记忆和理解，而右脑只要把知识信息大量地、机械地装到脑子里就可以了。右脑具有左脑所没有的快速大量记忆机能和快速自动处理机能，后一种机能使右脑能够超快速地处理所获得的信息。

这是因为，人脑接受信息的方式一般有两种，即语言和图画。经过比较发现，用图画来记忆信息时，远远超过语言。如果记忆同一事物时，能在语言的基础上加上图或画这种手段，信息容量就会比只用语言时要增加很多，而且右脑本来就具有绘画认识能力、图形认识能力和形象思维能力。

如果将记忆内容描绘成图形或者绘画，而不是单纯的语言，就能通过最大限度动员右脑的这些功能，发挥出高于左脑的一百万倍的能量。

另外创造“心灵的图像”对于记忆很重要。

那么，如何才能操作这方面的记忆功能，并运用到日常生活中呢？现在开始描述图像法中一些特殊的规则，来帮助你获得记忆的存盘。

1. 图像要尽量清晰和具体

右脑所拥有的创造图像的力量，可以让我们“想象”出图像以加强记忆的存盘，而图像记忆正是运用了右脑的这一功能。研究已经发现并证实，如果在感官记忆中加入其他联想的元素，可以加强记忆的功能，加速整个记忆系统的运作。

所以，图像联想的第一个规则就是要创造具体而清晰的图像。具体、清晰的图像是什么意思呢？比方我们来想象一个少年，你的“少年图像”是一个模糊的人形，还是有血有肉、呼之欲出的真人呢？如果这个少年图像没有清楚的轮廓，没有足够的细节，那就像将金库密码写在沙滩上，海浪一来就不见踪影了。

下面，让我们来做几个“心灵的图像”的创作练习。

创造“苹果图像”。在创作之前，你先想想苹果的品种，然后想到苹果是红色绿色或者黄色，再想一下这颗苹果的味道是偏甜还是偏酸。

创造一幅“百合花图像”。我们不要只满足于想象出一幅百合花的平面图片，而要练习立体地去想象这朵百合花，是白色还是粉色；是含苞待放还是娇艳盛开。

创造一幅“羊肉图像”。看到这个词你想到了什么样的羊肉呢？是烤全羊，是血淋淋的肉片，还是放在盘子里半生不熟的羊排？

创作一幅“出租车图像”。你想象一下出租车是崭新的德国奔驰，老旧的捷达，还是一阵黑烟（出租车已经开走了）？车牌是什么呢？出租车上有人吗？乘客是学生还是白领？

这些注重细节的图像都能强化记忆库的存盘，大家可以在平时多做这样的练习来加强对记忆的管理。

2. 要学会抽象概念借用法

如果提到光，光应该是什么样的图像呢？这时候我们需要发挥联想的功能，并且借用适当的图像来达成目的。光可以是阳光、月光，也可以是由手电筒、日光灯、灯塔等反射出来的……美味的饮料可以是现榨的新鲜果蔬汁、也可以是香醇可口的卡布奇诺、还可以是酸酸甜甜的优酪乳……法律可以借用警察、法官、监狱、法槌等。

3. 时常做做“白日梦”

当我们的身体和精神在放松的时候，更有利于右脑对图像的创造，因为只有身心放松时，右脑才有能量创造特殊的图像。当我们无聊或空闲的时候，不妨多做做白日梦，当我们在全身放松的状态下时所做的白日梦，都是有图像的，那是我们用想象来创造的很清晰的图像。因此应该相信自己有这个能力，不要给自己设限。

4. 通过感官强化图像

即我们熟知的五种重要的感官——视觉、听觉、触觉、嗅觉、味觉。

另外，夸张或幽默也是我们加强记忆的好方法。如果我们想到猫，可以想到名贵的波斯猫，想到它玩耍的样子。如果再给这只可爱的猫咪加点夸张或幽默的色彩呢？比如，可以把猫想象成日本卡通片中的机器猫，或者把猫想象成黑猫警长，猫会跟人讲话，猫会跳舞等。这些夸张或者幽默的元素都会让记忆变得生动逼真！

总之，图像具有非常强的记忆协助功能，右脑的图像思维能力是惊人的，调动右脑思维的积极性是科学思维的关键所在。

当然，目前发挥右脑记忆功能的最好工具便是思维导图，因为它集合了图像、绘画、语言文字等众多功能于一身，具有不可替代的优势。

被称作天才的爱因斯坦也感慨地说："当我思考问题时，不是用语言进行思考，而是用活动的跳跃的形象进行思考。当这种思考完成之后，我要花很大力气把它们转化成语言。"

国际著名右脑开发专家七田真教授曾说过："左脑记忆是一种'劣质记忆'，不管记住什么很快就忘记了，右脑记忆则让人惊叹，它有'过目不忘'的本事。左脑与右脑的记忆力简直就是 1 ∶ 100 万，可惜的是一般人只会用左脑记忆！"

我们也可以这样认为，很多所谓的天才，往往更善于锻炼自己的左右脑，而不是单独左脑或者右脑；每个人都应有意识地开发右脑形象思维和创新思维能力，提高记忆力。

思维导图里的词汇记忆法

思维导图更有利于我们对词汇的理解和记忆。

不论是汉语词汇还是外语词汇，我们都需要大量地使用它们。但我们很多人面临的一个普遍问题是，怎样才能更好更快的记住更多的词汇。

对词汇本身来说，它具有很大的力量，甚至可以称作魔力。法国军事家拿破仑曾说："我们用词语来统治人民。"

在这里，我们以英语词汇为例，帮助学习者利用思维导图更高效快捷地学习。

1. 思维导图帮助我们学习生词

我们在英语词汇学习中，往往会遇到大量的多义词和同音异义词。尽管我们会记住单词的某一个意思，可是当同样的单词出现在另一个语言场合中时，对我们来说就很有可能又会成为一个新的单词。

面对多义词学习，我们可以借助思维导图，试着画出一个相对清晰的图来，以帮助我们更方便地学习。例如，“buy”这个单词，可以作为及物动词和不及物动词来使用，还可以作为名词来使用。

所以，将其当作不同的词性使用时，它就具有不同的意思和搭配用法。而据此，我们可以画出“buy”的思维导图，帮助我们归纳出其在字典中所获信息的方式，进而用一种更加灵活的方式来学习单词。

如果我们把“buy”的学习和用法用思维导图的形式表示出来，不仅可以节省我们学习单词的时间，提高学习的效率，更会大大促进学习的能动性，提高学习兴趣。

2. 思维导图与词缀词根

词缀法是派生新英语单词的最有效的方法，词缀法就是在英语词根的基础上添加词缀的方法。比如“-er”可表示“人”，这类词可以生成的新单词，比如，Driver（司机），Teacher（教师），Labourer（劳动者），Runner（跑步者），Skier（滑雪者），Swimmer（游泳者），Passenger（旅客），Traveller（旅游者），Learner（学习者/初学者），Lover（爱好者），Worker（工人）等等，所以，要扩大英语的词汇量，就必须掌握英语常用词缀及词根的意思。

思维导图可以借助相同的词缀和词根进行分类，用分支的形式表示出来，并进行发散、扩展，从而帮助我们记忆更多的词汇。

3. 思维导图和语义场帮助我们学习词汇

语义场也是一种分类方法，研究发现，英语词汇并不是一系列独立的个体，而是都有着各自所归属的领域或范围的，他们因共同拥有某种共同的特征而被组建成一个语义场。

我们根据词汇之间的关系可以把单词之间的关系划分为反义词、同义词和上下义词。上义词通常是表示类别的词，含义广泛，包含两个或更多有具体含义的下义词。下义词除了具有上义词的类别属性外，还包含其他具体的意义。如：Chicken—rooster，Hen，Chick；Animal—sheep，Chicken，Dog，Horse。这些关系同样可以用思维导图表现出来，从而使学习者能更加清楚地掌握它们。

4. 思维导图还可以帮助我们辨析同义词和近义词

在英语单词学习中，词汇量的大小会直接影响学习者听说读写等其他能力的培养与提高。尽管如此，已被广泛使用的可以高效快速地记忆单词词汇的方法并不是很多。本节提出利用思维导图记忆单词的方法，希望对学习词汇者能有所帮助。毫无疑问，一个人对积极词汇量掌握的多少，有着至关重要的作用。然而，学习积极词汇的难点就在于它们之中有很多词不仅形近，而且在用法上也很相似，很容易使学习者混淆。

如果我们考虑用思维导图的方式，可以进行详细的比较，在思维导图上画出这些单词的思维导图，不仅可以提高学生的记忆能力，对其组织能力及创造能力也有很大的帮助。可以说，词汇的学习有很大的技巧，也有可以凭借的工具，其中最有效的记忆工具便是思维导图。在这里，我们介绍的只是思维导图能够帮助我们记忆词汇的一些方面，其他的还有记忆性关键词与创意性关键词等词汇记忆方法，在这里，我们就不详细讲解了。

不想遗忘，就重复记忆

很多学生都会有这样的烦恼，已经记住了的外语单词、语文课文，数理化的定理、公式等，隔了一段时间后，就会遗忘很多。怎么办呢？解决这个问题的主要方法就是要及时复习。德国哲学家狄慈根说，重复是学习之母。

复习是指通过大脑的机械反应使人能够回想起自己一点也不感兴趣的、没有产生任何联想的内容。艾宾浩斯的遗忘规律曲线告诉我们：记忆无意义的内容时，一开始的 20 分钟后，遗忘 42%；1 天后，遗忘 66%；2 天后，遗忘 73%；6 天后，遗忘 75%；31 天后，遗忘 79%。古希腊哲学家亚里士多德曾说："时间是主要的破坏者。"

我们的记忆随着时间的推移逐渐消失，最简单的挽救方法就是重习，或叫作重复。我国著名科学家茅以升在 83 岁高龄时仍能熟记圆周率小数点以后 100 位的准确数值，有人问过他，记忆如此之好的秘诀是什么，茅先生只回答了七个字"重复、重复再重复"。可见，天才并不是天赋异禀，正如孟子所说："人皆可以为尧舜。"佛家有云："一阐提人亦可成佛"。只要勤学苦练，也是可以成为了不起的人的。

虽然重复能有效增进记忆，但重复也应当讲究方法。

一般，要在重复第三遍之前停顿一下，这是因为凡在脑子中停留时间超过 20 秒钟的东西才能从瞬间记忆转化为短时记忆，从而得到巩固并保持较长的时间。当然，这时的信息仍需要通过复习来加强。

那么，每次间隔多久复习一次是最科学的呢？

一般来讲，间隔时间应在不使信息遗忘的范围内尽可能长些。例如，在你学习某一材料后一周内的复习应为 5 次。而这 5 次不要平均地排在 5 天中。信息遗忘率最大的时候是：早期信息在记忆中保持的时间越长，被遗忘的危险就越小。所以在复习时的初期间隔要小一点，然后逐渐延长。

我们可以比较一下集合法和间隔法记忆的效果。

如要记住一篇文章的要点，你又应怎样记呢？

你可以先用"集合法"即把它读几遍直至能背下来，记住你所耗费的时间。在完成了用“集合法”记忆之后，我们看看用“间隔法”的情况。这回换成另一段文章的要点：看一遍之后目光从题上移开约10秒钟，再看第二遍，并试着回想它。

如果你不能准确地回忆起来，就再将目光移开几秒钟，然后再读第三遍。这样继续着，直至可以无误地回忆起这几个词，然后写出所用时间。

两种记忆方法相比较，第一种的记忆方式虽然比第二种方法快些，但其记忆效果可能并不如第二种方法。许多实验也都显示出间隔记忆要比集合记忆有更多的优点。

心理学家根据阅读的次数，研究了记忆一篇课文的速度：如果连续将一篇课文看6遍和每隔5分钟看一遍课文，连看6遍，两者相比较，后者记住的内容要多得多。

心理学家为了找到能产生最好效果的间隔时间，做过许多的实验，已证明理想的阅读间隔时间是10分钟至16小时不等，根据记忆的内容而定。10分钟以内，非一遍记忆效果并不太好，超过16小时，一部分内容已被忘却。

间隔学习中的停顿时间应能让科学的东西刚好记下。这样，在回忆印象的帮助下你可以在成功记忆的台阶上再向前迈进一步。当你需要通过浏览的方式进行记忆时，如要记一些姓名、数字、单词等，采用间隔记忆的效果就不错。假设你要记住18个单词，你就应看一下这些单词。在之后的几分钟里自己也要每隔半分钟左右就默念一次这些单词。

这样，你会发现记这些单词并不太困难。第二天再看一遍，这时你对这些单词可以说就完全记住了。

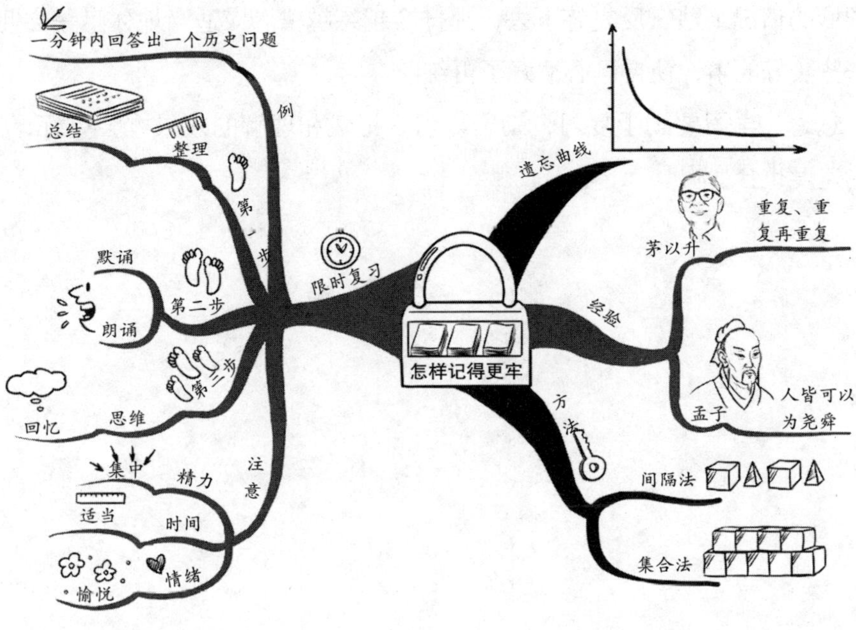

1. 在复习时你可以采用限时复习训练方法

这种复习方法要求在一定时间内规定自己回忆一定量材料的内容。例如，一分钟内回答出一个历史问题等。这种训练分三个步骤：

第一步，整理好材料内容，尽量归结为几点，使回忆时有序可循。整理后计算回忆大致所需的时间；

第二步，按规定时间以默诵或朗诵的方式回忆；

第三步，用更短的时间，以只在大脑中思维的方式回忆。

2. 在训练时要注意两点

首先开始时不宜把时间卡得太紧，但也不可太松。太紧则多次不能按时完成回忆任务，就会产生畏难的情绪，失去信心；太松则达不到训练的目的。训练的同时还必须迫使自己注意力集中，若注意力分散了将会直接影响反应速度，要不断暗示自己。

其次当训练中出现不能在额定时间内完成任务时，不要紧张，更不要在烦恼的情况下赌气反复练下去，那样会越练越糟。应适当地休息一会儿，想一些美好的事，使自己心情好了再练。

总之，学习要勤于复习，勤于复习，记忆和理解的效果才会更好，遗忘的速度也会变慢。

第二章

超级记忆的秘诀

超右脑照相记忆法

著名的右脑训练专家七田真博士曾对一些理科成绩只有 30 分左右的小学生进行了右脑记忆训练。所谓训练，就是这样一种游戏：摆上一些图片，让他们用语言将相邻的两张图片联想起来记忆，比如“石头上放着草莓，草莓被鞋踩烂了”等等。

这次训练的结果是这些只能考 30 分的小学生都能得 100 分。

通过这次训练，七田真指出，和左脑的语言性记忆不同，右脑中具有另一种被称作“图像记忆”的记忆，这种记忆可以使只看过一次的事物像照片一样印在脑子里。一旦这种右脑记忆得到开发，那些不愿学习的人也可以立刻拥有出色记忆力，变得“聪明”起来。

同时，这个实验告诉我们，每个人自身都储备着这种照相记忆的能力，你需要做的是如何把它挖掘出来。

现在我们来测试一下你的视觉想象力。你能内视到颜色吗？或许你会说：“噢！见鬼了，怎么会这样。”请赶快先闭上你的眼睛，内视一下自己眼前有一幅红色、黑色、白色、黄色、绿色、蓝色然后又是白色的电影银幕。

看到了吗？哪些颜色你觉得容易想象，哪些颜色你又觉得想象起来比较困难呢？还有，在哪些颜色上你需要用较长的时间？

请你再想象一下眼前有一个画家，他拿着一支画笔在一张画布上作画。这种想象能帮助你提高对颜色的记忆，如果你多练习几次就知道了。

当你有时间或想放松一下的时候，请经常重复做这一练习。你会发现一次比一次更容易地想象颜色了。当然你可以做做白日梦，从尽可能美好的、正面的图像开始，因为根据经验，正面的事物比较容易记在头脑里。

你可以回忆一下在过去的生活中，一幅让你感觉很美好的画面：例如某个度假日、某种美丽的景色、你喜欢的电影中的某个场面等等。请你尽可能努力地并且带颜色地内视这个画面，想象把你自己放进去，把这张画面的所有细节都描绘出来。在繁忙的一天中用几分钟闭上你的眼睛，在脑海里呈现一下这样美好的回忆，如此你必定会感到非常放松。

当然，照相记忆的一个基本前提是你需要把资料转化为清晰、生动的图像。

清晰的图像就是要有足够多的细节，每个细节都要清晰。

比如，要在脑中想象“萝卜”的图像，你的“萝卜”是红的还是白的？叶子是什么颜色的？萝卜是沾满了泥还是洗得干干净净的呢？

图像轮廓越清楚，细节越清晰，图像在脑中留下的印象就越深刻，越不容易被遗忘。

再举个例子，比如想象“公共汽车”的图像，就要弄清楚你脑海中的公共汽车是崭新的还是又老又旧的？车有多高、多长？车身上有广告吗？车是静止的还是运动的？车上乘客很多很拥挤，还是人比较少宽宽松松？

生动的图像就是要充分利用各种感官，视觉、听觉、触觉、嗅觉、味觉，给图像赋予这些感官可以感受到的特征。

想象萝卜和公共汽车的图像时都用到了视觉效果。

在这两个例子中也可以用到其他几种感官效果。

在创造公共汽车的图像时，也可以想象：公共汽车的笛声是嘶哑还是清亮？如果是老旧的公共汽车，行驶起来是不是吱呀有声？在创造萝卜的图像时，可以想象一下：萝卜皮是光滑的还是粗糙的？生萝卜是不是有种细细幽幽的清香？如果咬一口，又会是一种什么味道呢？

有时候我们也可以用夸张、拟人等各种方法来增加图像的生动性。

比如，“毛巾”的图像，可以这样想象：这条毛巾特别长，可以从地上一直挂到天上；或者，这条毛巾有一套自己的本领：那就是会自动给人擦脸等。

经过上面的几个小训练之后，你关闭的右脑大门或许已经逐渐开启，但要想修炼成“一眼记住全像”的照相记忆，你还必须要进行下面的训练：

（1）一心二用（5分钟）。

“一心二用”训练就是锻炼左右手同时画图。拿出两支铅笔。左手画横线，右手画竖线，要两只手同时画。练习一分钟后，两手交换，左手画竖线，右手画横线。一分钟之后，再交换，反复练习，直到画出来的图形完美为止。这个练习能够强烈刺激右脑。

你画出来的图形还令自己满意吗？刚开始的时候画不好是很正常的，不要灰心，随着练习的次数越来越多，你会画得越来越好。

（2）想象训练（5分钟）。

我们都有这样的体会，记忆图像比记忆文字花费时间更少，也更不容易忘记。因此，在我们记忆文字时，也可以将其转化为图像，记忆起来就简单得多，记忆效果也更好了。

想象训练就是把目标记忆内容转化为图像，然后在图像与图像间创造动态联系，通过这些联系能很容易地记住目标记忆内容及其顺序。正如本书前面章节所讲，这种联系可以采用夸张、拟人等各种方式，图像细节越具体、清晰越好。但这种想象又不是漫无边际的，必须用一两句话就可以表达，否则就脱离记忆的目的了。

如现在有两个水杯、两只蘑菇，请设计一个场景，水杯和蘑菇是场景中的主体，你能想象出这个场景是什么样的吗？越奇特越好。

对于照相记忆，很多人不习惯把资料转化成图像，不过，只要能坚持不懈地训练就可以了。

进入右脑思维模式

我们的大脑主要由左右脑组成，左脑负责语言逻辑及归纳，而右脑主要负责的是图形图像的处理记忆。所以右脑模式就是以图形图像为主导的思维模式。进入右脑模式以后是什么样子呢？

简单来说，就是在不受语言模式干扰的情况下可以更加清晰地感知图像，并忘却时间，而且整个记忆过程会很轻松并且快乐。和宗教或者瑜伽所追求的冥想状态有关，可以更深层次地感受事物的真相，不需要语言可以立体、多元化、直观地看到事物发生发展的来龙去脉，关键是可以增加图像记忆和在大脑中直接看到构思的图像。

想使用右脑记忆，人们应该怎样做呢？

由于左右侧的活动与发展通常是不平衡的，往往右侧活动多于左侧活动，因此有必要加强左侧活动，以促进右脑功能。

在日常生活中我们尽可能多使用身体的左侧，也是很重要的。身体左侧多活动，右侧大脑就会发达。右侧大脑的功能增强，人的灵感、想象力就会增加。比如在使用小刀和剪子的时候用用左手，拍照时用左眼，打电话时用左耳。

还可以见缝插针锻炼左手。如果每天得在汽车上度过较长时间，可利用它锻炼身体左侧。如用左手指钩住车把手，或手扶把手，让左脚单脚支撑站立。或将钱放在自己的衣服左口袋，上车后以左手取钱买票。有人设计一种方法：在左手食指和中指上套上一根橡皮筋，使之成为8字形，然后用拇指把橡皮筋移套到无名指上，仍使之保持8字形。

依此类推，再将橡皮筋套到小指上，如此反复多次，可有效地刺激右脑。其他，有意地让左手干右手习惯做的事，如写字、拿筷、刷牙、梳头等。

这类方法中具有独特价值而值得提倡的还有手指刺激法。苏联著名教育家苏霍姆林斯基说："儿童的智慧在手指头上。"许多人让儿童从小练弹琴、打字、珠算等，这样双手的协调运动，会把大脑皮层中相应的神经细胞的活力激发起来。

还可以采用环球刺激法。尽量活动手指，促进右脑功能，是这类方法的目的。例如，每捏扁一次健身环需要10～15千克握力，五指捏握时，又能促进对手掌各穴位的刺激、按摩，使脑部供血通畅。

特别是左手捏握，对右脑起激发作用。有人数年坚持“随身带个圈（健身圈），有空就捏转，家中备副球，活动左右手”，确有健脑益智之效。此外，多用左、右手掌转捏核桃，作用也一样。

正如前文所说，使用右脑，全脑的能力随之增加，学习能力也会提高。

你可以尝试着在自己喜欢的书中选出20篇感兴趣的文章来，每一篇文章都是能读2～5分钟的，然后下决心开始练习右脑记忆，不间断坚持3～5个月，看看效果如何。

给知识编码，加深记忆

红极一时的电视剧《潜伏》中有这样一段，地下党员余则成为了与组织联系，总是按时收听广播中给“勘探队”的信号，然后一边听一边记下各种数字，再破译成一段话。你一定觉得这样的沟通方式很酷，其实我们也可以用这种方式来学习，这就是编码记忆。

编码记忆是指为了更准确而且快速地记忆，我们可以按照事先编好的数字或其他固定的顺序记忆。编码记忆方法是研究者根据诺贝尔奖获得者美国心理学家斯佩里和麦伊尔斯的“人类左右脑机能分担论”，把人的左脑的逻辑思维与右脑的形象思维相结合的记忆方法。

反过来说，经常用编码记忆法练习，也有利于开发右脑的形象思维。其实早在19世纪时，威廉·斯托克就已经系统地总结了编码记忆法，并编写成了《记忆力》一书，于1881年正式出版。编码记忆法的最基本点，就是编码。

所谓“编码记忆”就是把必须记忆的事情与相应数字相联系并进行记忆。

例如，我们可以把房间的事物编号如下：1——房门、2——地板、3——

鞋柜、4——花瓶、5——日历、6——橱柜、7——壁橱。如果说“2”，马上回答“地板”。如果说：“3”，马上回答“鞋柜”。这样将各部位的数字号码记住，再与其他应该记忆的事项进行联想。

开始先编10个左右的号码。先对脑子里浮现出的房间物品的形象进行编号。以后只要想起编号，就能马上想起房间内的各种事物，这只需要5～10分钟即可记下来。在反复练习过程中，对编码就能清楚地记忆了。

这样的练习进行得较熟练后，再增加10个左右。如果能做几个编码并进行记忆，就可以灵活应用了。你也可以把自己的身体各部位进行编码，这样对提高记忆力非常有效。

作为编码记忆法的基础，如前所述，就是把房间各部位编上号码，这就是记忆的“挂钩”。

请你把下述实例，用联想法联结起来，记忆一下这件事：1——飞机、2——书、3——橘子、4——富士山、5——舞蹈、6——果汁、7——棒球、8——悲伤、9——报纸、10——信。

先把这件事按前述编码法联结起来，再用联想的方法记忆。联想举例如下：

（1）房门和飞机：想象入口处被巨型飞机撞击或撞出火星。

（2）地板和书：想象地板上书在脱鞋。

（3）鞋柜和橘子：想象打开鞋柜后，无数橘子飞出来。

（4）花瓶和富士山：想象花瓶上长出富士山。

（5）日历和舞蹈：想象日历在跳舞。

（6）橱柜和果汁：想象装着果汁的大杯子里放的不是冰块，而是木柜。

（7）壁橱和棒球：想象棒球运动员把壁橱当成防护用具。

（8）画框和悲伤：画框掉下来砸了脑袋，最珍贵的画框摔坏了，因此而伤心流泪。

（9）海报和报纸：想象报纸代替海报贴在墙上。

（10）电视机和信：想象大信封上装有荧光屏，信封变成了电视机。

如按上述方法联想记忆，无论采取什么顺序都能马上回忆出来。

这个方法也能这样进行练习，先在纸上写出 1 ～ 20 的号码，让朋友说出各种事物，你写在号码下面，同时用联想法记忆。然后让朋友随意说出任何一个号码，如果回答正确，画一条线勾掉。

据说，美国的记忆力的权威人士、篮球冠军队的名选手杰利·鲁卡斯，能完全记住曼哈顿地区电话簿上的大约 3 万多家的电话号码。他使用的就是这种“数字编码记忆法”。

第一次世界大战期间代号为 H—21 的著名女间谍哈莉在法国莫尔根将军书房中的秘密金库里，偷拍到了重要的新型坦克设计图。

当时，这位贪恋女色的将军让哈莉到他家里居住，哈莉早弄清了将军的机密文件放在书房的秘密金库里，往往在莫尔根熟睡以后开始活动。但是非常困难的是那锁用的是拨号盘，必须拨对了号码，金库的门才能打开，她想，将军年纪大了，事情又多，近来特别健忘，也许他会把密码记在笔记本或其他什么地方。哈莉经过多次查找都没有找到。

一天夜晚，她用放有安眠药的酒灌醉了莫尔根，蹑手蹑脚地走进书房，金库的门就嵌在一幅油画后面的墙壁上，拨号盘号码是 6 位数。她从 1 到 9 逐一通过组合来转动拨号盘，都没有成功。眼看快要天亮了，她感到有些绝望。

忽然，墙上的挂钟引起了她的注意，她到书房的时间是深夜 2 时，而挂钟上的指针指的却是 9 时 35 分 15 秒。这很可能就是拨号盘上的秘密号码，否则挂钟为什么不走呢？但是 9 时 35 分 15 秒应为 93515，只有五位数。哈莉再想，如果把它译解为 21 时 35 分 15 秒，岂不是 213515。她随即按照这 6 个数字转动拨号盘，金库的门果然开了。

莫尔根年老健忘，利用编码法记忆这 6 个数字，只要一看到钟上指针的刻度，便能推想出密码，而别人绝不会觉察。可是他的对手是受过专门训练的老手，她以同样的思维识破了机关。这是一个利用编码从事特种工作的故事。

掌握了编码记忆的基本方法后，只要是身边的事物都可以编上号码进行记忆，把记忆内容回忆起来。

你可以试着做一做，请按顺序记住影响世界历史的100件大事中的前20件中每一序号对应的事件：1——汉谟拉比法典、2——埃赫那吞改革、3——罗马建立、4——犹太教的创立、5——佛教的创立、6——儒学的创立、7——希波克拉底创立医学、8——希腊三哲的哲学研究、9——道教创立、10——马拉松战役、11——亚历山大远征、12——基督教创立、13——米兰敕令、14——查士丁尼法典、15——斯巴达克起义、16——伊斯兰教创立、17——查理大帝统一西罗马、18——十字军东征、19——自由宪章运动、20——成吉思汗的霸业。

用夸张的手法强化印象

开发右脑的方法有很多，荒谬联想记忆法就是其中的一种。我们知道，右脑主要以图像和心像进行思考，荒谬记忆法几乎完全建立在这种工作方式的基础之上，从所要记忆的一个项目尽可能荒谬地联想到其他事物。

古埃及人在《阿德·海莱谬》中有这样一段："我们每天所见到的琐碎的、司空见惯的小事，一般情况下是记不住的。而听到或见到的那些稀奇的、意外的、低级趣味的、丑恶的或惊人的触犯法律的等异乎寻常的事情，却能长期记忆。因此，在我们身边经常听到、见到的事情，平时也不去注意它，然而，在少年时期所发生的一些事却记忆犹新。那些用相同的目光所看到的事物，那些平常的、司空见惯的事很容易从记忆中漏掉，而一反常态、违背常理的事情，却能永远铭记不忘，这是否违背常理呢？"

古埃及人当时并不懂得记忆的规律才有此疑问。其实，在记忆深处对那些荒诞、离奇的事物更为着迷……这就是荒谬记忆法的来源，概括地讲，荒谬联想指的是非自然的联想，在新旧知识之间建立一种牵强附会的联系。这种联系可以是夸张，也可以是谬化。

例如把自己想象成外星人。在这里，夸张，是指把需要记忆的东西进行夸张，或缩小、或放大、或增加、或减少等。谬化，是指想象得越荒谬、越离奇、越可笑，印象越深刻。

荒谬记忆法最直接的帮助是你可以用这种记忆法来记住你所学过的英语单词。例如你用这种方法只需要看一遍英语单词，当你一边看这些单词，一边在头脑中进行荒谬的联想时，你会在极短的时间内记住近 20 个单词。

例如，记忆“Legislate（立法）”这个单词时，可先将该词分解成 leg、is、late 三个字母，然后把“Legislate”记成“为腿（Leg）立法，总是（is）太迟（late）”。这样荒谬的联想，以后我们就不容易忘记。关于学习科目的记忆方法，我们在后面章节中会提到。在这一节中，我们从最普通的例子说明荒谬联想记忆应如何操作。

以下是 20 个项目，只要应用荒谬记忆法，你将能够在一个短得令人吃惊的时间内按顺序记住它们：

地毯 纸张 瓶子 椅户 窗户 电话 香烟 钉子 鞋子 马车 钢笔 盘子 胡桃壳 打字机 麦克风 留声机 咖啡壶 砖 床 鱼

你要做的第一件事是，在心里想到一张第一个项目的图画“地毯”。你可以把它与你熟悉的事物联系起来。实际上，你要很快就看到任何一种地毯，还要看到你自己家里的地毯。或者想象你的朋友正在卷起你的地毯。

这些你熟悉的项目本身将作为你已记住的事物，你现在知道或者已经记住的事物是“地毯”这个项目。现在，你要记住的事物是第二个项目“纸张”。你必须将地毯与纸张相联想或相联系，联想必须尽可能地荒谬。

如想象你家的地毯是纸做的，想象瓶子也是纸做的。

接下来，在床与鱼之间进行联想或将两者结合起来，你可以“看到”一条巨大的鱼睡在你的床上。

现在是鱼和椅子，一条巨大的鱼正坐在一把椅子上，或者一条大鱼被当作一把椅子用，你在钓鱼时正在钓的是椅子，而不是鱼。

椅子与窗户：看见你自己坐在一块玻璃上，而不是在一把椅子上，并感到扎得很痛，或者是你可以看到自己猛力地把椅子扔出关闭着的窗户，在进入下一幅图画之前先看到这幅图画。

窗户与电话：看见你自己在接电话，但是当你将话筒靠近你的耳朵时，你手里拿的不是电话而是一扇窗户；或者是你可以把窗户看成是一个大的电话拨号盘，你必须将拨号盘移开才能朝窗外看，你能看见自己将手伸向一扇窗玻璃去拿起话筒。

电话与香烟：你正在抽一部电话，而不是一支香烟，或者是你将一支大的香烟向耳朵凑过去对着它说话，而不是对着电话筒，或者你可以看见你自己拿起话筒来，一百万根香烟从话筒里飞出来打在你的脸上。

香烟与钉子：你正在抽一颗钉子，或你正把一支香烟而不是一颗钉子钉进墙里。

钉子与打字机：你在将一颗巨大的钉子钉进一台打字机，或者打字机上的所有键都是钉子。当你打字时，它们把你的手刺得很痛。

打字机与鞋子：看见你自己穿着打字机，而不是穿着鞋子，或是你用你的鞋子在打字，你也许想看看一只巨大的带键的鞋子，是如何在上边打字的。

鞋子与麦克风：你穿着麦克风，而不是穿着鞋子，或者你在对着一只巨大的鞋子播音。

麦克风和钢笔：你用一个麦克风，而不是一支钢笔写字，或者你在对一支巨大的钢笔播音和讲话。

钢笔和收音机：你能“看见”一百万支钢笔喷出收音机，或是钢笔正在收音机里表演，或是在大钢笔上有一台收音机，你正在那上面收听节目。

收音机与盘子：把你的收音机看成是你厨房的盘子，或是看成你正在吃收音机里的东西，而不是盘子里的。或者你在吃盘子里的东西，并且当你在吃的时候，听盘子里的节目。

盘子与胡桃壳："看见"你自己在咬一个胡桃壳，但是它在你的嘴里破裂了，因为那是一个盘子，或者想象用一个巨大的胡桃壳盛饭，而不是用一个盘子。

胡桃壳与马车：你能看见一个大胡桃壳驾驶一辆马车，或者看见你自己正驾驶一个大的胡桃壳，而不是一辆马车。

马车与咖啡壶：一只大的咖啡壶正驾驶一辆小马车，或者你正驾驶一把巨大的咖啡壶，而不是一辆小马车，你可以想象你的马车在炉子上，咖啡在里边过滤。

咖啡壶和砖块：看见你自己从一块砖中，而不是一把咖啡壶中倒出热气腾腾的咖啡，或者看见砖块，而不是咖啡从咖啡壶的壶嘴涌出。

这就对了！如果你的确在心中"看"了这些心视图画，你再按从"地毯"到"砖块"的顺序记20个项目就不会有问题了。当然，要多次解释这点比简简单单照这样做花的时间多得多。在进入下一个项目之前，只能用很短的时间再审视每一幅通过精神联想的画面。

这种记忆法的奇妙是，一旦记住了这些荒谬的画面，项目就会在你的脑海中留下深刻的印象。

造就非凡记忆力

成功学大师拿破仑·希尔说，每个人都有巨大的创造力，关键在于你自己是否知道这一点。

在当今各国，创造力备受重视，被认为是跨世纪人才必备的素质之一。什么是创造力？创造力是个体对已有知识经验加工改造，从而找到解决问题的新途径，以新颖、独特、高效的方式解决问题的能力。人人都有创造力，创造力的强弱制约着、影响着记忆力的强弱，创造力越强，记忆的效率就越高，反之则低。

这是因为要有效记忆就必须要大胆地想象，而生动、夸张的想象需要我们拥有灵活的创造力，如果创造力也得到了很大的锻炼，记忆力自然会随着提升。

创造力有以下 3 个特征：

1. 变通性

思维能随机应变，举一反三，不易受功能固着等心理定式的干扰，因此能产生超常的构想，提出新观念。

2. 流畅性

反应既快又多，能够在较短的时间内表达出较多的观念。

3. 独特性

对事物具有不寻常的独特见解。

我们可以通过以下几种方法激发创造力，从而增强记忆力：

1. 问题激发原则

有些人经常接触大量的信息，但并没有把所接触的信息都存储在大脑里，这是因为他们的头脑里没有预置着要搞清或有待解决的问题。如果头脑里装着问题，大脑就处于非常敏感的状态，一旦接触信息，就会从中把对解决问题可能有用的信息抓住不放，从而加大了有效信息的输入量，这就是问题激发。

2. 使信息活化

信息活化就是指这一信息越能同其他更多的信息进行联结，这一信息的活性就越强。储存在大脑里的信息活性越强，在思考过程中，就越容易将其进行重新联结和组合。促使信息有活性的主要措施有：

（1）打破原有信息之间的关联性；

（2）充分挖掘信息可能表现出的各种性质；

（3）尝试着将某一信息同其他信息建立各种联系。

3. 信息触发

人脑是一个非常庞大而复杂的神经网络，每一次的信息存储、调用、加工、联结、组合，都促使这种神经在一定程度上发生了变化。变化的结果使得原来不太畅通的神经通道变得畅通一些，本来没有发生联结的神经细胞突触联结了起来，这样一来，神经网络就变得复杂，神经元之间的联系就更广泛，大脑也就更好使。

同时，当某些神经元受信息的刺激后，它会以电冲动的形式向四周传递，引起与之相联结的神经元的兴奋和冲动，这种连锁反应，在脑皮质里形成了大面积的活动区域。

可见，“人只有在大量的、高档的信息传递场中，才能使自已的智力获得形成、发展和被开发利用。”经常不断地用各种各样的信息去刺激大脑，促进创造性思维的发展和提高，这就是信息触发原理。

总之，创造力不同于智力，创造力包含了许多智力因素。一个创造力强的人，必须是一个善于打破记忆常规的人，并且是一个有着丰富的想象力、敏锐的观察力、深刻的思考力的人。而所有这些特质，都是提升记忆力所必需的，毋庸置疑，创造力已经成为创造非凡记忆力的本源和根基。

对于如何激活自已的创造力，你可以加上自已的思考，试着画出一幅个性思维导图出来。

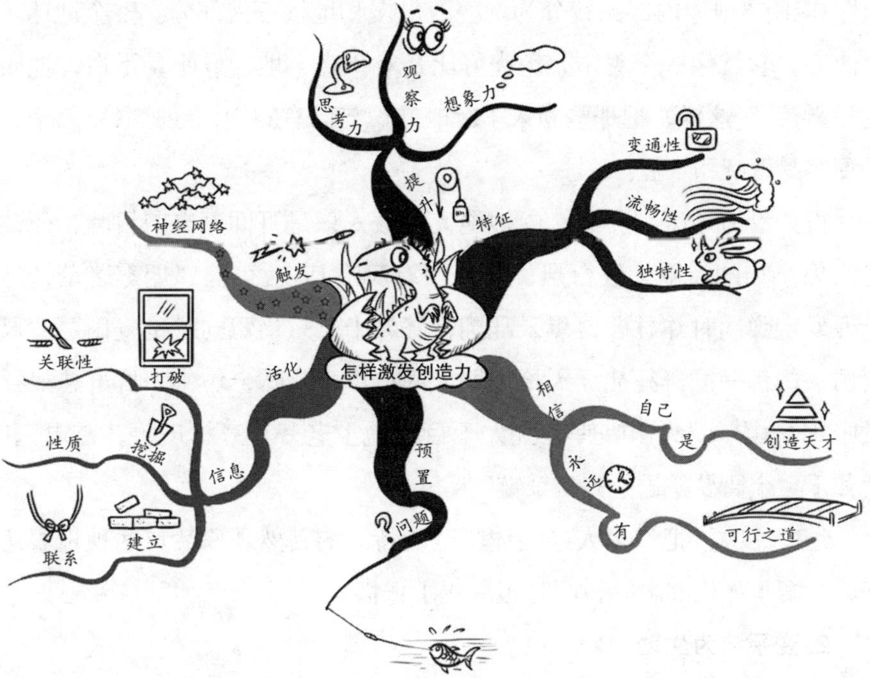

神奇比喻，降低理解难度

比喻记忆法就是运用修辞中的比喻方法，使抽象的事物转化成具体的事物，从而符合右脑的形象记忆能力，达到提高记忆效率的目的。人们写文章、说话时总爱打比方，因为生动贴切的比喻不但能使语言和内容显得新鲜有趣，而且能引发人们的联想和思索，并且容易加深记忆。

比喻与记忆密切相关，那些新颖贴切的比喻容易纳入人们已有的知识结构，使被描述的材料给人留下难以忘怀的印象。其作用主要表现在以下几个方面：

1. 变未知为已知

例如，孟繁兴在《地震与地震考古》中讲到地球内部结构时曾以“鸡蛋”作比：“地球内部大致分为地壳、地幔和地核三大部分。整个地球，打个比方，它就像一个鸡蛋，地壳好比是鸡蛋壳，地幔好比是蛋白，地核好比是蛋黄。”这样，把那些尚未了解的知识与已有的知识经验联系起来，人们便容易理解和掌握。

再如沿海地区刮台风，内地绝大多数人只是耳闻，未曾目睹，而读了诗人郭小川的诗歌《战台风》后，便有身临其境之感。“烟雾迷茫，好像十万发炮弹同时炸林园；黑云乱翻，好像十万只乌鸦同时抢麦田”；“风声凄厉，仿佛一群群狂徒呼天抢地咒人间；雷声呜咽，仿佛一群群恶狼狂嚎猛吼闹青山”；“大雨哗哗，犹如千百个地主老爷一齐挥皮鞭；雷电闪闪，犹如千百个衙役腿子一齐抖锁链”。

这些比喻，把许多人未能体验过的特有的自然现象活灵活现地表达出来，开阔了人们的眼界，同时也深化了记忆。

2. 变平淡为生动

例如朱自清在《荷塘月色》中写到花儿的美时这么说：“层层的叶子中间，零星地点缀着些白花，有袅娜地开着的，有羞涩地打着朵儿的，正如粒粒的明珠，又如碧天里的星星。”

有些事物如果平铺直叙，大家会觉得平淡无味，而恰当地运用比喻，往往会使平淡的事物生动起来，使人们兴奋和激动。

3. 变深奥为浅显

东汉学者王充说：“何以为辩，喻深以浅。何以为智，喻难以易。”就是说应该用浅显的话来说明深奥的道理，用易懂的事例来说明难懂的问题。毛泽东同志曾连用了几个生动的比喻，把中国革命高潮快要到来的形势形象生动地勾画出来：

“它是站在海岸遥望海中已经看得见桅杆尖头了的一只航船，它是立于高山之巅远看东方已见光芒四射喷薄欲出的一轮朝日，它是躁动于母腹中的快要成熟了的一个婴儿。”

这些比喻不仅帮助我们理解了那些深奥难懂的道理，同时也给我们留下了深刻的记忆。

运用比喻，还可以帮助我们很快记住枯燥的概念公式。例如，有人讲述生物学中的自由结合规律时，用篮球比赛来作比喻加以说明：赛球时，同队队员必须相互分离，不能互跟。这好比同源染色体上的等位基因，在形成 F1 配子时，伴随着同源染色体分开而相互分离，体现了分离规律。赛球时，两队队员之间，可以随机自由跟人。这又好比 F1 配子形成基因类型时，位于非同源染色体上的非等位基因之间，则机会均等地自由组合，即体现了自由组合规律。篮球比赛人所共知，把枯燥的公式比作篮球比赛，自然就容易记住了。

4. 变抽象为具体

将抽象事物比作具体事物可以加深记忆效果。如地理课上的气旋可以比成水中旋涡。某老师在教聋哑学校学生计算机时，用比喻来介绍“文件名”、“目录”、“路径”等概念，将“文件”和“文件名”形象地比作练习本和在练习本封面上写姓名、科目等；把文字输入称为“做作业”。各年级老师办公室就像是“目录”；如果学校是“根目录”的话，校长要查看作业，先到办公室通知教师，教师到教室通知学生，学生出示相应的作业，这样的顺序就是“路径”。这样的形象比喻，会使学生觉得所学的内容形象、生动，从而增强记忆效果。

又如，唐代诗人贺知章的《咏柳》诗：

碧玉妆成一树高，万条垂下绿丝绦。

不知细叶谁裁出，二月春风似剪刀。

春风的形象并不鲜明，可是把它比作剪刀就具体形象了。使人马上领悟到柳树碧、柳枝绿、柳叶细，都是春风的功劳。于是，这首诗便记住了。

运用比喻记忆法，实际上是增加了一条类比联想的线索，它能够帮助我们打开记忆的大门。但是，应该注意的是，比喻要形象贴切，浅显易懂，这样才便于记忆。

快速提升记忆的 9 大法则

在学习过程中，每一个学习者都会面临记忆的难题，在这里，我们介绍了一个记忆九大法则，以便帮助我们更好地提高记忆力，获得学习高分。

记忆的 9 大法则如下：

1. 利用情景进行记忆

人的记忆有很多种，而且在各个年龄段所使用的记忆方法也不一样，具体说来，大人擅长的是“情景记忆”，而青少年则是“机械记忆”。

比如每次在考试复习前，采取临阵磨枪、死记硬背的同学很多。其中有一些同学，在小学或初中时学习成绩非常好，但一进了高中成绩就一落千丈。这并不是由于记忆力下降了，而是随着年龄的增长，擅长的记忆种类发生了变化，依赖死记硬背是行不通了。

2. 利用联想进行记忆

联想是大脑的基本思维方式，一旦你知道了这个奥秘，并知道如何使用它，那么，你的记忆能力就会得到很大的提高。

我们的大脑中有上千亿个神经细胞，这些神经细胞与其他神经细胞连接在一起，组成了一个非常复杂而精密的神经回路。包含在这个回路内的神经细胞的接触点达到 1000 万亿个。突触的结合又形成了各种各样的神经回路，记忆就被储存在神经回路中，这些突触经过长期的牢固结合，传递效率将会提高，使人具有很强的记忆力。

3. 运用视觉和听觉进行记忆

每个人都有适合自己的记忆方法。视觉记忆力是指对来自视觉通道的信息的输入、编码、存储和提取，即个体对视觉经验的识记、保持和再现的能力。

视觉记忆力对我们的思维、理解和记忆都有极大的帮助。如果一个人视觉记忆力不佳，就会极大地影响他的学习效果。

相对视觉而言，听觉更加有效。由耳朵将听到的声音传到大脑知觉神经，再传到记忆中枢，这在记忆学领域中叫“延时反馈效应”。比如，只看过歌词就想记下来是非常困难的，但要是配合节奏唱的话，就很快能够记下来，比起视觉的记忆，听觉的记忆更容易留在心中。

4. 使用讲解记忆

为了使我们记住的东西更深，我们可以把自己记住的东西讲给身边的人听，这是一种比视觉和听觉更有效的记忆方法。

但同时要注意，如果自己没有清楚地理解，就不能很好地向别人解释，也就很难能深刻地记下来。所以首先理解你要记忆的内容很关键。

5. 保证充足的睡眠

我们的大脑很有意思，它也必须需要充足的睡眠才能保持更好的记忆力。有关实验证明，比起彻夜用功、废寝忘食，睡眠更能保持记忆。睡眠能保持记忆，防止遗忘，主要原因是因为在睡眠中，大脑会对刚接收的信息进行归纳、整理、编码、存储，同时睡眠期间进入大脑的外界刺激显著减少，我们应该抓紧睡前的宝贵时间，学习和记忆那些比较重要的材料。

不过，既不应睡得太晚，更不能把书本当作催眠曲。

有些学习者在考试前进行突击复习，通宵不眠，更是得不偿失。

6. 及时有效地复习

有一句谚语叫“重复乃记忆之母”，只要复习，就会很好地记住需要记住的东西。不过，有些人不论重复多少遍都记不住要记住的东西，这跟记忆的方法有关，只要改变一下方法就会获得另一种效果。

7. 避免紧张状态

不少人都会有这种经历，突然要求在很多人面前发表讲话，或者之前已经做了一些准备，但开口讲话时还是会紧张，甚至突然忘记自己要讲解的内容。虽然说适度的紧张会提高记忆力，但是过度紧张的话，记忆就不能很好地发挥作用。

所以，我们在平时应该多训练自己当众演讲，以减少紧张的次数。

8. 利用求知欲记忆

有人认为，随着年龄的增长，我们的记忆力会逐渐减退，其实，这是一种错误的认识。记忆力之所以会减退，与本人对事物的热情减弱，失去了对未知事物的求知欲有很大的关系。

对一个善于学习的人来说，记忆时最重要的是要有理解事物背后的道理和规律的兴趣。一个有求知欲的人即便上了年纪，他的记忆力也不会衰退，反而会更加旺盛。

9. 持续不断地进行记忆努力

要想提高自己的记忆力，需要不断地锻炼和练习，进行有意识地记忆。比如可以对身边的事物进行有意识的提问，多问几个“为什么”，从而加深印象，提升记忆能力。

在熟悉了记忆的九大法则后，我们就可以根据自己的情况作出提高记忆力的思维导图了。

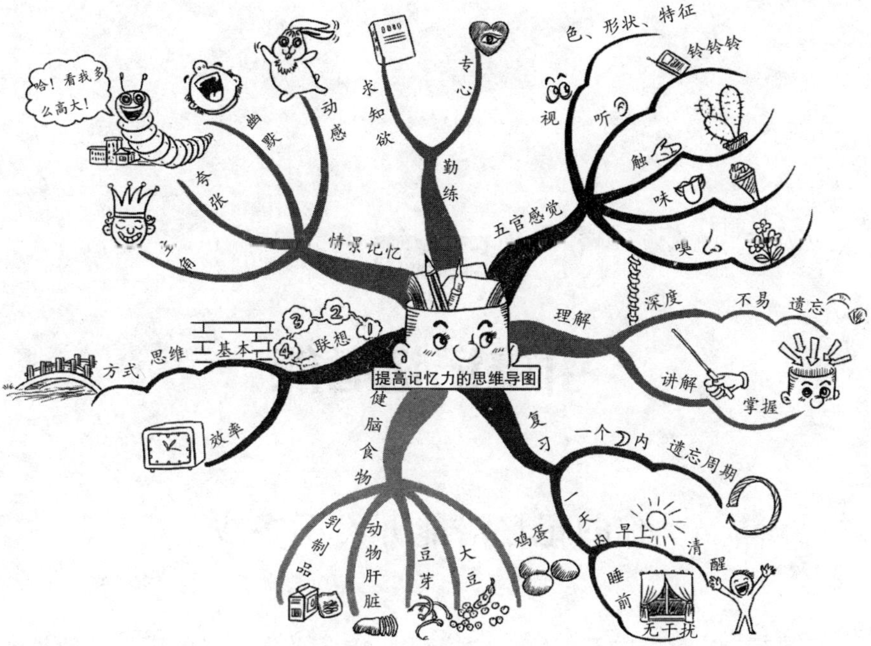
提高记忆力的思维导图
哈！看我多么高大！
情景记忆
夸张
幽默
动感
主角
求知欲
专心
勤练
五官感觉
视
听
触
味
嗅
色、形状、特征
铃铃铃
理解
深度
不易
遗忘
讲解
掌握
思维
方式
基本
联想
效率
健脑食物
乳制品
动物肝脏
豆芽
大豆
鸡蛋
复习
一个月内
遗忘周期
一天内
早上
清醒
睡前
无干扰

第三章

引爆记忆潜能

你的记忆潜能开发了多少

俄国有一位著名的记忆家，它能记得15年前发生过的事情，他甚至能精确到事情发生的某日某时某刻。你也许会说“他真是个记忆天才！”其实，心理学家鲁利亚曾用数年时间研究他，发现他的大脑与正常人没有什么两样，不同的只是他从小学会了熟记发生在身边的事情的方法而已。

每个人读到这里都会觉得不可思议。其实，人脑记忆是大有潜力可挖的。你也可以向这位记忆家一样，而这绝对不是信口开河。

现代心理学研究证明，人脑由大约1000亿个左右的神经细胞构成，每个细胞有1000～10000万个突触，其记忆的容量可以收容一生之中接收到的所有信息。即便如此，在人生命将尽之时，大脑还有记忆其他信息的“空地”。一个正常人头脑的储藏量是美国国会图书馆全部藏书的50倍，而此馆藏书量是1000万册。

人人都有如此巨大的记忆潜力，而我们却整天为误以为自己“先天不足”而长吁短叹、怨天尤人，如果你不相信自己有这样的记忆潜力的话，你可以做下面的实验证明。

请准备好钟表、纸、笔，然后记忆下面的一段数字（30位）和一串词语（要求按照原文顺序），直到能够完全记住为止。写下记忆过程中重复的次数和所花的时间等。4小时之后，再回忆默写一次（注意：在此之前不能进行任何形式的复习），然后填写这次的重复次数和所花的时间。

数字：109912857246392465702591436807

词语：恐惧　马车　轮船　瀑布　熊掌　武术　监狱　日蚀　石油　泰山

学习所用的时间：

重复的次数：

默写出错率：

此时的时间：

4小时后默写出错率：

现在再按同样的形式记忆下面的两组内容，统计出有关数据，但必须使用提示中的方法来记忆。

数字：187105341279826587663890278643

[提示：使用谐音的方法给每个数字确定一个代码字，连成一个故事。故事大意：你原来很胆小，服了一种神奇的药后，大病痊愈，从此胆大如斗，连杀鸡这样的"大事"也不怕了，一刀砍下去，一只矮脚鸡应声而倒。为了庆祝，你和爸爸，还有你的一位朋友，来到酒吧。你的父亲饮了63瓶啤酒，大醉而归。走时带了两个西瓜回去，由于大醉，全都丢光了。现在，你正给你的这位朋友讲这件事，你说："一把奇药（1871），令吾杀死一矮鸡（0534127），酒吧（98），尔来（26），吾爸吃了63啤酒（58766389），拎两西瓜（0278），流失散（643）。"]

词语：火车　黄河　岩石　鱼翅　体操　惊讶　煤炭　茅屋　流星　汽车

[提示：把10个词语用一个故事串起来，请在读故事时一定要像看电视剧一样在脑中映出这个故事描述的画面来。故事如下：一列飞速行驶的"火车"在经过"黄河"大桥时撞在"岩石"上，脱轨落入河中，河里的"鱼"受惊之后展"翅"飞出水面，纷纷落在岸上，活蹦乱跳，像在做"体操"似的。人们目睹此景大为"惊讶"，驻足围观。有几个聪明人拿来"煤

炭”，支起炉灶来煮鱼吃。煤不够了就从“茅屋”上扒下干草来烧。鱼刚煮好，不料，一颗“流星”从天而降砸在炉上。陨石有座小山那么大，上面有个洞，洞中开出一辆“汽车”来，也许是外星人的桑塔纳吧。]

学习所用的时间：

重复的次数：

默写出错率：

此时的时间：

4小时后默写出错率：

通过比较两次学习的效果，可以看出：使用后面提示中的记忆方法来记忆时，时间短，记忆准确，效果持久。

其实，许多行之有效的记忆训练方法还鲜为人知，本书就将为你介绍很多有效的训练方法。如果你能掌握并运用好其中的一个方法，你的记忆就会被强化，一部分潜能也就会被开发出来而产生很可观的实际效果；如果你能全面地掌握并运用好这些训练方法，使它们在相互协同中产生增值效应，那么你的记忆力就会有惊人的长进，近于无穷的潜能也会释放出来。多数人自我感觉记忆不良，大都是记忆方法不当所造成的。

所以，我们要相信自己的大脑，它就犹如照相底片，等待着信息之光闪现；又如同浩瀚的汪洋，接纳川流不息的记忆之“水”——无“水”满之患；还好像没有引爆的核材料，一旦引爆，它会将蕴藏的超越其他材料万亿倍的核热潜能释放出来，让你轻而易举地腾飞，铸就辉煌，造福人类和自己。

当然，值得注意的是，虽然记忆大有潜力可挖，但是也不要滥用大脑。因为脑是一个有限的装置——记忆的容量不是无限的，一瞥的记忆量很有限。过频地使用某些部位的脑神经细胞，时间一久，还会出现功能降减性病变（主症是效率突减），脑细胞在中年就不断地死亡而数量不断地减少，其功能也由此而衰退……

故此，不要“锥刺骨，头悬梁”地去记忆那些过了时的、杂七杂八、无关紧要、结构松散、毫无生气、可用笔记以及其他手段帮助大脑记忆的信息。

明确记忆意图，增强记忆效果

美国心理学家威廉·詹姆斯说：“天才的本质，在于懂得哪些是可以忽略的。”

很多人可能都有这样的体会：课堂提问前和考试之前看书，记忆效果比较好，这主要是因为他们记忆的目的明确，知道自己该记什么，到什么时候记住，并知道非记住不可。这种非记住不可的紧迫感，会极大地提高记忆力。

原南京工学院讲师韦钰到德国进修，靠着原来自修德语的一点基础，仅用了四个月的时间就攻下了德语关，表现出惊人的记忆能力。这种惊人的记忆力与“一定要记住”的紧迫感有关，而这种紧迫感又来自韦钰正确的学习目的和研究动机。

韦钰的事例证明，记忆的任务明确，目的端正，就能发掘出各种潜力，从而取得较好的记忆效果。有时，重要的事情遗忘的可能性比较小，就是这个道理。

不少人抱怨自己的记忆能力太差，其实这主要是在于学习的动机和目的不端正，学习缺乏强大的动力，不善于给自己提出具体的学习任务，因此在学习时，就没有“一定要记住”的紧迫感，注意力就不容易集中，使得记忆效果很差。

反之，有了“一定要记住”的认识，又有了“一定能记住”的信心，记忆的效果一定会好的。

基于以上原因，我们在记忆之前应给自己提出识记的任务和要求。例如，在读文章之前，预先提出要复述故事的要求；去动物园之前，要记住哪些动物的外形、动作及神态，回来后把它们画出来，贴在墙壁上。这就调动了在进行这些活动中观察、注意、记忆的积极性。

另外，光有目的还不行，如很多人在考试之前，花了很多时间记忆学习，但考试之后，他努力背的那些知识很快就忘记了，因此，记忆时提出的目的还应该是长远的、有意义的、有价值的、有一定难度的。

记忆目标是由记忆目的决定的。要确定记忆目标，首先要明确记忆的目的，即为了什么去进行记忆，然后根据记忆目的确定具体的记忆任务，并安排好记忆进程。对于较复杂的、需要较长时间来进行记忆的对象来说，应把制定长远目标和制定短期目标相结合，把长远目标分成若干不同的短期目标，通过跨越一个个短期目标去实现长远目标。

明确记忆目标，主要不是一个记忆的技巧问题，而是人的记忆动机、态度、意志的问题。在强大的动机支配下，用认真的态度和坚强的意志去记忆，这就是明确记忆目标的实质。我们懂得记忆的意义后，便会对记忆产生积极的态度。

确定记忆意图还要注意以下两个方面：

1. 要注意记忆的顺序

例如，记公式时首先要理解公式的本质，而后通过公式推导来记住它，再运用图形来记住公式，最后是通过做类型题反复应用公式，来强化记忆。有了这样一个记忆顺序，就一定会牢记这些数学公式。

2. 记忆目标要切实可行

在记忆学习中，确立的目标不仅应高远，还要切实可行。因为只有切实的目标才真正会激发人们为之奋斗的热情，才使人有信心、有把握地把目标变为现实。

总之，要使自己真正成为记忆高手，成为记忆方面的天才，你首先要做的就是要有一个明确的记忆意图。

记忆强弱直接决定成绩好坏

记忆力直接影响我们的学习能力，没有记忆，学习就无法进行。英国哲学家培根说过，一切知识，不过是记忆。记忆方法和其中的技巧，是学生提高学习效率、提升学习成绩的关键因素，没有记忆提供的知识储备，没有掌握记忆的科学方法，学习不可能有高效率。现在学生的学习任务繁重，各种考试应接不暇，如果记不住知识，学习成绩可想而知，一考试头脑就一片空白，考试只能以失败告终。

如果我们把学习当作是一场漫长的征途，那么记忆就像是你的交通工具，交通工具的速度直接关系到你学习成绩的好坏，即它将直接决定你学习效率的高低。俗话说得好，牛车走了一年的路程，还比不上飞船 1 小时走得远。在竞争日益激烈的今天，谁先开发记忆的潜力，谁就成为将来的强者。

美国心理学家梅耶研究认为，学习者在外界刺激的作用下，首先产生注意，通过注意来选择与当前的学习任务有关的信息，忽视其他无关刺激，同时激活长时记忆中的相关的原有知识。新输入的信息进入短时记忆后，学习者找出新信息中所包含的各种内在联系，并与激活的原有的信息相联系。最后，被理解了的新知识进入长时记忆中储存起来。

在特定的条件下，学习者激活、提取有关信息，通过外在的反应作用于环境。简言之，新信息被学习者注意后，进入短时记忆，同时激活的长时记忆中的相关信息也进入短时记忆。新旧信息相互作用，产生新的意义并储存于长时记忆系统，或者产生外在的反应。

具体地说，记忆在学习中的作用主要有以下几点：

1. 学习新知识离不开记忆

学习知识总是由浅入深，由简单到复杂，是循序渐进的。我们说，在学习新知识前，应该先复习旧知识，就是因为只有新旧知识相联系，才能更有效地记住新知识。忘记了有关的“旧”知识，却想学好新知识，那就如同想在空中建楼一样可笑。如果学习高中“电学”时，初中“电学”中的知识全都忘记了，那么高中的“电学”就很难学习下去。一位捷克教育家说：“一切后教的知识都根据先教的知识。”可见，记住先教的知识对继续学习有多么重要。

2. 记忆是思考的前提

面对问题，引起思考，力求加以解决，可是一旦离开了记忆，思考就无法进行，问题也自然解决不了。假如在做求证三角形全等的习题时，却把三角形全等的判定公理或定理给忘了，那就无法进行解题的思考。人们常说，概念是思维的细胞，有时思考不下去的原因是由于思考时把需要使用的概念和原理遗忘了。经过查找或请教又重新回忆起来之后，中断的思考过程就可以继续下去了。宋代学者张载说过：“不记则思不起。”这话是很有道理的。如果感知过的事物不能在头脑中保存和再现，思维的“加工”也就成了无源之水，无米之炊了。

3. 记忆好有助于提高学习效率

记忆力强的人，头脑中都会有一个知识的贮存库。在新的学习活动中，当需要某些知识时，则可随时取用，从而保证了新知识的学习和思考的迅速进行，节省了大量查找、复习、重新理解的时间，使学习的效率大大提高。

一个善于学习的人在阅读或写作时，很少翻查字典，做习题时，也很少翻书查找原理、定律、公式等，因为这些知识已牢牢地贮存在他的大脑中了，而且可以随时取用。

不少人解题速度快的秘密在于，他们把常用的运算结果，常用的化学方程式的系数等已熟记在头脑中，因此，在解题时就不必在这些简单的运算上费时间了，从而可以把时间更多地用在思考问题上。由于记得牢固而准确，所以也就大大减少了临时运算造成的差错。

许多学习成绩差的人就是由于记忆缺乏所造成的。有科学研究表明，学习成绩差一些的人在记忆时会遇到两种问题：第一，与学习成绩优良的学生相比，学习成绩差一些的人在记忆任务上有困难；第二，学习成绩差一些的学生的记忆问题可能是由于不能恰当地使用记忆策略。

尽管记忆是每个人所具有的一种学习能力，但科学有效的记忆方法并不是每一个学习者所能掌握的。一些学习者会根据课程的学习目的和要求，选择重点、选择难点，然后根据记忆对象的实际情况运用一些记忆方法进行科学记忆，并在自己的学习活动中总结出适合自己学习特点的方法，巩固学习效果，达到学有所成，学有所用。

掌握记忆规律，突破制约瓶颈

减负一直以来都是一个热门话题，虽然减少课业量是一种减负方法，但掌握记忆规律，按记忆规律学习应该是一种更好的办法。

掌握记忆规律和法则就能更高效地学习，这对于青少年是十分重要的。记忆与大脑十分复杂，但并不神秘，了解他们的工作流程就能更好地加强自身学习潜质。

人的大脑是一个记忆的宝库，人脑经历过的事物，思考过的问题，体验过的情感和情绪，练习过的动作，都可以成为人们记忆的内容。例如英文学习中的单词、短语和句子，甚至文章的内容都是通过记忆完成的。从“记”到“忆”是有个过程的，这其中包括了识记、保持、再认和回忆4个过程。

所谓识记，分为识和记两个方面。先识后记，识中有记。所谓保持，是指将已经识记过的材料，有条理地保存在大脑之中。再认，是指识记过的材料，再次出现在面前时，能够认识它们。回忆，是指在大脑中重新出现对识记材料的印象。这几个环节缺一不可。在学习活动中只要进行有意识的训练，掌握记忆规律和方法，就能改善和提高记忆力。

对于一些学习者来说，对各科知识中的一些基本概念、定律以及其他工具性的基础知识的记忆，更是必不可少。因此，我们在学习过程中，既要进行知识的传授，又要注意对自己记忆能力的培养。掌握一定的记忆规律和记忆方法，养成科学记忆的习惯，就能提高学生的学习效率。

记忆有很多规律，如前面我们提到的艾宾浩斯遗忘曲线就是其中一个很重要的规律，我们可以根据这种规律进行及时适当的复习，适当过度学习，以使我们的记忆得以保持。

同时，也不可以一次记忆太多的东西，这就关系到记忆的广度规律。记忆力的广度性，指对于一些很长的记忆材料第一次呈现给你，你能正确地记住多少。记住的越多，你的记忆力的广度就越好。记忆的广度越来越大，记忆的难度就越来越大。如果你能记住的数字长度越长，你的记忆力的广度性就越好。

美国心理学家 G. 米勒通过测定得出一般成人的短时记忆平均值。米勒发现：人的记忆广度平均数为 7，即大多数人一次最多只能记忆 7 个独立的“块”，因此数字“ 7 ”被人们称为“魔数之七”。我们利用这一规律，将短时记忆量控制在 7 个之内，从而科学使用大脑，使记忆稳步推进。

综上所述，记忆与其他一切心理活动一样是有规律的。我们应积极遵循记忆规律，使用科学的记忆方法去进行识记，从而不断提高自己的学习效果，增强学习的兴趣。

改善思维习惯，打破思维定式

思维定式就是一种思维模式，是头脑所习惯使用的一系列工具和程序的总和。

一般来说，思维定式具有两个特点：一是它的形式化结构；二是它的强大惯性。

思维定式是一种纯“形式化”的东西，就是说，它是空洞无物的模型。只有当被思考的对象填充进来以后，只有当实际的思维过程发生以后，才会显示出思维定式的存在，没有现实的思维过程，也就无所谓思维的定式。

思维定式的第二个特点是，它具有无比强大的惯性。这种惯性表现在两个方面：一是新定式的建立；二是旧定式的消亡。有时，人的某种思维定式的建立要经过长期的过程，而一旦建立之后，它就能够“不假思索”地支配人们的思维过程、心理态度乃至实践行为，具有很强的稳固性甚至顽固性。

人一旦形成了习惯的思维定式，就会习惯地顺着定式的思维思考问题，不愿也不会转个方向、换个角度想问题，这是很多人都有的一种愚顽的“难治之症”。

比如说看魔术表演，不是魔术师有什么特别高明之处，而是我们的思维过于因袭习惯之式，想不开，想不通，所以上当了。比如人从扎紧的袋里奇迹般地出来了，我们总习惯于想他怎么能从布袋扎紧的上端出来，而不会去想想布袋下面可以做文章，下面可以装拉链。

人一旦形成某种思维定式，必然会对记忆力产生极大的影响。因为，思维定式使学生以较固定的方式去记忆，思维定式不仅会阻碍学生采用新方法记忆，还会大大影响记忆的准确性，不利于记忆效果和学习成绩的提高，例如，很多人都认为学习时听音乐会影响学习效果，什么都记不住，可事实上，有研究表明，选好音乐能够开发右脑，从而提高学习记忆效率。因此，青少年在学习记忆的过程中，应有意识地打破自己的思维定式。

那么，如何突破思维定式呢？

先看一幅思维导图：

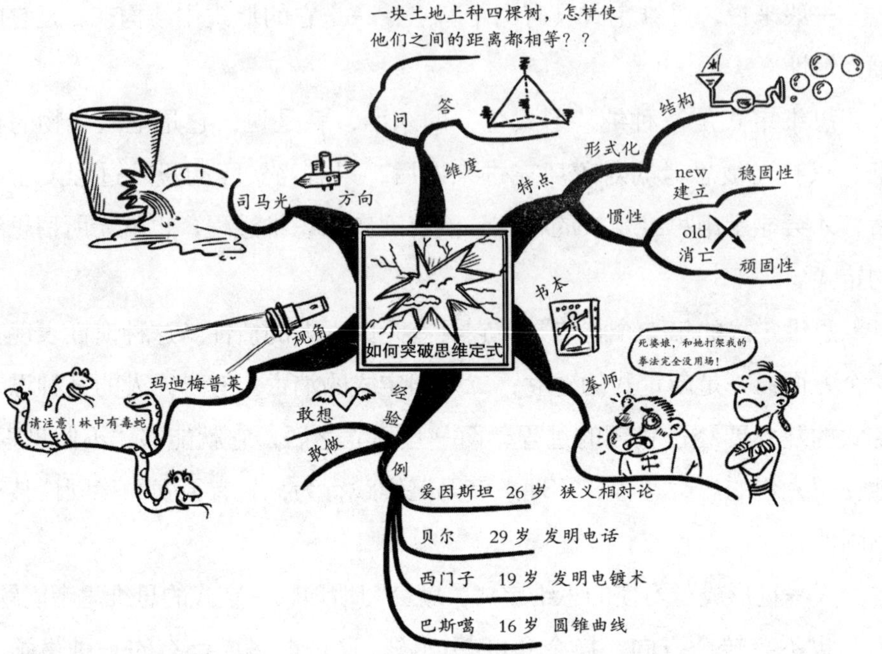

即，我们可从以下几个方面入手：

1. 突破书本定式

有位拳师，熟读拳法，与人谈论拳术滔滔不绝，拳师打人，也确实战无不胜，可他就是打不过自己的老婆。拳师的老婆是一位不知拳法为何物的家庭妇女，但每每打起来，总能将拳师打得抱头鼠窜。

有人问拳师：“您的功夫都到哪里去了？”

拳师恨恨地说：“这个死婆娘，每次与我打架，总不按路数出招，害得我的拳法都没有用场！”

拳师精通拳术，战无不胜，可碰到不按套路出招的老婆时，却一筹莫展。

“熟读拳法”是好事，但拳法是死的，如果盲目运用书本知识，一切从书本出发，以书本为纲，脱离实际，这种由书本知识形成的思维定式反而使拳师遭到失败。

“知识就是力量。”但如果是死读书，只限于从教科书的观点和立场出发去观察问题，不仅不能给人以力量，反而会抹杀我们的创新能力。所以学习知识的同时，应保持思想的灵活性，注重学习基本原理而不是死记一些规则，这样知识才会有用。

2. 突破经验定式

在科学史上有着重大突破的人，几乎都不是当时的名家，而是学问不多、经验不足的年轻人，因为他们的大脑拥有无限的想象力和创造力，什么都敢想，什么都敢做。下面的这些人就是最好的例证：

爱因斯坦26岁提出狭义相对论；

贝尔29岁发明电话；

西门子19岁发明电镀术；

巴斯噶16岁写成关于圆锥曲线的名著……

3. 突破视角定式

法国著名歌唱家玛迪梅普莱有一个美丽的私人林园，每到周末总会有人到她的林园摘花、拾蘑菇、野营、野餐、弄得林园一片狼藉，肮脏不堪。管家让人围上篱笆，竖上“私人园林禁止入内”的木牌，均无济于事。玛迪梅普莱得知后，在路口立了一些大牌子，上面醒目地写着：“请注意！如果在林中被毒蛇咬伤，最近的医院距此15千米，驾车约半小时方可到达。”从此，再也没有人闯入她的林园。

这就是变换视角，变堵塞为疏导，果然轻而易举地达到了目的。

4. 突破方向定式

萧伯纳（英国讽刺戏剧作家）很瘦，一次他参加一个宴会，一位大腹便便的资本家挖苦他：“萧伯纳先生，一见到您，我就知道世界上正在闹饥荒！”萧伯纳不仅不生气，反而笑着说：“哦，先生，我一见到你，就知道闹饥荒的原因了。”

“司马光砸缸”的故事也说明了同样的道理。常规的救人方法是从水缸上将人拉出，即让人离开水。而司马光急中生智，用石砸缸，使水流出缸中，即水离开人，这就是逆向思维。逆向思维就是将自然现象、物理变化、化学变化进行反向思考，如此往往能出现创新。

5. 突破维度定式

只有突破思维定式，你才能把所要记忆的内容拓展开来，与其他知识相联系，从而提高记忆效率。

有自信，才有提升记忆的可能

自信，在任何时候都十分重要。古人行军打仗，讲求一个“势”字，讲求军队的士气、斗志，如果上自统帅，下至士兵都有一股雄心霸气，相信自己会在战斗中取胜，那么，他们就会斗志昂扬。

最重要的是，这样的“自信之师”是绝不会被轻易击垮的。有无自信，往往在一开始就注定了该事的成败。记忆也离不开自信，因为它是意识的活动，它的作用明显地取决于人的心理状况。这是因为人在处理事情时思维是分层的，由下到上包括环境层、行为层、能力层、信念层、身份层，很多事情的焦点是在身份上的。两个人做一件事效果可以千差万别，这是因为他们对自己的身份定位决定了一切。

人的行为可以改变环境，而获得能力可以改变行为模式，但如果没有信念，就不容易获得能力。记忆力属于能力层，如果要做改变，就要从根本上改变身份和信念。在这个层次塔中，上面的往往容易解决下面的问题，如果能力出现问题，从态度上改变，能力的改变就会持久。如果不能从信念上根本改变，即使学会了记忆方法，也会慢慢淡忘不用。

一名研究人类记忆力的教授曾说：“一开始的时候，对于要记忆的东西，我自信能记住。然而不久我就发现，事实并非如此。我总是试图记住所有的资料，但从未如愿过，甚至能牢记不忘的部分也越来越少了。这时，我就不由得产生了怀疑：我的记忆力是不是不够好呢？我是不是只能记住一丁点儿的东西而不是全部呢？能力受到怀疑时，自信心自然也就受到创伤，态度便不再那么积极了。再次记忆的时候对记不记得住、能记得住多少，就没什么底了，抱着能记多少就记多少的态度，结果呢？记住的东西更少了，准确度也差了。而且见了稍多要记忆的东西就害怕，记忆的效果自然就越来越低。没了自信，就没了那一股气。兴趣没有了，斗志没有了，记忆时似散兵游勇般弄得对自己越来越没自信。不相信自己能记住，往往就注定了你记不住。”

那么，这股自信应该建立在怎样的基础上呢？它要怎样培养并保持下去呢？关键就在于如何在记忆活动中用自信这股动力来加速记忆。

某位心理学专家说：“自信往往取决于记忆的状况，取决于东西记住了多少。如果每次都能高质量地完成，自信心就会受到鼓舞而得到增强，并在以后发挥积极作用；反之，自信心就会逐渐减弱，甚至最后信心全无。”

因此，树立记忆自信的关键就在于：决心要记住它，并真正有效地记住它。

培养兴趣是提升记忆的基石

德国文学家歌德说：“哪里没有兴趣，哪里就没有记忆。”这是很有道理的。兴趣使人的大脑皮层形成兴奋优势中心，能进入记忆最佳状态，调动大脑两个半球所有的内在潜力，充分发挥自己的创造力与记忆的潜能。所以说，“兴趣是最好的老师”。

达尔文在自传中写道：“就我在学校时期的性格来说，其中对我后来发生影响的，就是我有强烈而多样的兴趣，沉溺于自己感兴趣的东西，深入了解任何复杂的问题。”

达尔文的事例说明，兴趣是最好的学习记忆动力。我们做任何事情，都需要一定的兴趣，没有兴趣去做，自然就很难做好。记忆有时候是一件很乏味甚至很辛苦的事，如果没有学习兴趣，不但很难坚持下去，而且其效果也必然会大打折扣。

兴趣可以让你集中注意力，暂时抛开身边的一切，忘情投入；兴趣能激发你思考的积极性，而且经过积极思考的东西能在大脑中留下思考的痕迹，容易记住；兴趣也能使你情绪高涨，可以激发脑肽的释放，而生理学家则认为，脑肽是记忆学习的关键物质。

英国戏剧大师莎士比亚天生就迷恋戏剧，对演戏充满了兴趣。他博闻强识，很快就掌握了丰富的戏剧知识。有一次，一个演员病了，剧院的老板就让他去当替补，莎士比亚一听，乐坏了，他用了不到半天的时间，就把台词全背了下来，演得比那个演员还好。

德国大音乐家门德尔松，在他 17 岁那年，曾经去听贝多芬第九交响曲的首次公演。等音乐会结束，回到家里以后，他立刻写出了全曲的乐谱，这件事震惊了当时的音乐界。虽然我们现在对贝多芬的第九交响曲早已耳熟能详，可在当时，首次聆听之后，就能记忆全曲的乐谱，实在是一件不可思议的事。

门德尔松为什么会这么神奇？原因就在于他对音乐的深深热爱。

兴趣促进了记忆的成功，记忆上的成功又会提高学习兴趣，这便是良性循环；反之，对某个学科厌烦，记忆必定失败，记忆的失败又加重了对这一学科的厌烦感，形成恶性循环。所以善于学习的人，应该是善于培养自己学习兴趣的人。

那么，如何才能对记忆保持浓厚的兴趣呢？以下几种建议，我们不妨去试一试：

（1）多问自己“为什么”；

（2）肯定自己在学习上取得的每一点进步；

（3）根据自己的能力，适当地参加学习竞赛；

（4）自信是增加学习兴趣的动力，所以一定要相信自己的能力；

（5）不只是去做感兴趣的事，而要以感兴趣的态度去做一切该做的事。

不仅如此，我们还要在学习和生活中积极地去发现、创造乐趣。

如果你想知道苹果好不好吃，就不能单凭主观印象，而应耐着性子细细品尝，学习的时候也一样。背英文单词，你会觉得枯燥无味，但是坚持下去，当你能试着把课本上的中文翻译成英语，或结结巴巴地用英语同外国人对话时，你对它就会有兴趣了。

在跟同学辩论的时候，时而引用古人的一句诗词，时而引用一句名言，老师的赞赏和同学们的羡慕，会使你对读书越来越有兴趣。

我们还可以借助想象力创造兴趣，把枯燥的学习材料变得好玩又好记。

观察力是强化记忆的前提

我们都有这么一个经验，当我们用一个锥子在金属片上打眼时，劲使得越大，眼就钻得越深。

记忆的道理也是如此，印象越深刻，记得就越牢固。深刻的事件、深刻的教训，通常都带有难以抹去的印痕。如你看到一架飞机坠毁，这当然是记忆深刻的；又如你因大意轻信了某人，被骗去最心爱的东西，这也容易记得深刻。

但生活中许多事情并不是这样，它本身并没有什么动人的场面和跌宕的变化，我们要想从主观上获得强烈的印象，就要靠细致地观察。

观察能力是大脑多种智力活动的一个基础能力，它是记忆和思维的基础，对于记忆有着决定性的意义。因为记忆的第一阶段必须要有感性认识，而只有强烈的印象才能加深这种感性认识。眼睛接受信息时，就要把它印在脑海里。对于同一幅景物，婴儿的眼和成人的眼看来都是一样的，一个普通人及一个专家眼中所视的客体也是一样的，但引起的感觉却是大相径庭的。

达尔文曾对自己做过这样的评论：“我既没有突出的理解力，也没有过人的机智。只是在觉察那些稍纵即逝的事物并对其进行精细观察的能力上，我可能在众人之上。”

我们应该像达尔文学习，不管记忆最终会产生什么效果，前提是一定要进行仔细地观察，只有这样做才能在脑海中形成深刻的印象。而认真观察的先决条件，就是必须有强烈的目的。

我们观察某一事物时，常常由于每个人的思考方式不同，每个人观察的态度与方法及侧重点也不同，观察结果自然也不同，这又使最后记忆的结果不同。

在日常生活中，你可以经常做一些小的练习训练你的观察力，譬如读完一篇文章后，把自己读到的情节试着记录下来，用自己的语言将其中的场面描绘一番。这样你就可以测试自己是否能把最主要的部分准确地记录下来，从而在一定程度上锻炼自己的观察力，这种训练可以称之为“描述性”训练。为达到更好的训练效果，我们应该在平时处处留心，比如每天会碰到各种各样的人，当你见到一个很特别的人之后，不妨在心里描绘那人的特点。

或者，在吃午饭时我们仔细地观察盘子，然后闭上眼睛放松一会儿，我们就能运用记忆再复制的能力在内心里看到这个盘子。一旦我们在内心里看到了它，就睁开眼睛，把“精神”的盘子和实际的盘子进行比较，然后我们再闭上眼睛修正这个图像，用几秒钟的时间想象，然后确定下来，那么就能立刻校正你在想象中可能不准确的地方。

在训练自己的观察力时，我们还要谨记以下几点：

（1）不要只对刚刚能意识到的一些因素发生反应，因为事物的组成是复杂的，有时恰恰是那些不易被人注意的弱成分起着主导作用。如果一个人太过拘泥于事物的某些显著的外部因素，观察就会被表象所迷惑，深入不下去；

（2）不要只是对无关的一些线索产生反应，这样会把观察、思维引入歧途；

（3）不要为自己喜爱或不喜爱之类的情感因素所支配。与自己的爱好、兴趣相一致的，就努力去观察，非要搞个水落石出不可；反之，则弃置一旁。这样使人的观察带有很大的片面性；

（4）不要受某些权威的、现成的结论的影响，以至于我们不敢越雷池半步，甚至人云亦云。这种观察毫无作用。

综合以上因素，我们可以画出利用观察力强化记忆的思维导图。

想象力是引爆记忆潜能的魔法

为什么说想象力是引爆记忆潜能的魔法呢？

这是因为，客观事物之间有着千丝万缕的联系。如果我们通过想象把反映事物间的那种联系和人们已有的知识经验联系起来，就会增强记忆。

可以说，一个人的想象力与记忆力之间具有很大的相关性。如果一个人的想象力非常活跃，那么他往往很容易具备强大的记忆力，即良好的记忆力往往与强大的想象力联系在一起。

而想象通常与具体的形象联系在一起。比如，爱的象征是一颗心，和平的象征是鸽子等等。

在记忆中，我们经常会碰到这样的情况：由于某件要记的东西对自己没有多大的实际意义，因此，也就没有什么兴趣去理解，此时只有靠死记硬背了，如电话号码、某个难读的地名译音。而死记硬背的效果是有限的，这时，你不妨运用一下想象力。

柏拉图这样说过："记忆好的秘诀就是根据我们想记住的各种资料来进行各种各样的想象……"

想象无须合乎情理与逻辑，哪怕是牵强附会，对你的记忆只要有作用，都可以运用。比如你要记住你所遇到的某人的名字，那么，也可用此法。

爱迪生的朋友在电话中告诉他电话号码是 24361，爱迪生立刻记住了。原来他发现这是由两打和 19 的平方组成的，所以一下子就记住了。当然这种联想要有广博的知识作为基础。

当我们有意锻炼自己的想象力时，不要担心自己大胆的、甚至是愚蠢的想象，更不要怕因此而招来的一些讽刺，最重要的是要让这些形象在脑中清清楚楚地呈现，尽力把动的图像与不同的事物联系起来。想象力不但可以使我们记忆的知识充分调动起来，进行综合，产生新的思维活动，而且只要经常运用想象力，你的记忆力就会得到很大的改善，知识也比以前记得更牢固。

第四篇

磨砺社交技能

第一章

思考商

带着思考去工作

思考是通往问题解决的必要之路。面临问题，如果你不能积极思考，将之妥善解决，那么，问题就会成为你工作的负担，这样，不只是你本人的不幸，更是企业的不幸。

在全世界IBM管理人员的桌上，都摆着一块金属板，上面写着“Think”(想)。这个字的精粹，是IBM创始人华特森创造的。

有一天，寒风刺骨、阴雨连绵，华特森一大早就主持了一项销售会议。会议一直进行到下午，气氛沉闷，无人发言，大家开始显得焦躁不安。

这时，华特森在黑板上写了一个很大的“Think”，然后对大家说:“我们共同缺的，是对每一个问题充分地去思考，别忘了，我们都是靠脑筋赚得薪水的。”

从此，“Think”成了华特森和公司的座右铭。

无独有偶，著名的微软公司也十分重视思考的价值。微软公司的创始人兼CEO比尔·盖茨曾多次说道:“如果把我们顶尖的20个人才挖走，那么，我告诉你，微软就会变成一家无足轻重的公司。”

新闻记者史卓斯在与微软公司接触了3个月后写道:“据我观察，微软不像昔日的IBM那样，在墙上挂着训斥员工‘要思考’的牌子，而是将‘思考’彻彻底底地植入微软的血液。”

微软的最高管理层研究院的核心大约由10来个人组成。他们管理关键产品，组织非正式的监督组来评估每个人的工作。许多在各项目工作的高级技术人员，组成了研究院的外围。其中一些人还是公司的元老，从微软建立之初便一直在这里工作。微软公司就是靠这些出类拔萃的人物和比尔·盖茨合理的管理制度，在竞争中走向成功的。

思考让IBM、微软这些公司成为行业的领导者，对于我们个人来说，善于思考也是一项十分重要的成功喜悦。

有人调查过很多企业的成功人士，从他们身上发现了一个共同的规律：最优秀的人，往往是最重视找方法的人。他们相信凡事都会有方法解决，而且是总有更好的方法。

作为华人首富，李嘉诚的名字可谓家喻户晓。他之所以能成为首富，也并非没有规律可循：从打工的时候起，他就是一个找方法解决问题的高手。

有一次，李嘉诚去推销一种塑料洒水器，连走了好几家都无人问津。一上午过去了，一点儿收获都没有，如果下午还是毫无进展，回去将无法向老板交代。

尽管刚开始进行得不太顺利，但是他仍然不断地鼓励自己，精神抖擞地走进了另一栋办公楼。当他看到楼道上的灰尘很多时，突然灵机一动，没有直接去推销产品，而是去洗手间，往洒水器里装了一些水，将水洒在楼道里。十分神奇，经他这么一洒，原来很脏的楼道，一下变得干净起来。这一来，立即引起了主管办公楼的有关人士的兴趣，一下午，他就卖掉了十多台洒水器。

在做推销员的整个过程中，李嘉诚都十分注重分析和总结。他将香港划分成几片，对各片的人员结构进行分析，了解哪一片的潜在客户最多，便抽出大部分的时间专攻这些地区。短短的一年下来，李嘉诚一个人的业务量比公司所有的推销员业务量的总和还多。

三菱经济研究所的所长町田一郎氏曾说："现在是用头脑思考，而不是用身体决胜负的时代。"

有些人则会说："我太忙了，连考虑的时间也没有！""以前的人也都是这么做的啊！"这些人总爱找借口逃避工作中的困难。这种做法是很不可取的。

我们都知道，一个好的创意，可以让一个濒临破产的企业起死回生，能让一个名不见经传的公司名声大噪，也能让一个成功的企业扩大战果，再创辉煌。所以，每个公司的老板都很重视员工思考能力的培养，将是否善于思考当成衡量一个员工能否晋升的重要标准。一个不能够在工作中主动思考的员工是无法做好自己的工作的，当然，他们也无法跨入优秀员工的行列，也就难以得到老板的器重。

办法就在自己身上

"与其诅咒黑暗，不如点起一支蜡烛"。面对问题，诅咒和抱怨帮不了我们什么，相反，只会加深我们解决问题的难度。事实上，解决问题的关键就在我们自己手中，你要解决问题，让自己成为问题的主宰，还是向问题妥协，让自己成为问题的一部分，决定权完全在你自己手中。

吕思在一家广告公司做创意文案。一次，一个著名的洗衣粉制造商委托吕思所在的公司做广告宣传，负责这个广告创意的好几位文案创意人员拿出的东西都不能令制造商满意。

没办法，经理让吕思把手中的事务先搁置几天，专心完成这个创意文案。

接连几天，吕思在办公室里抚弄着一整袋的洗衣粉在想："这个产品在市场上已经非常畅销了，人家以前的许多广告词也非常富有创意。那么，我该怎么下手才能重新找到一个点，做出既与众不同，又令人满意的广告创意呢？”

有一天，他在苦思之余，把手中的洗衣粉袋放在办公桌上，又翻来覆去地看了几遍，突然间灵光闪现，他想把这袋洗衣粉打开看一看。

于是找了一张报纸铺在桌面上，然后，撕开洗衣粉袋，倒出了一些洗衣粉，一边用手揉搓着这些粉末，一边轻轻嗅着它的味道，寻找灵感。

突然，在射进办公室的阳光下，他发现了洗衣粉的粉末间遍布着一些特别微小的蓝色晶体。审视了一番后，证实的确不是自己看花了眼。

他便立刻起身，亲自跑到制造商那儿问这到底是什么东西。得知这些蓝色晶体是一些“活力去污因子”。因为有了它们，这一次新推出的洗衣粉才具有超强洁白的效果。

明白了这些情况后，吕思回去便从这一点下手，绞尽脑汁，寻找最好的文字创意，因此推出了非常成功的广告。

一位人力资源培训师在课堂上打了一个很有趣的比喻：他将方法比成人身上的“虱子”，只要你用力去找，就一定能够找到。

海尔公司在进入美国市场时，刚开始并不了解该怎么做，于是他们聘请了一个美国当地人作为管理者，张瑞敏让他自己提出年薪，不管多少钱，都不打折扣地答应，但是同时也提出条件，美国十大连锁企业，海尔的产品至少要进去一半。

那个美国人说根本不可能，GE、惠尔普、美泰克是美国的前三强，它们要进去，都花了很长时间。

张瑞敏坚决不同意，他认为海尔跟在人家后边，永远不会有市场。最后美国人就同意了，他想出了一些很有创意的措施。

那个美国人就在阿肯瑟州，在沃尔玛的总部外边，树立了一个巨大的海尔广告牌。

沃尔玛的总经理经常在工作时间向窗外眺望，一眺望就看到了这个广告牌，他就问这个海尔是个什么品牌？是哪儿的？

底下人就去了解了，说海尔是中国的，这个品牌也不错，而且广告牌上有地址、电话，在美国有总部，可以联系一下。就这样，海尔和沃尔玛“接上头”了。

不怕问题、困难，就怕不想；就好像一把钥匙开一把锁，每一个问题都有解决的办法。而这把解决问题的钥匙，就在我们自己身上。

“与其诅咒黑暗，不如点起一支蜡烛”，这句话是克里斯托弗斯的座右铭，它也应当成为指导我们工作和生活的一条准则。通过诅咒和抱怨，我们什么也改变不了，黑暗和恐惧仍然存在，而且还会因为人们的逃避和夸大而增加问题解决的难度。

然而，如果我们果断地采取行动，及时寻找解决问题的方法，哪怕我们只做了一点点努力，也会使我们朝着克服困难、解决问题的方向迈进一步。同时，我们还可能在积极努力的过程中寻找到不同的、更便捷的解决问题的方法。因为解决问题的关键就在我们身上。

突破自我，才能够突破困境

突破自我，才能够突破现实的困境。

有一条小河从遥远的高山上流下来，流过了很多个村庄与森林，最后它来到一个沙漠。它想：我已经越过了重重的障碍，这次应该也可以越过这个沙漠吧！当它决定越过这个沙漠的时候，它发现河水渐渐消失在泥沙之中，它试了一次又一次，总是徒劳无功。

于是，它灰心了：“也许这就是我的命运，我永远也到不了传说中那片浩瀚的大海。”它颓废地自言自语。

这时候，四周响起了一阵低沉的声音：“如果微风可以跨越沙漠，那么河流也可以。”原来这是沙漠发出的声音。

小河流很不服气地说道：“那是因为微风可以飞过沙漠，可是我却不可以。”

“因为你坚持你原来的样子，所以你永远无法跨越这个沙漠。你必须让微风带着你飞过这个沙漠，到达你的目的地。你只要愿意放弃你现在的样子，让自己蒸发到微风中。”沙漠用它低沉的声音建议道。

这种建议超出了小河的想象，“放弃我现在的样子，然后消失在微风中？不！不！”小河流无法接受这样的事情，毕竟它从未有过这样的经验，叫它放弃自己现在的样子，那不等于自我毁灭吗？“我怎么知道这是真的？”小河流这么问。

“微风可以把水汽包含在它之中，然后飘过沙漠，等到了适当的地点，它就把这些水汽释放出来，于是就变成了雨水。然后，这些雨水又会形成河流，继续向前进。”沙漠很有耐心地回答。

“那我还是原来的河流吗？”小河流问。

“可以说是，也可以说不是。”沙漠回答，“不管你是一条河流或是看不见的水蒸气，你内在的本质从来没有改变。你之所以会坚持你是一条河流，因为你从来不知道自己内在的本质。”

此时，小河流的心中，隐隐约约地想起了自己在变成河流之前，似乎也是由微风带着自己，飞到内陆某座高山的半山腰，然后变成雨水落下，才变成今日的河流。于是，小河流终于鼓起勇气，投入微风张开的双臂，消失在微风之中，让微风带着它，奔向它生命中的归宿。

生命是一个不断改变以适应外界变化的过程。只有不断地调整自己的心态，积极改变，才能战胜生活中的重重困难，顺利地走向成功。

海尔刚刚拓展海外市场的时候，很多人不理解，海尔守着中国市场，完全可以吃大块的肉，可到了国外市场，或许只有喝汤的份儿。

对此，张瑞敏的看法不同，他觉得海尔之所以要走出去，并不是因为他们强大到什么都不怕，相反，是因为想到不出去的后果更可怕，所以才出去。

如果不出去，就很难知道竞争对手有什么样的实力，有什么样的规则。

所以，张瑞敏曾提出一个口号叫作“国门之内无名牌”，必须走出去，锻炼和提高自己的竞争能力。

张瑞敏说：“海尔刚刚出去的时候，只是刚刚进小学的一个小学生，但是我们的对手可能是大学生或者是研究生，我们根本不可能和人家对话。”

“虽然小学生是一定要败给大学生的，但这个小学生是为了想成为大学生才出去的，所以，我们要老老实实地向人家学习，慢慢地提高自身的竞争能力。”

有人问张瑞敏：“如果先把小学生培养成大学生，再出去跟他们较量，会不会更好一些呢？”

张瑞敏回答道：“在这个环境里头永远培养不出大学生来，打个比方来说，你要游泳，但是你老是在岸上，不下水，在地面上学习这些动作，即使这个动作学习得再好、再漂亮，你也永远不会成为游泳高手。”

“所以，必须在水中学习游泳，进去之后可能会喝几口水，可能会受一些挫折，但是最终你一定会成功。”

张瑞敏之所以冒天下之大不韪，选择到美国设厂，为的就是四个字：先难后易。

虽然海尔的国际化进程一开始并不被一些保守人士所接受，然而据海尔自己披露，自1998年以来，海尔在美国的销售量年均增长率达115%，市场份额也在不断扩大，海尔的公寓冰箱及小型冰箱已占美国30%以上的市场份额，海尔冷柜已占12%的份额，海尔酒柜已占有50%以上的份额。

就像一个企业一样，我们自身也会面临许多层出不穷的问题，当我们遇到困境和难题的时候，也应当像海尔一样，要勇于自我挑战和自我超越，只有突破了自我，才能够突破困境。

依靠想象获得创意

想象力是创意和方法的沃土，俗话说“不怕做不到，只怕想不到”。面对工作中的种种问题，只要你能够主动发挥想象，充分利用各种现有的条件和资源，那么再难的问题都能够找到有效的解决方法。

美国华盛顿广场有一座宏伟的建筑，这就是杰弗逊纪念馆大厦。这座大厦历经风雨沧桑，年久失修，表面斑驳陈旧，政府非常担心，派专家调查原因。

调查的最初结果认为侵蚀建筑物的是酸雨，但后来的研究表明，酸雨不至于造成那么大的危害，最后才发现原来是冲洗墙壁所含的清洁剂对建筑物有强烈的腐蚀作用，而该大厦墙壁每日被冲洗的次数大大多于其他建筑，因此，腐蚀就比较严重。

问题是为什么要每天清洗呢？因为大厦被大量的鸟粪弄得很脏。为什么大厦有那么多鸟粪？因为大厦周围聚集了很多燕子。

为什么燕子专爱聚集在这里？因为建筑物上有燕子爱吃的蜘蛛。为什么这里的蜘蛛特别多？因为墙上有蜘蛛最喜欢吃的飞虫。

为什么这里的飞虫这么多？因为飞虫在这里繁殖得特别快。为什么飞虫在这里繁殖得特别快？因为这里的尘埃最适宜飞虫繁殖。

为什么这里的尘埃最适宜飞虫繁殖？其原因并不在尘埃，而是尘埃在从窗子照射进来的强光作用下，形成了独特的刺激，致使飞虫繁殖加快，因而有大量的飞虫聚集在此，以超常的激情繁殖，于是给蜘蛛提供了丰盛的大餐。

蜘蛛超常的聚集又吸引了成群结队的燕子往返流连。燕子吃饱了，自然就地方便，给大厦留下了大量粪便……

因此，解决问题的最终方法是：拉上窗帘。结果，杰弗逊大厦至今完好。

可见，解决问题不仅要靠智慧，而且也要靠想象力，借助想象力的翅膀飞越问题所在的圈子，以一个更高更远的视角去审视问题，问题的答案自然就会水落石出。

非洲岛国毛里求斯大颅榄树绝处逢生，就是得益于科学家丰富的联想。在这个国家有两种特有的生物——渡渡鸟和大颅榄树，在十六、十七世纪的时候，由于欧洲人的入侵和射杀，使得渡渡鸟被杀绝了，而大颅榄树也开始逐渐减少，到了20世纪50年代，只剩下13棵。1981年，美国生态学家堪布尔来到毛里求斯研究这种树木，他测定大颅榄树年轮的时候发现，它的树龄是300年，而这一年，正是渡渡鸟灭绝300周年。

实际上，渡渡鸟灭绝之时，也就是大颅榄树绝育之日。这个发现引起了堪布尔的兴趣，他找到了一只渡渡鸟的骨骸，伴有几颗大颅榄树的果实，这说明了渡渡鸟喜欢吃这种树的果实。

一个新的想法浮上了堪布尔的脑海，他认为渡渡鸟与种子发芽有莫大的关系，可惜渡渡鸟已经在世界上灭绝了，但堪布尔转而想到，像渡渡鸟那样不会飞的大鸟还有一种仍然没有灭绝，吐绶鸡就是其中一种。

于是他让吐绶鸡吃下大颅榄树的果实，几天后，被消化了外边一层硬壳的种子排出吐绶鸟体外，堪布尔将这些种子小心翼翼地种在苗圃里，不久之后，种子长出了绿油油的嫩芽，这种濒临灭绝的宝贵树木终于绝处逢生了。

有一位思想家说过一句很著名的话："生活中不是缺少美，而是缺少发现美的眼睛。"

我们也可以把这句话换一种说法：在我们的工作中并不缺乏创意和方法，而是缺乏能够带来创意和方法的想象力。

在工作当中，我们经常会遇到各种各样的偶然事件。假如我们能够利用这些偶然的机会，充分发挥自己的想象，挖掘对自己有用的信息，我们就会发现工作中处处充满了创意和机遇。

乔治是一家知名杂志社的编辑。在他年轻时，有一回，他看见一个人打开一包纸烟，从中抽出一张纸条，随即把它扔在地上。乔治拾起这张纸条，见上面印着一个著名女演员的照片，下面有一行字：“这是一套照片中的一幅。”他把纸片翻过来，发现背面是空白的。

乔治拿着这张纸片边走边想：“如果把印有照片的纸片充分利用起来，在它的背面印上人物的小传，价值就会提高了。”于是，他找到印刷这种纸烟附件的公司，向经理说明了他的想法。这位经理立即说：“如果你给我写这些东西，我会付给你丰厚的薪酬。”

这就是乔治最早的写作任务。后来，他的业务与日俱增，又聘请了一些人来帮自己工作。就这样，他渐渐成了一位著名的编辑。

爱因斯坦说过：“想象力比知识更重要，因为知识是有限的，而想象力概括着世界上的一切，并且是知识进化的源泉，严格地说，想象力是科学研究中的实在因素。”

爱因斯坦如此推崇想象，是因为他知道想象力是一个人干好工作的起码要求，想象力是人类进步的主要动力，没有了想象，人类将永远停滞在野蛮落后的状态之中。

想象力是创新的翅膀，是创意的源泉，有时候一个小小的创意就能够为你带来意想不到的成功。

李娟在一家大公司做会计，公司的贸易业务很繁忙，节奏也很紧张，往往是上午对方的货刚发出来，中午账单就传真过来了，随后才是快递过来的发票、运单等。她的桌子上总是堆满了各种讨债单。

讨债单实在太多，而且都是千篇一律的要钱，她常常不知该先付给谁好。经理也一样，总是大概看一眼就扔在桌上，说：“你看着办吧。”但有一次经理却马上说：“付给他。”而这也是仅有的一次。

那是一张从巴西传真过来的账单，除了列明货物标的价格、金额外，大面积的空白处写着一个大大的“SOS”，旁边还画了一个头像，头像正在滴着眼泪，线条虽然简单，但却很生动。

这张不同寻常的账单一下子引起了李娟的注意，也引起了经理的重视，他看了便说：“人家都流泪了，以最快的方式付给他吧！”

经理和李娟心里都明白，这个讨债人未必在真的流泪，但他却成功了，一下子以最快的速度讨回了大额货款。因为他多用了一点心思，把简单的“给我钱”换成了一个富含人情味的小幽默、小花絮，仅此一点，就让自己从千篇一律中脱颖而出。

想象力是创意和方法的沃土，俗话说，不怕做不到，就怕想不到，只要我们每个人能充分利用现有的条件和资源，就一定能找到解决问题的有效方法。

用新思维改写工作中的“不可能”

一切皆有可能。不敢向高难度的工作挑战，是对自己潜能的画地为牢，只能使自己无限的潜能化为有限的成就。如果你想取得事业上的辉煌成就，使自己成为公司发展的关键力量，你就要丢掉心中的限制，积极利用新思维，寻找新方法，用行动改写工作中的“不可能”。

在自然界中，有一种十分有趣的动物，名叫大黄蜂。曾经有许多动物学家、物理学家、社会学家联合起来研究大黄蜂。

根据动物学的观点，所有会飞的动物，其条件必须是体态轻盈、翅膀宽大，而大黄蜂却跟这个观点反其道而行。大黄蜂的身躯十分笨重，而翅膀却出奇的短小。依照动物学的理论来讲，大黄蜂是绝对飞不起来的。

而物理学家的论调则是，大黄蜂身体与翅膀的这种比例，从流体力学的观点来看，同样是绝对没有飞行的可能。

可是，在大自然中，只要是正常的大黄蜂，却没有一只是不能飞的，甚至于，它的飞行速度并不比其他能飞的动物差。这种事实的存在，仿佛是大自然和科学家们开了一个大玩笑。

最后，社会学家揭开了这个谜。谜底很简单，那就是——大黄蜂根本不懂“动物学”与“流体力学”。每只大黄蜂在它长大之后，就很清楚地知道，它一定要飞起来去觅食，否则就会被活活饿死！这正是大黄蜂之所以能够飞得那么好的奥秘。

我们不妨从另外一个角度来设想，如果大黄蜂能够接受教育，明白了生物学的基本概念，而且也了解了流体力学。那么，这只大黄蜂，它还能够飞得起来吗？

在你的工作和生活中，很多人在无意之间向你灌输了许多“不可能”的思想，这些思想会给你的心灵“设限”，制约你潜能的发挥，但是，如是你把这种种的“不可能”从心头抛开，你就能够到达你平时难以企及的高峰。

1992 年底，78 岁的 IBM 仿佛患上了老年痴呆症，一下子陷入了亏损额 50 亿美元的泥坑里，举步维艰。

昔日威风八面的蓝色巨人变成没人理睬的乞丐。GE 的杰克·韦尔奇与 SUN 的麦克尼里等专家、高手都拒绝高薪，不愿意去挽救 IBM。

后来，IBM 费尽力气，终于说服了路易·郭士纳前去执掌 IBM 的帅印。于是，被媒体描述成“一只脚已经踏进了坟墓”的 IBM，迎来了这位对 IT 行业完全陌生的新 CEO，后来被世人津津乐道的传奇人物郭士纳先生。

不过，当时大家知道郭士纳先生要接掌 IBM 时，很多人向他投去了怀疑的眼光或冷嘲热讽的态度。他们认为：一个靠经营食品业起家的人，一个对计算机完全外行的人，又如何能担当得起这一重任呢？

但是，随着时光的流逝，郭士纳先生给大家的结果是惊喜！因为，今天我们已经看到，一个当初亏损 81 亿美元的 IBM 公司，如今已经变为销售额高达 860 亿美元，赢利 77 亿美元的行业楷模。公司的股票价值增值了 800%，市值增长了 1800 亿美元。

这些惊人的数字，就是当初那位计算机行业的“门外汉”路易·郭士纳先生带领 IBM 员工们创造出来的。这是一个给那些怀疑“门外汉”做不了专业活的人的最好反击。

郭士纳先生的成功带给我们这样一个启示：世上无难事，只怕有心人。面对困难，只要你勇于尝试，利用新思维，积极寻求解决方案，那么“不可能”也能够变为“可能”。

张小姐从旅游学院毕业不久，就到一家著名饭店当接待员。参加工作不久，她就遇到了一个棘手的问题。

那天，一位来自美国的客人焦急地向值班经理反映：来中国前，他就预订了法国—日本—香港—北京—西安—深圳—新加坡的联票。但是，由于疏忽，一张去西安的机票没有及时确认，预定的航班被香港航空公司取消了。这一下他急了，他到西安是去签订合同的。如不能及时赶到，将造成很大的损失。

酒店的老总当即安排张小姐和另外一位老接待员解决这一问题。她们一起到民航售票处，向民航的售票员介绍了有关情况，希望她能够帮忙解决这一问题。

但售票员的回答是：“是香港航空公司取消的航班，和我们没有关系。”

还有其他办法吗？再重新买票已经来不及了，因为票已经全部售完了。

于是她们再一次向售票员重申：“这是一个很重要的外国客人，如不能及时赶到会造成很大的损失。”但售票员的回答仍然是：“对不起，我也无能为力。”

张小姐问：“难道就再没有别的办法吗？”

售票员说：“如果是重要客人，你们可以去贵宾室试试。”

她们立即赶到贵宾室。但在门口就被拦住了，工作人员要求她们出示贵宾证。这一下她们又傻眼了。此时此刻，到哪里去办贵宾证啊？

张小姐不甘心，又向工作人员重申了一遍情况，但工作人员还是不同意让她们进去。她突然动了一个念头，于是问了一句：“假如要买机动票，应该找谁？”

回答是：“只有找总经理。不过我劝你们还是别去找了，现在票紧张得很呢！”

碰了这么多次壁，同去的接待员已经灰心丧气了。她想：要找总经理，那恐怕更没有希望。于是，她拉着张小姐的手说：“算了吧，肯定没希望了，还是回去吧，反正我们已经尽力了。”

那一瞬间，张小姐也有点动摇了，但很快她又否定了自己的想法，还是毫不犹豫地向总经理办公室走去。

见到总经理后，她将事情的来龙去脉又讲述了一遍。总经理听完之后，看着她满是汗水的脸，微微一笑，问：“你从事这项工作多长时间？”

得知她刚刚参加工作，总经理被她认真负责的态度感动了，说：“我们只有一张机动票了，本来是准备留下来给其他重要客人的。但是，你的敬业精神和对客人负责的态度让我非常感动。这样吧，票就给你了。”

当她把机票送到焦急的客人手上时，客人简直是喜出望外，酒店的总经理知道这件事后，当着所有员工的面对她进行了表扬。不久，她被破格提拔为主管。

一次，她对一个朋友讲述了这个故事。朋友问她：“你为何能做到这点？”

她回答说：“其实，当我的同事说一点希望也没有的时候，我也很想放弃，我已经被拒绝多次了，我也怕见到总经理后，仍然会遭到拒绝。

“但是，我不想放弃最后的一点希望。这件事让我明白了一个道理：无论遇到什么样的困难，只要你肯努力，不轻易放弃，总会找到解决办法的。”

西方有句名言：“一个人的思想决定一个人的命运。”不敢向高难度的工作挑战，是对自己潜能的限制。

“职场勇士”与“职场懦夫”，在老板心目中的地位有天壤之别，根本无法并驾齐驱、相提并论。一位老板描述自己心目中的理想员工时说：“我们所急需的人才，是有奋斗进取精神，勇于向不可能完成的工作挑战的人。”

思维不懈怠，心理也制胜

勇气是一个人战胜困难的法宝。有时候，我们缺乏的不是解决问题的智慧和毅力，而是缺乏战胜困难的勇气，心可以突破阻挠，粉碎障碍。面对困难，只要你永不懈怠，永不放弃，那么，所有的困难和障碍都能够被你征服。

有一位撑竿跳的选手，一直苦练都无法越过某一个高度，他失望地对教练说："我实在是跳不过去。"

教练问："你心里在想什么？"

他说："我一冲到起跳线时，看到那个高度，就觉得我跳不过去。"

教练告诉他："你一定可以跳过去，把你的心从竿上摔过去，你的身子也一定会跟着过去。"

他撑起竿又跳了一次，果然跳过去了。

心，可以超越困难，可以突破阻挠；心，可以粉碎障碍。只要你内心不放弃，所有的困难和障碍，都能够被你征服。

克鲁尔出生于美国一个工人家庭。由于家庭经济不富裕，他边打工边学习。在校期间成绩优秀，文笔很好，被选为校刊主编，把刊物办得很有生气，得到校长、老师、同学们的好评。18 岁那年进了耶鲁大学，两年后，他离开耶鲁大学，进了陆军宪兵队。

克鲁尔热爱学习，肯于钻研，他不甘心就此放弃学习，便辞别宪兵队，又到拉特格斯大学学习。由于在校级橄榄球比赛中表现突出，被选为橄榄球队队长。后来被选入全美橄榄球队。

他的一篇学术论文引起了《新闻周刊》的注意，他们采访了克鲁尔，并从中了解到克鲁尔今后的打算，当律师或投身广告事业，不过主意未定。

这个消息被杨—鲁比肯广告公司的一位高级副经理知道了，马上打电话邀请克鲁尔到公司来，并诚恳地说："到广告公司，我们将为你提供一个好的发展平台，而且你的专业知识也有可能用得上。"克鲁尔就这样选择了广告行业。

1971年，克鲁尔被董事长奈伊破格提升为主管国内广告业务的总经理，1980年，43岁的克鲁尔被任命为总经理，执掌着拥有24亿资产的杨—鲁比肯广告公司的大权。

克鲁尔的信条之一："困难是暂时的，只要努力，最终就能战胜它。"20世纪70年代初，杨—鲁比肯公司经营出现了危机，一些高级员工纷纷辞职，另找出路，克鲁尔也曾动摇过。董事长奈伊挽留他，并让他把设计部整顿一下，克鲁尔接受了这一任务。他认为设计部是广告公司兴衰存亡的关键部门。

他分析了设计部杂乱、骄纵的症结所在，那就是明明在广告设计上大有所为，可他们的力气总不花在点子上。有时候，他们把客户想解决的问题压根儿给忘了。根据上述分析，克鲁尔设计了一套改造设计部的程序。

首先整顿设计部的领导班子，克鲁尔选拔了一批精明、强干、勤劳、能吃苦的骨干；其次是坚决改变设计部工作各行其是，不尊重客户的风气。克鲁尔抓住要害问题，经过半年多夜以继日的奋斗，终于使设计部焕然一新，公司很快打开了新局面，扭转了颓势。

从此，克鲁尔也从普通的设计业务人员，一跃成为出类拔萃的管理者，成为主管复杂的服务性企业的实干家。

1974年，西荣斯床垫公司突然宣布，终止委托杨—鲁比肯公司经办广告业务。克鲁尔知道后，马上召集公司设计人员，开了一个极短的会议，仅仅用了36个小时，就准备出了一整套配有布景和音乐的全新广告——"西荣斯床垫公司"的专题广告艺术宣传。

通过演员们生动、风趣的演出，给企业界人士留下了深刻的印象。不出一小时，西荣斯床垫公司宣布，鉴于杨—鲁比肯公司出色的广告宣传，该公司将继续委托它经办广告业务。这次富有极大的挑战性的广告战，是克鲁尔打得最漂亮的广告战。

克鲁尔在企业遭遇困难时不是找理由逃避，而是积极寻找解决问题的方法。他把一个运动员在运动场上夺魁称雄的拼搏精神运用到企业经营中，永不懈怠、进取不停，从而使自己在职场中屡屡得胜。

勇气是战胜困难的法宝。有时候我们不是缺乏解决问题的毅力和智慧，而是缺乏战胜困难的勇气。

成功者与失败者之间的分水岭，有时并不在于他们之间有天大的差距，而在于一点小小的勇气。当我们超越众人禁锢得有些麻木的思想，勇敢地迈出那一步时，我们会惊喜地发现，原来成功的门对我们从不上锁。

很多时候，害怕困难的“消极思维”会使困难在想象中放大一百倍，而当你以积极的态度去面对时，就会发现那些问题与困难根本微不足道。

第二章

社交商

利用思维导图提高情商

著名 GOOGLE 公司中国区总裁李开复曾说：“情商意味着：有足够的勇气面对可以克服的挑战、有足够的度量接受不可克服的挑战、有足够的智慧来分辨两者的不同。”自 20 世纪 90 年代以来，一个新的名词“情商”被人们普遍使用，有研究者甚至认为，一个人的成功，情商因素远远大于智商因素。

那么什么是情商呢？情商是怎么被人们发现的，这个概念又是谁提出来的？我们能不能把握自己的情商呢？

科学研究的结果表明，人的情商不是一成不变的，是可以通过对大脑的开发及科学的训练能够得到不断提高的。大量的实践证明思维导图就是可以引导大家迅速提高情商的有力工具。

情商就是情绪商数，情绪智力，情绪智能，情绪智慧。也就是我们经常说的理智、明智、理性、明理，主要是指的你的信心，你的恒心，你的毅力，你的忍耐，你的直觉，你的抗挫力，你的合作精神等等一系列与人素质有关的反映程度。它是一个人感受理解、控制、运用表达自己以及他人情绪的一种情感能力。

1995年，美国哈佛大学心理学教授丹尼尔·戈尔曼提出了“情商”（EQ）的概念，认为“情商”是一个人重要的生存能力，是一种发掘情感潜能、运用情感能力影响生活各个层面和人生未来的关键品质因素。戈尔曼认为，在成功的要素中，智力因素固然是重要的，但情感因素更为重要。

丹尼尔·戈尔曼在其所著的《情感智商》一书中说：“情商高者，能清醒了解并把握自己的情感，敏锐感受并有效反馈他人情绪变化的人，在生活各个层面都占尽优势。情商决定我们怎样才能充分而又完善地发挥我们所拥有的各种能力，包括我们的天赋能力。”丹尼尔·戈尔曼所偏重的是日常生活中所强调的自知、自控、热情、坚持、社交技巧等心理品质。

为此，他将情商概括为以下五个方面的能力：

（1）认识自身情绪的能力；

（2）妥善管理情绪的能力；

（3）自我激励的能力；

（4）认知他人情绪的能力；

（5）人际关系的管理能力。

哈佛心理学家麦克利兰研究一家全球餐饮公司，发现高情商的人中，87%业绩突出，奖金额领先，其所领导的部门销售额超出指标15%～20%。而情商低的人，年终考评成绩很少取得优秀，其所领导的部门业绩低于指标20%。所以，著名的二八法则告诉我们：成功的20%靠智商，80%靠情商。

在这里，有三种提升情商的途径：

1. 学会控制情绪是提升情商的前提

很多人在情绪发作过后，错已铸成的时候，才后悔当初没有控制好自己的情绪，其实问题的所在并不是他没有控制情绪的能力，而是他没有在日常生活中养成控制自己情绪的习惯，没有认识到失去控制的情绪是可以随时将人带入天堂或地狱的。

情商较高的人往往能有效地察觉出自己的情绪状态，理解情绪所传达的意义，找出某种情绪和心境产生的原因，并对自我情绪作出必要和恰当的调节，始终保持良好的情绪状态。

情商较低的人则因不能及时地认识到自我情绪产生的原因，而无法有效地对情绪进行控制和调节，导致消极情绪如雾一样弥漫心境，久久难以消退。

所以，要想完善自己的行为，必须从头脑开始打造自己。而要打造高情商，就要通过反复的实践去领悟，让思想逐渐感化自我。我们要通过加强修养逐渐学会控制自己的情绪，如果你能够成为驾驭自己情绪的主人，你未来的人生肯定会更加美好。

2. 培养自信心是提升情商的基础

自信，是一个人做任何事情的基础、获取成功的基石。怀着自信的心态，一个人就能成为他希望成为的样子。

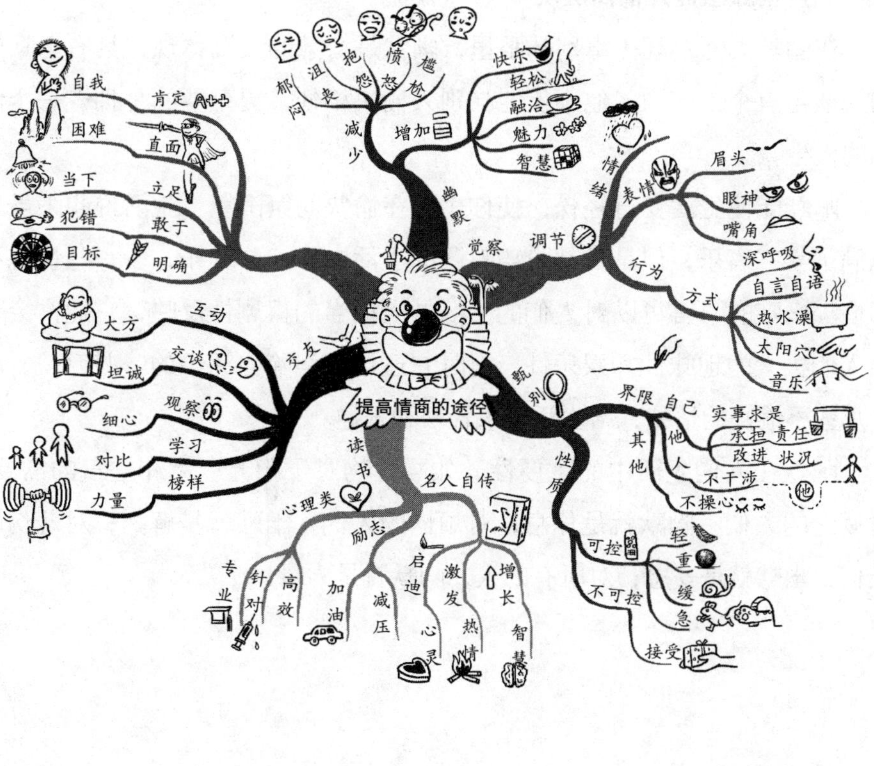

生活中蕴藏着这样一个道理，强者不一定是胜利者。但是，胜利者都属于有信心的人。一个不能说服自己能够做好所赋予任务的人，不会有自信心。

平时，对自信习惯的培养很重要。对事情进行分析，找出事情获得成功的关键因素，对非关键性因素，自己的非能力，要正确面对，要学会抓大放小。

一个具有自信心的人，通常会认为自己有智慧、有能力，至少不比别人差；有独立感、安全感、价值感、成就感和较高的自我接受度。同时，有良好的判断力、坚持己见，具有良好的合作精神和适应性。

一个自信的人，不会在任何困难面前轻易低头。你觉得自己将一无是处，你就不会再向更高的目标努力。因为良好的自我心像表现出来就是自信心。

3. 用幽默感提升情商层次

在幽默大师查理·卓别林眼里，幽默是智慧的最高体现，具有幽默感的人最富有个人魅力，他不仅能与别人愉快相处，更重要的是拥有一个快乐的人生。

幽默能使生活变得轻松，使你生活在愉快的氛围里。生活说起来虽然充满了喜怒哀乐，但是谁都盼望自己的生活中多一些欢乐，少一些忧愁和烦恼。幽默的语言可以对人们的生活做出恰当的喜剧性反映，它通常会带给人们极大的趣味性和娱乐性，有时它还可以消除生活中的一些窘境，减少那些不愉快的情绪，给生活带来轻松和乐趣。

幽默在人们生活中的重要性，如同生物对于阳光、水和空气的需要。对疲乏的人们，幽默就是休息；对烦恼的人们，幽默就是解药；对悲伤的人们，幽默就是安慰；对所有的人，幽默就是力量！

用爱心和诚信编织自己的社交网络

生活中，当你迫切需要有一位知心朋友、一份新工作、一栋新房子或提升你的专业技能时，你可以去找专业人士咨询。但是如果你拥有一个完好的社交网，你完全可以不花这份“冤枉”钱，你所需要的一切建议都可以从社交网中免费获得，而且是最快速、最安全、最可靠的。

当然，这个前提是你必须用爱心和诚信来编织。同时你需要建立一个自己的朋友档案。

那么，平时应该怎样建立自己的朋友档案呢？

首先，你可以把上学时的同学资料做一个记录整理出来，当毕业几年甚至几年后，你会有很多同学分散在各种不同的行业，有的可能已经在某个行业小有成就。当你需要帮忙时，凭着你们原来的同窗关系，他们一定会帮你忙的。这种同学关系还可从大学向下延伸到高中、初中、小学，如能充分运用这种关系，这将是你一笔相当大的资源和财富。当然，要建立起这些同学关系，你得经常与他们保持联系，并且随时注意他们对你的态度。

其次，整理你身边朋友的资料，对他们的具体情况做个详细记录。他们的住所、电话、工作等。工作变动时，也要在你的资料上随时修正，以免需要时找不到人。

同学和朋友的资料是最不能疏忽的，你还可以在档案中记下他们的生日，并在他们生日时寄上一张贺卡，或者一份精美礼物，这样你们的关系一定会突飞猛进。平时注意保持这种关系，到你有事相求时，他们一定会尽力相助，万一他们自己帮不了你，也可能动用自己的关系网为你帮忙。

同时，在应酬场合中认识的“朋友”也不能忽略，尽管你们只交换过名片，还谈不上交情。这种“朋友”面很广，各行业各阶层都有，所以你应该保留好这些名片，并且在名片上尽量记下这个人的特征，以备再见面时能“一眼认出”。

现代社会，电脑已经成为很多人不可缺少的办公设备，因此你也可以用电脑建立一个朋友档案。也有人用笔记簿，还有人用名片簿，这些都各有长处。

不管你使用什么方法，在建立这种档案时，有几点你必须记住：每个朋友对你都有用处，每个朋友都不可放弃，每个朋友都要保持一定的关系。

人与人之间的感情是在相处中慢慢培养出来的，人与人之间关系也会随着感情的加深而加深。在现代社交中，不仅要拥有自己的朋友档案，还要学会如何与他人和谐相处，这样才能将“社会关系”这张网编织完美。

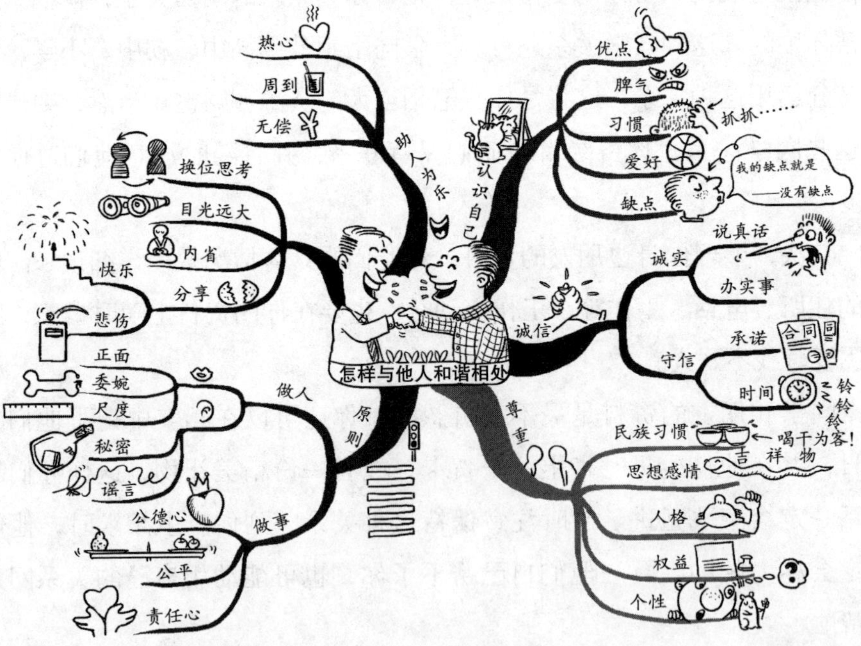

那么，怎样才能使自己广结人缘并与他人和谐相处？

要想与人和谐相处，最起码应该做到以下几点：

（1）要学会真诚地欣赏和赞美别人的长处，因为每个人的身上都有自己闪光的一面，所以学会欣赏并赞美别人，是赢得友谊的第一步；

（2）在与人相处时，不要处处争强好胜，处处显得比对方强，这样容易引起对方的反感，甚至引发矛盾；

（3）在与人交往中，应学会分享别人的喜怒哀乐，注意给他人以支持和鼓励；

（4）要学会尊重和认可他人的独特性，尊重他人的隐私权，给他人以独处的空间和时间。

只有当我们了解了他人和自我之后，才会积极主动地与他人交往，取得他人的认可和接受，以乐观向上的态度面对生命的每一天，学会善待自己，善待他人，是与他人和谐相处的基础。

生活中，只有你懂得了怎样与人和谐相处之后，才能结交更多的好朋友，学习到更多的东西，甚至帮助你迈向更大的成功。相反，也许你很能干，聪明过人，可是不懂得维护自己的“网络”，搞得关系紧张，人们不喜欢你，那么很多人为的机遇就会与你失之交臂，到头来你将一事无成。

现在，请你找出一张空白纸出来，画一幅表示你人际关系的思维导图，衡量一下自己与人交往中，爱心和诚信的重量是多少？接下来，你就知道该怎么做了。

换位思维法

换位思考是人际交往的重要方面，可以避免争端，有效缓和人与人之间的矛盾。

换位思考的一个特点是，必须站在对方的立场去感受和思考。如果我们总是站在自己的位置上去"猜想"别人的想法及感受，或是站在"一般人"的立场上去想别人"应该"有什么想法和感受。那么，可想而知，会有一个什么样糟糕的结果。

有时候，我们看起来是在为对方思考，但是，你不仅没有因此而得到别人的感激，甚至还惹起别人的反感。当事情的后果不如我们所想象或期待时，我们也多半觉得委屈，觉得"出力不讨好"。那么，事情是不是真的这样呢？还是有其他原因？

仔细分析就会发现，这种换位思考并不是真正的换位思考，而是以本位主义来了解别人的想法及感受，这并非真正地为别人着想，因为它忽略了"对方"真正的想法及感受。这样导致的结果有可能使彼此间的关系变得更加紧张，因为大家都没有彼此完全理解或欣赏对方的观点。

比如，A、B 两个人以前是很好的伙伴，这次闹了矛盾，A 总觉得是 B 伤害了自己，他就认为是 B 不好。而 B 认为是 A 伤害了自己，他也觉得 A 不好。如此下去，两人的误会越来越深，甚至到了无法调和的地步。

但是，运用思维导图就可以化解开两人的矛盾，给双方提供一个交流的平台，避免更负面的影响。

另外，还可以借助思维导图的发散性和无所不包的本质，使矛盾双方把各自的问题放在一个更为宽广和积极的环境下加以分析考虑。

不得不承认的是，在使用思维导图较为广泛的地方，不少人因为制作思维导图，真正地互换位置为对方考虑，最终成功挽救了彼此间的友谊。

比如，面对 A、B 两个的误解，我们同样可以用思维导图化解，但前提是，两人都完全认可并理解思维导图的理论和应用方面的有效作用。

首先，矛盾双方可以分别制作一个思维导图，把自己体会到的问题和对方在交流时表现出来的问题罗列出来。

比如，A 在中央图像的上下两端画上两个人的人脸，中间由一条粗线连接，然后围绕两人表现出一些基本的人性特征。

A 在中间连接线的左边标出影响两人的消极特征，是对两人不利的方面；在连接线的右边标出两人的积极特征，而且是有助于解决问题的方面。

同时，A 还可以在图形的左边列出引起两人矛盾的环境因素，而右边可以相应地列出可以克服冲突问题的一些特征品质和方法。

另外，A 为了表达换位思考的重要性，达到消除误会的目的，还可以在消极的一面画上表示交流被完全封闭，彼此听不进任何意见的图像，代表着冲突、争斗和不团结；在积极的一面画上笑脸，表示创造、友善、幸福和高效率。

B 也需要制作一幅单独的思维导图，把自己对冲突事件的认识，喜欢以及讨厌对方的一些方面罗列出来，包括解决问题的方案。

为了使问题细化、客观，两个也可以分别画三幅思维导图，把喜欢对方、讨厌对方、解决方案分别绘制出来。

然后，两人可以坐在一起进行正式讨论，两人也可以轮流表达自己的观点，可以先针对负面的消极的思维导图，再讨论积极的思维导图，最后一起探讨解决的方案。

两人在探讨过程中，允许一方发表意见，另一方只是聆听，一定要听对方讲完。或者在事先准备好的白纸上，把对方的观点全面而准确地做成思维导图。当另一方发表意见的时候，互相轮换，一方同样制作思维导图。

最后的关键是，两人彼此交换意见，包括探讨解决问题的方法。紧接着，两人可以把双方意见中一致的地方找出来，并确定一个行动方案，使冲突得到最大程度的化解。

悉心倾听，开启对方的心门

倾听是一门艺术，运用思维导图，同样可以艺术地帮助我们。

古罗马诗人帕布利琉斯·赛勒斯曾经表示：一个人对他人感兴趣的最好、最简单、最有效的方法就是倾听他们说话——真正在听，关注他们说的每一句话，而不是站在那里盘算自己接下来该说些什么话题或奇闻逸事!

积极的悉心的倾听，能够表明你对对方的重视和尊重，能够轻易获得对方的好感，是走进他人内心的钥匙。

如果你在同别人谈话时，对方将脸扭向一边，一副漫不经心、爱理不理的样子，那么你的谈话兴趣就会突然大减。也许你会猜测，对方一定是不想我继续说下去，或者提醒我“不要再说下去了，我根本就没有听进去！”于是，一场谈话只能半途而废。

其实，倾听别人说话就是这样，你若能耐心地听对方倾诉，这就等于告诉对方“你说的东西很有价值”、“你是一个值得我结交的人”。无形中，对方的自尊得到了满足。这样，彼此心灵间的交流就会使双方的感情距离越来越近。可见，善于倾听无形中起到了褒奖对方的作用，是建立良好人际关系的一个必要的手段。

交谈与倾听过程中，其实是按照一定的顺序进行的，不是想说什么就说什么，想什么时候说就什么时候说。即，需要双方的相互配合才能使谈话进行下去。

在这里，为你介绍几种倾听的艺术，供你参考：

（1）创造一个适合交谈和倾听的环境。比如环境很安静，能使对方达到身心放松的状态；

（2）在倾听对方说话过程中，要适时地表现出积极的身体语言，你能获取比对方说的话本身更多的内容；

（3）利用眼睛的优势，热情的目光可以表明你对聆听非常感兴趣，因而也仍然对他人感兴趣；

（4）客观看待一些容易触发我们负面情绪的词汇，试着用更开放的态度去看待它们；

（5）学会一边聆听一边注意思考对方的身体语言，及时捕捉到对方的弦外之音，但不能表现出走神；

（6）在不必要的情况下，尽量不要打断对方的讲话，注意对方的陈述；

（7）如果要插话的话，注意你讲话的时间不能太长，千万不要使对方变成你的聆听者；

（8）注意把握最核心的问题，如果对方的讲话已经脱离主题，你可以巧妙地把话题拉回来；

（9）心态要保持平和，充满耐心，自己更不能有偏见，不要造成争论的发生；

（10）不要随意猜测对方的意思，更不宜提前说出你的结论；

（11）在某些场合可以做笔记，不仅有助于你的聆听，也会让对方感觉到你对他讲话内容的重视；

（12）聆听着要懂得随声附和，并配合对方的表达速度而进行思考，跟着对方的节奏走，遇到不懂的问题要提出疑问，并得到确认。因为这些语意不清或不了解的话，可能就会造成以后彼此的误会；

（13）最后，当你耐心地听完对方的谈话后，自己也应该说一些和对方的话题有关的话。比如对对方说："我对这些方面也很感兴趣。"接着可以继续说下去，甚至使自己变成说话者，对方变成聆听者。这样经过及时交换位置的谈话也是交流取得成功的关键所在。

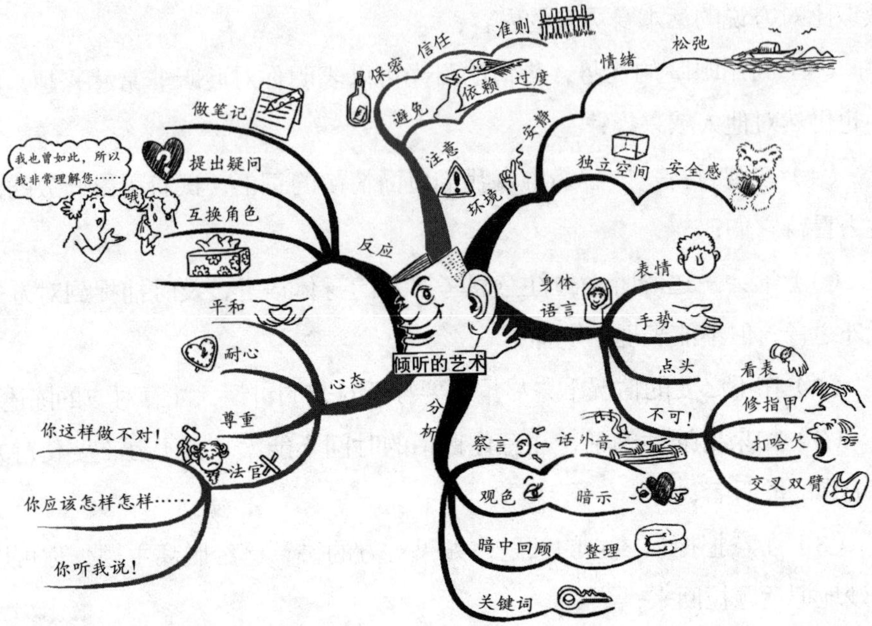

如果你是一个好的聆听者，善于倾听别人说话可以获得的 3 种好处：

1. 因为倾听而获得理解

如果你不能理解对方的谈话，你就不可能使事情很有条理地进行。而你能不能理解对方的谈话，完全取决于我们能不能专心聆听对方的谈话。

2. 因为倾听而可以下判断

如果你不能聆听对方的谈话，如何去判断他的想法。不能判断他的想法，就根本不能够利用他的想法创造有利于自己的状况。

3. 因为倾听而影响对方

在你聆听别人说话的同时，可以思考出如何影响他的方法。你提供对方说话的机会，就是让对方把说服你所必备的利器交到你的手中。但是，你必须记住，为了影响别人而聆听他人说话时，不可以有先入为主的观念，而必须敞开胸怀仔细聆听才可以。

当然，如果你能在聆听过程中，着手绘制思维导图的话，可以获得意想不到的好处，哪怕是在纸上信手涂鸦，它也可以帮助你集中注意力，能够挖掘你惊人的大脑智能，是比一般线性笔记更能让你轻松记住更多内容的方式。

同时，思维导图还可以在你大脑中用词汇和图像创造出丰富的联想，而且思维导图画得越独特，色彩越丰富，效果就越好。

如何打造个人品牌

美国商业图书《个人品牌》的两位作者戴维·麦克纳利和卡尔·D. 斯皮克指出，要想利用企业智慧来推动个人成功，要想拥有和谐愉快的生活，你就要像那些“品牌明星”们一样，建立起自己强有力的个人品牌，让大家都真正理解并完全认可你。

你想知道21世纪最巧妙的职场成功法则吗？答案就是打造个人品牌。美国著名管理专家汤姆·彼得斯曾说：“大公司都了解品牌的重要性……现在，在个人主义时代，你必须拥有你自己的个人品牌。”

在经济活动中，品牌的概念有很准确的定义：品牌是买主或潜在买主所拥有的一种印象或情感，描述了与某组织做生意或者消费其产品或服务时的一种相关体验。

将品牌的概念放在个人角度去考虑，那就是：你的品牌是他人持有的一种印象或情感，描述了与你建立某种关系时的全部体验。

你的品牌就是你的身价！美国电影明星伍迪·艾伦说：“只要在工作中为人所知，那么，你就成功了90%。”对一个演员来说，这是至理名言。而对于职场来说，个人品牌同样重要。

个人品牌的价值影响到你在职场上的成功与否，而提升你的品牌价值无疑是最关键的一步。那么，怎样打造自己的个人品牌，为自己在职场成功打下基础呢？

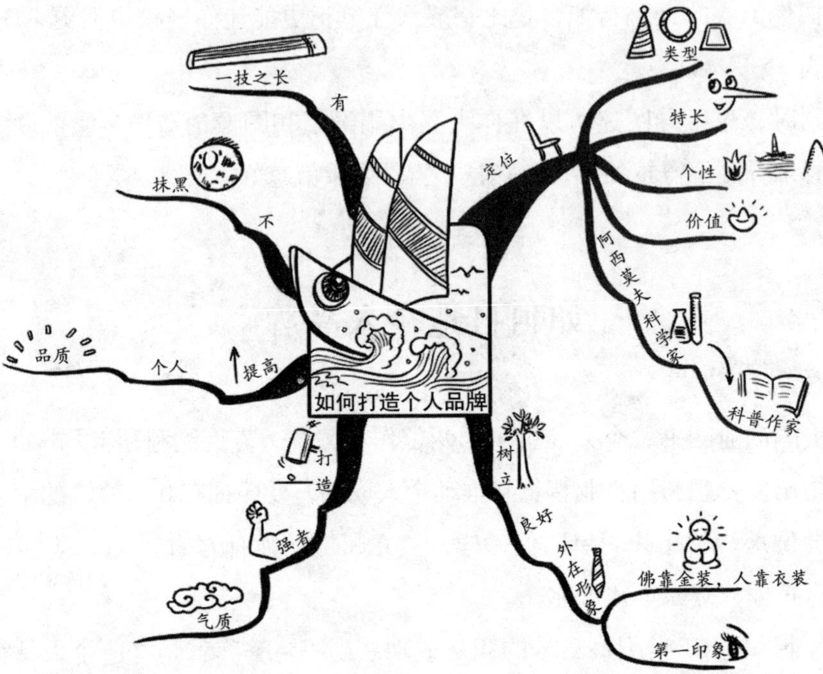

1. 给自己的个人品牌进行定位

你想成为什么类型的员工？你的个人特长在哪儿？你的个性适合从事什么样的工作？你目前的工作有价值吗？不同的人会有不同的职场定位。找出自己在职场存在的独特价值，是个人品牌定位的关键。

阿西莫夫是一个科普作家，同时也是一个自然科学家。一天，当他正埋头进行科学研究的时候，突然意识到："我不能成为一个一流的科学家，却能够成为一个一流的科普作家。"

于是，他把全部精力放在科普创作上，终于成了当代著名的科普作家。

打造个人品牌的第一件事，就是找出自己与他人不同的特质，给自己一个准确的定位，然后沿着这种定位不懈地努力下去。

2. 树立良好的外在形象

俗话说："佛靠金装，人靠衣装。"你的外在形象直接影响着别人对你的评价、估量，你穿得气派，无形中就抬高了自己的身价，别人觉得有利可图，就容易答应你的要求。你衣着寒酸窝囊，别人认为无油水可捞，可能一口回绝你的请求。

一个人的外貌的确很重要，穿着得体的人给人的印象就好，这等于在告诉大家:“这是一个重要的人物，有智慧、有成就、可靠。大家可以尊敬、追随、信赖他。他自重，我们也尊重他。”反之，一个穿着随便的人给人的印象就差，它实际在告诉大家:“这是个没什么作为的人，他马虎、没有效率、没有地位，他只是一个普通人，不值得特别尊重。”

人的第一印象是最深刻的。长相凶恶的人令人害怕，缺乏自信的人总是让人觉得猥琐。一些人之所以很容易博得别人的欢心，正是因为他能给人良好的第一印象，这正体现了外在形象的重要性。

3. 打造你的强者气质

一个人能否成就伟业，关键不在于他目前拥有什么，而在于将来能做什么，即是否具有潜能、爆发力等强者素质。假如你具有强大的领导能力和开拓能力，具备成才的优良素质，即使现在身无分文、毫无社会地位，仍可保持一种吸引人的巨大魅力，让接触你的人佩服你、尊敬你。这就是一种强者气质。

其实，考验一个人是否具备强者气质，不在创业之始，甚至不在成就事业之后，而是在开拓事业的过程中，尤其表现在突然遭受重大挫折之时，即距离成功目标的道路越长，遭遇波折越大，越能体现一个人是否坚强，越能检验一个人的耐力和勇气。事实上，任何一个具备强者气质，并终成大业者，都是在磨难与痛苦中接受历练而成熟起来的。

拥有了强大的实力，优良的气质，一个人才能成就一番事业。

4. 提高自己的个人品质

正如企业品牌、产品品牌一样，个人品牌也要有知名度、美誉度，尤其是忠诚度。也可以说，个人品牌就是能力和品质，其最基本的特征是具备两个高质量——个人业务技能和人品的高质量。即，既要有才更要有德，具有人格力量和人格魅力。

一个人仅仅工作能力强，而个人品质不高，是建立不起良好的个人品牌的，即使是暂时建立了，也不能持久，更不能令人信服。个人品牌讲究持久性和可靠性。拥有良好个人品牌的人，他的工作态度和工作能力是受周围的人所肯定的，也必定能为企业创造更大的价值。这样的人，受企业欢迎，让他人尊重，并且为社会所需。

5. 不给你的“品牌”抹黑

不给你的“品牌”抹黑，简单地说，就是不要让人对你的印象变坏，例如说你懒惰、势利、邪气、不忠、无情、粗鲁、阴险……一旦你被这样评论，那么你的个人品牌度必定降低，虽然你事实上并不是那样的人；而在关键时刻，这些评语极有可能对你造成伤害。

6. 要有一技之长

在当今社会，全才不过是天方夜谭，于是，专家出现了。专家其实只意味着他对某个专业的某个细节了解得比别人多一点而已。既然我们已经无法成为全才，那么，不妨试着去了解某个专业的某些细节吧，越细越好，这样，当别人有疑问时，首先想到的肯定会是你。

小陈在参加一家县级杂志社的招聘考试时，面对学历高、专业对口的众多竞争对手，却意外地成了一匹黑马。原来小陈擅长撰写新闻评论，多年的潜心经营使他在这个县城小有名气，形成了个人特色鲜明的“职业品牌”，而招聘方正缺这种在某个领域能独当一面的专业人才。

在求职过程中，一些求职者虽然学历高、知识面广，却被拒之门外，其中一个很重要的原因便在于他们十八般武艺样样都通晓一二，但没有一样拔尖，不具备出奇制胜的利器，也就失去了令人刮目相看的“职业品牌”。

21世纪是品牌时代，在职场中也应尽快建立起自己的个人品牌，从而成为能让老板和同事记住的人，说到你，能让人马上想到你许多与众不同的优点，比如你的业务能力、你的亲和力等。在这个有着充分选择自由的时代，如果在职场中具有了自己的个人品牌，就会有更多选择的机会和更多向上发展的机遇。

关照别人等于关照自己

钓过螃蟹的人或许都知道，篓子中放了一群螃蟹，不必盖盖子，螃蟹是爬不出去的，因为只要有一只想往上爬，其他螃蟹便会纷纷攀附在它的身上，结果是把它拉下来，最后没有一只出得去。

企业里常有一些人，不喜欢看同事的成就与杰出表现，天天想尽办法破坏与打压，殊不知，这样既害了别人也耽误了自己。时间一久，企业里只剩下一群互相牵制、毫无生产力的“螃蟹”。

每个人从开始正式工作那天起直到退休，总在与同事打交道。雇用、解聘、受命、指示、挨批评、受表扬……几乎无时不在以同事为参照物，无时不在周旋、生存于同事圈。

与不同时期的同事建立包含友谊色彩的私交，可以说对事业、对工作、对生活都是极其有利的。大凡胸怀大志并取得成功的人都善于从自己的同事那里汲取智慧和力量，以及获得无穷的前进动力。

一个员工若想得到老板的赏识，就必须与同事建立良好的人际关系。而良好人际关系的基础，绝不会是自大、自负的结果，而应是在做好自己工作的基础上，懂得为其他同事着想，必要时帮助同事处理某项工作。

职场中，我们应对同事心怀感恩，即使你凭一己之力得来的成果，也不可独占功劳。让那些属于同一部门，曾经协助过你的同事一起来分享这份荣耀吧！

别担心你所扮演的角色会被人遗忘，因为你的所作所为在上司眼中瞧得清清楚楚，如果自己一味卖弄、夸耀，反而会落得邀功之嫌，当然，同事也会觉得十分反感。

相对的，如果大大方方地和同事分享功劳，一方面可以做个顺水人情，另一方面上司也会认为你很懂得搞好人际关系，而给你更高的评价。

可是卖这份人情的手法必须做得干净利落，不可矫揉造作，更不可对同事抱着“施恩”的态度，或希望下次有机会讨回这份人情。所谓放长线、钓大鱼，将目光放远才是上策。

第三章

合作共赢

有一种成功叫共赢

21世纪是一个全球一体化的共赢时代，合作已成为人类生存的重要手段。随着科学知识向纵深方向发展，社会分工越来越精细，人不可能再成为百科全书式的人物。每个人都要借助他人的智慧完成自己人生的超越，所以这个世界既充满了竞争与挑战，又充满了合作与快乐。

合作共赢不仅使科学王国不再壁垒森严，同时也改写了世界的经济疆界。我们正经历一场转变，这一转变将重组政治和经济，将没有仅属于一国的产品或技术，没有仅属于一国的公司，也没有仅属于一国的工业。至少将来不再有我们通常所知的仅属于一国的经济。留存在国家界限之内的一切，是组成国家的公民。

所以，在这样一个大背景之下，共赢心态成为人们走向成功所必备的一种心态。

在这个纷繁复杂的社会中，每个人都需要别人的帮助。适应他人固然要心胸宽广和虚心学习，但如果仅仅是单方面地适应，则可能仍然得不到他人的支持与帮助。因此，具备施与心，还要具备帮助他人适应你的能力和习惯。

与对手竞争夺取成功是我们的奋斗目标。但合作共赢也是成功的一大趋势。人在通往成功的路上更多的是战胜自己，而不是战胜他人，更多的是与他人相互合作，而不是相互争斗。

我们所说的竞争是合作前提下的竞争，是竞争与合作的对立统一。试想，纵然你获取了万贯财产，可是由于品行问题搞得众叛亲离，成了孤家寡人，哪里有一点幸福感可言？成功与幸福始终是相伴而行的。缺乏情感的冷冰式的成功实际上是暂时的，伴随这样的成功而来的，更多的是痛苦，而不是喜悦。

人生在世，离开合作，谁也无法生存。因此，我们一方面提倡竞争，另一方面主张合作共赢。我们不能单纯为了小范围的个人利益而相互争斗，我们应该为了大范围内的共同利益而合作。多帮助他人，才可能得到更多的帮助。

俗话说得好，“投之以桃，报之以李”，今天你帮助他人，他可能不会马上报答，但他会记住你的好处，也许会在你不如意时给你以回报。退一万步来说，你帮助别人，他即使不会报答你的厚爱，但可以肯定的是，他日后至少不会做出对你不利的事情。如果大家都不做不利于你的事情，这不也是一种极大的帮助吗？

举个例子来说，中国人喜欢用筷子做餐具，用过筷子的人都知道，只有将两支独立的筷子放在一起才能夹起你想要吃的东西。这两支筷子也蕴含了一个道理，那就是和他人共赢会赢得更多。

曾经有一名商人在一团漆黑的路上小心翼翼地走着，心里懊悔自己出门时为什么不带上照明的工具。忽然前面出现了一点光亮，并渐渐地靠近。灯光照亮了附近的路，商人走起路来也顺畅了一些。待到他走近灯光时，才发现那个提着灯笼走路的人竟然是一位盲人。

商人十分奇怪地问那位盲人说：“你本人双目失明，灯笼对你一点用处也没有，你为什么要打灯笼呢？不怕浪费灯油吗？”

盲人听了他的问话后，慢条斯理地回答道：“我打灯笼并不是为给别人照路，而是因为在黑暗中行走，别人往往看不见我，我便很容易被人撞倒。

而我提着灯笼走路，灯光虽不能帮我看清前面的路，却能让别人看见我。这样，我就不会被别人撞倒了。”

这位盲人用灯火为他人照亮了本是漆黑的路，为他人带来了方便，同时也因此保护了自己。正如印度谚语所说：“帮助你的兄弟划船过河吧！瞧，你自己不也过河了！”

全球化的发展，使得人们之间的共同利益越来越多，与别人合作共赢，会使自己走向成功的更深一层。共赢是一种卓有远见和雄心的成功心态，也是新世纪新背景下新时代的要求。由于当代科学技术和社会的发展，对于一个立志开拓，希望获得成功的人来说，已经不仅仅需要个体的精进，而且还需要知识的高度集结作为成功的基石。

因此，你越是善于从群体中求知，越是不断地开拓新的求知领域，你就越有益于人与人之间的优势互补，使你的智能结构越是完美，越是富有应变能力，进而越是能够应付变化繁复的社会发展和科学技术的发展。

你要想成为 21 世纪的高效能人才、未来的成功者，就一定要有共赢之心，这是时代的要求，更应为每一个欲成大事者所共识。

用“沟通”抹去“隔阂”

一个不善沟通的人就不会有良好的人际关系，更不用说与别人合作，达到共赢，拥有成功的事业了。从某一层面上来说，一个人沟通所能达到的程度决定了他事业的品质。

我们每个人都是一个独立的个体，每个人都有不同的观念，不同的文化背景，不同的价值观，甚至有不同的语言。

但在社会这个群体中，个体便会聚集起来。一个人要把自己的想法向别人表达清楚需要沟通，一个人要从别人那里得到什么，也需要沟通。

人和人之间存在着差异，就必然会有隔阂。如果想要消除它，沟通是必不可少的。要拥有良好的沟通品质和沟通效果，最好遵循以下几个原则：

（1）多谈对方感兴趣的话题；

（2）多谈对方熟悉的事情；

（3）多谈对对方有利有益的事情；

（4）多用推崇、赞美的语言；

（5）多听少说。80%用于听，20%用于说；

（6）多问少说。80%用于问，20%用于说；

（7）多谈轻松的话题。

由上我们可以看出，在沟通中，学会倾听是至关重要的。不同的倾听会带来不同的结果：

（1）完全不用心的倾听。这种人心不在焉，只沉迷于自己的内心世界，这样就会产生很深的隔阂，甚至无法抹去。

（2）假装在倾听。这种人好像是在用身体语言倾听，有时还会复述别人的话来作回应，但实际上并未有实质上的沟通。

（3）选择性的倾听。这种人只沉迷于自己感兴趣的话题和自己关心的事情，虽然有所沟通，但却容易产生歧义。

（4）留意地倾听。这种人全心全意地凝神倾听，可惜他始终从自己的角度出发，看似沟通，但却从己方想对方，隔阂没有完全消除。

（5）同理心倾听。站在对方角度倾听，实现了与人的同步理解沟通。

沟通并无好坏之分，唯有去考虑其优点和缺点，才能解决问题。

想要拥有同理心，同步是第一步。在实际的沟通中，彼此认同既是一种可以直达心灵的技巧，又是沟通的动机之一。这样，在认同这个态度上，外在技巧和内在动机就结合得比较完美。认同经由同步而来，沟通关系都是从同步开始跨出第一步的。并且，认同的目的几乎就是达到同步，这就形成了一个奇妙的过程：同步——认同——同步。

作为沟通的第一步，同步指的是沟通双方彼此经过协调后所形成的、有意要达到同样目标时所采取的相互呼应、步调一致的态度。它意味着沟通在经过彼此的默许和暗示之后正走在通向顺利的路上。

只有当沟通双方站在对方的角度看问题时，同步才会开始。于是，彼此都寻找到共同点。各种共同点综合起来，沟通的可行性就大了。所以说，要沟通就得寻求同步。

如此看来，如果想与人很好的沟通，就要做到同理心倾听，这样做，就能够实现真正的沟通，使合作无阻碍，为共赢铺平道路。在对与人倾听的几种层次区分之后，你就可能通过观察判断，采取相应的配合措施，从而达到与他人有同感。

有了同感就可以更加顺畅地沟通。这其中相当重要的是投其所好。站在对方的角度，发现对方的兴趣立场，“知己知彼，才能百战不殆。”

无论是在哪种场合下与人交际，总是可以通过很多渠道了解到对方的喜好。对他人喜好之物表示兴趣，可以顺利地找到沟通的共同点。

但要做好投其所好并不是容易的，这个问题不适合主动挑起，更多的是要暗示，因为不经意和他人的兴趣爱好相一致，更令他人兴奋。

如果主动挑起话题，往往达不到效果。比如说一个喜欢书法的人，你要是主动去和他大谈特谈书法，他可能很厌烦，因为这方面他是专家，你所说的在他看来一句都说不到点子上。如果你无意中表示出兴趣来，让他来谈论，你们的沟通就会很迅速地达到融洽。不经意地表达出和别人一样的兴趣爱好，会让别人主动趋近自己。

寻找对方的兴趣点，达到知己知彼，沟通才能够畅通无阻，没有隔阂，使合作无间，携手共赢，走向成功之路。

合作才能出好牌

打牌往往有两个人是合作伙伴，两个人通力合作，优势互补，就可能在牌局中取胜，而不善于合作的人，就可能将好牌打成烂牌。

当雁鼓动双翼时，对尾随的同伴具有推动的作用，雁群排开成V字形时，会比孤雁单飞增加70%的飞行距离。蚂蚁的合作精神也令人震惊：在洪水肆虐的时候，蚂蚁迅速抱成团，随波漂流。蚁球外层的蚂蚁，有些会被波浪打落冲走。但只要蚁球靠岸，或能依附一个大的漂流物，蚂蚁就得救了。

人与人之间的相互交往是人功成名就的重要前提之一，集体与集体之间的精诚合作是它们共同取得利益的重要途径。对此，我国古代一位名人曾经说："合群得力，离群失援；得力则胜，失援则败。"正如一位成功的领导者在接受记者采访时说的："我的成功，10%是靠我个人旺盛无比的进取心，而90%全仗着我拥有的那支强有力的团队。"

团结就是力量。如果人心所向，众志成城，就会以最小的付出获得最大的收获。日本在二战后短短数十年就成为经济强国，很大一部分原因就是日本企业员工的团体精神。日本的企业成员不一定有血缘关系，但凡是进入某一企业共同工作者，即被认为是这一"家"的成员，这就是团体意识。

单打独斗的个人英雄主义时代早已过去了。领导虽然位高权重，但是如果缺少一批忠心耿耿的下属，还是很难成就大事的。任何组织现在需要的不仅是面面俱到的领导人才，更需要整个团队的合作精神。

管理大师威廉·戴尔在《建立团队》一书中指出："过去被视为传奇英雄，并能一手改写组织或部门的强硬经理人，在现今日趋复杂的组织下，已被另一种新型经理人取代。这种经理人能将不同背景、不同训练和不同经验的人，组织成一个有效率的工作团体。"

对企业组织管理有丰富经验，以负责教育培训工作而闻名于世的威廉·希特博士完全支持这一观点，他认为经理人要用"参与式"管理替代专断式管理。他说："与其试着由一个人来管理组织，为何不让整个组织一起分担管理的功能？"

如果没有下属的分工合作与齐心支持，领导的能力再强，也不会将公司管理得好。

1933 年，正当经济危机在美国蔓延的时候，哈理逊纺织公司却是祸不单行，一场大火将公司化为灰烬。哈理逊公司 3000 名员工失业，生活没有了保障。就在这个时候，董事会作出了一项惊人的决定：向全公司员工继续支薪一个月。消息传来，员工们惊喜万分，纷纷打电话或写信向董事长亚伦·傅斯表示感谢。

一个月后，正当他们为下个月的生活费发愁的时候，他们又收到公司的第二封信，董事长宣布：再支付全体员工一个月的薪酬。接到信后的第二天，这些员工纷纷回到公司，自发地清理废墟，擦拭机器，还有一些人主动去联系一些已经中断联系的客户。

员工们使出浑身解数，夜以继日地工作，恨不得一天干 24 个小时。3 个月后，哈理逊公司重新走上了正轨。当初反对傅斯这样做的人不得不佩服傅斯的智慧与精明。亚伦·傅斯站在灭顶灾难的边缘，以他超出常人的胆识和魄力赢得了人心，以他恒久的努力赢得了团队的力量，最后取得了事业的成功。

博取了人心，凝聚了合力，还有什么可以阻挡成功的步伐？“众人”齐心定能扭转乾坤，利益也有了保证。

人生的牌局上，我们都想着取得更大的成功，而与人合作就是最大的一张智慧牌。只有与他人合作，我们才会在成功的路上走得更远。

多用“我们”这个词

有一位心理学家，做过一项有名的实验，就是选编了三个小团体，并且分派三人饰演专制型、放任型、民主型的三位领导人，然后对这三个团体进行意识调查。

最终结果显示，民主型领导人所带领的这个团体，表现了最强烈的同伴意识。而其中最有趣的，就是这个团体中的成员大都使用“我们”一词来说话。

很多听过演讲的人，大概都有这样的感受：就是演讲者说“我这么想”比“我们是否应该这样”使你觉得和对方的距离更远。因为“我们”这个字眼，也就是要表现“你也参与其中”的意思，所以会令对方心中产生一种参与意识，按照心理学的说法，这种情形是“卷入效果”。

小孩子在玩耍时，经常会说“这是我的东西”或“我要这样做”，这种说法是因为小孩子的自我显示欲直接表现所造成的。

但有时在成人世界中，也会出现如此说法，而这种人不仅无法令对方有好印象，可能在人际关系方面也会受阻，甚至在自己所属的团体中，形成被孤立的局面。

人心是很微妙的，同样是与人交谈，但有的说话方式会令对方反感，而有的说话方式却会令对方不由自主地产生妥协之心。

事实上，我们在听别人说话时，对方说“我”“我认为……”带给我们的感受，将远不如他采用“我们……”的说法，因为这种说法可以让人产生团结意识。

在与人交谈时，我们要注意措辞，多说“我们”。用“我们”来做主语，以此来制造彼此间的共同意识，对促进我们的人际关系将会有很大的帮助。

“我”在英文里是最小的字母，千万别把它变成你语汇中最大的字。

“我们”带给你的是更多的凝聚力和向心力，而“我”仅少一字，就会产生截然不同的效果。

一次聚会，一位男士在讲话的前三分钟内，一共用了36个“我”。他不是说“我”，就是说“我的”，如“我的公司”“我的花园”，等等。随后一位熟人走上前去对他说：“真遗憾，你失去了你的所有员工。”

那个人怔了怔说：“我失去了所有员工？没有呀，他们都好好地在公司上班呢！”

“哦，难道你的这些员工与公司没有任何关系吗？”

亨利·福特二世描述令人厌烦的行为时说：“一个满嘴‘我’的人，一个独占‘我’字、随时随地说‘我’的人，是一个不受欢迎的人。”

在人际交往中，“我”字讲得太多并过分强调，会给人突出自我、标榜自我的印象，这会在对方与你之间筑起一道防线，形成障碍，影响别人对你的认同。

因此，懂得语言艺术的人，在语言传播中，总会避开“我”字，而用“我们”开头。下面的几点建议可供借鉴：

1. 尽量用“我们”代替“我”

很多情况下，你可以用“我们”一词代替“我”，这可以缩短你与大家的心理距离，促进彼此之间的感情交流。

例如，“我建议，今天下午……”可以改成“今天下午，我们……好吗？”

2. 说话时应用“我们”开头

在员工大会上，你想说：“我最近做过一项调查，我发现40%的员工对公司有不满的情绪，我认为这些不满情绪……”

如果你将上面这段话的三个“我”字转化成“我们”，效果就会大不一样。说“我”有时只能代表你一个人，而说“我们”代表的是公司，代表的是大家，员工们自然容易接受。

3. 非得用“我”字时，以平缓的语调淡化

不可避免地要讲到“我”时，你要做到语气平淡，既不把“我”读成重音，也不把语音拖长。

同时，目光不要逼人，表情不要眉飞色舞，神态不要得意扬扬，你要把表述的重点放在事件的客观叙述上，不要突出做事的“我”，以免使听的人觉得你自认为高人一等，觉得你在吹嘘自己。

尽管“我们”比“我”只多一字，但这一字之差值千金。学会多用“我们”这个词，把你和他人联系起来，这样才更能得到别人的信赖，与人携手合作，走向共赢之路。

亮出你诚信的“信用卡”

梅耶·安塞姆是赫赫有名的罗特希尔德家族财团的创始人，18世纪末他住在法兰克福著名的犹太人街道时，他的同胞们常常遭到残酷迫害。

虽然关押他们房子的门已经被拿破仑推倒了，但此时他们仍然被要求在规定的时间回到家里，否则将被处以死刑。他们过着一种委琐和屈辱的生活，生命的尊严遭到践踏，所以，一般的犹太人在这种条件下很难过一种诚实的生活。

但实践证明，安塞姆不是一个普通的犹太人，他开始在一个不起眼的角落里建立起了自己的事务所，并在上面悬挂了一个红盾。他将其称之为罗特希尔德，在德语中的意思就是“红盾”。他就在这里干起了借贷的生意，迈出了创办横跨欧陆的巨型银行集团的第一步。

当兰德格里夫·威廉被拿破仑从他在赫斯卡塞尔地区的地产上赶走的时候，他还拥有500万的银币。兰德格里夫把这些银币交给了安塞姆，并没有指望还能把它们要回来，因为他相信侵略者们肯定会把这些银币没收的。

但是，安塞姆这位犹太人却非常聪明，他把钱埋在后花园里，等到敌人撤退以后，就以合适的利率把它们贷了出去。

当威廉回来的时候，等待他的是令他喜出望外的好消息——安塞姆差遣他的大儿子把这笔钱连本带息送还了回来，并且还附了一张借贷的明细账目表。

在罗特希尔德这个家族的世世代代当中，没有一个家庭成员为家族诚实的名誉带来过一丝的污点，不管是生活上的还是事业上的。

如今，据估算，仅“罗特希尔德”这个品牌的价值就高达4亿美元。

人与人在交往中，最害怕的便是别人的欺骗、不守信用，这样的人即使再有才干也会让别人远离他，因为他已臭名昭著；而诚实的人，他的诚信会赢得别人的信任，会为自己赢取一份良好的声誉。

诚信是一张信用卡，你积累的信用越多，从中取得的利益也就越多。

波士顿市长哈特先生说，他目睹了诚实和公平交易的深入人心，90%的成功生意人都是以正直诚实著称的，而那些不诚实的人的生意最终都走向破产。

他说："诚实是一条自然法则，违背它的人会得到报应，受到应有的惩罚，就像万有引力定律不可违背一样，诚实的定律也是不可违背的。违背的结果就是受到惩罚，不可逃脱的惩罚。或许他们可以暂时地逃避，但最终却无法逃避公平。商人拥有顾客们所需要的东西，同时商人也需要顾客所拥有的东西。

"当交易发生的时候，如果双方都是诚实的，那么双方都会受益。对资本家和工人来说，诚实对双方都是有利的。如果资本家不能诚实地对待工人，那么资本家不会赢得利润；反之亦然。

"就像90%的成功人士的经验所证明的，这是一条在生活中的方方面面都行得通的法则。"

其实，不仅是生意往来，人和人任何一种交往，都缺不了诚信这张信用卡。

在所有的品质中，诚信是与人沟通合作最为关键的一条。越是诚实的人，就会吸引越多的合作伙伴。

"诚信"二字乃是我国五千年文明中所凝练的一种精神品质，是中华民族的传统美德，是中国商道中备受推崇的道德信条，也是他们得以发迹和发展的基础。

而在现代社会中，诚信具有更重要的意义。人们之间的社会行为从功能上说，以合作活动和交换活动为主。无论是工厂、农村、机关、公司中，人们的工作都是以合作的方式进行，甚至在一个家庭中也少不了合作。交换与传递在合作中必不可少。

最典型的是在商业合作领域，买卖、委托、招聘、雇佣等，几乎每一种合作或交换都涉及守信、守约。在个人与个人之间，群体与群体之间体现了守信守约的多层次性。

现代社会，法律只能保证最低道德底线的诚信，一个人若想成功，只有靠长时期的立诚守信行为才能建立起信誉，信誉本身是有价值的，它是一个人、一个企业的通行证、信用卡，处世讲求诚与信，这是我们这个古老民族在现代社会的座右铭。

人们在相互交流沟通过程中，只有做到诚信，才能够心无芥蒂，无间合作。心往一处用，劲往一处使，大家都能够信任对方且全力以赴，就能够更快、更好地达到既定目标，甚至还会有很多计划外的收益，取得更大的共赢效果。

能够达到共赢的人手中都有一张“信用卡”——以诚信处世。讲信义、重承诺，他们在平时便会收益不断，在危难之时就能获得别人的帮助。

诚信，不仅是做人的准则，也是处世的原则和方法。我们要以诚信的态度处世。讲信义、重信义，这样的人才会为世人所接受，也才会在危难之时获得帮助，才能与人合作，达到共赢。

相信你的“战友”

如果你相信别人，别人也会相信你。你以什么样的态度或方式对待别人，别人也会以什么样的态度或方式来对待你。

信任是合作的基础，而相互合作的人们就像战场上同一沟壕的战友，你要相信你的“战友”。

艾恩塞德在《圣经真理》一书中讲了一个小故事，说明没有相互间的信赖，是一件多么愚蠢的事。

有位叫波特的人搭乘一艘豪华游轮前往欧洲，当他上船之后发现要和另外一位乘客住同一间舱房。他进去看了一下住宿的地方之后，就跑到事务长的办公室询问是否可以把金表和一些贵重物品都寄放在保险箱里头。

这位波特先生告诉事务长，他通常不会这么做，不过他去舱房看过之后，觉得这位同屋的先生看起来不怎么可靠，所以才决定把贵重的物品寄放到保险箱。

这位事务长接下波特先生的贵重物品之后说："没有问题，波特先生，我很乐意帮你保管，其实和你同屋的那位先生已经来过我这儿了，他也是因为同样的理由要寄放贵重物品。"

德里斯·科尔曾说过："人们对服务机构的满意程度可以从他们的信赖度充分显示出来。"你和你信赖的人共事吗？他们是否同样也信任你呢？这两个问题的答案可以充分显示出工作环境的品质。

爱德华兹·戴明说："要是没有信赖感，人与人之间或是团队与团队、部门与部门之间就没有合作的基石。"

"没有信赖的基础，每个人都会试图保护自己眼前的利益；但是这么做却会对长期的利益造成损害，并且会对整个体系造成伤害。"

无以计数的企业曾经在爱德华兹·戴明的建议协助之下，让公司的表现达到最高的境界。爱德华兹·戴明的经验显示出，信赖对于品质、创新、服务和生产力的重要性在全世界都是同样适用的。

信赖是人与人之间最高贵、最重要的情谊，人们最值得骄傲的就是自己可以受到别人的信任，自己的所作所为能够无愧于心，并与人坦诚地沟通互信。学习去信任我们的"战友"，同时也学习让自己成为值得信任的人。

有这样一则故事，讲得就是信赖带给人的成功。

艾伦决定要沿着钢索走过尼亚加拉瀑布。他知道，走钢索的关键是训练。于是他在后院建起了一个临时场地进行练习。开始时他把钢索调到离地 18 英寸，并开始进行前后平衡练习。渐渐地，他把钢索的高度不断加高直到离地 35 英尺。

然后，在练习中他再增加椅子、独轮车和自行车。很快，他的宏大目标就传了出去，并上了报纸。他开始出名，有些人开始对他能否完成这一奇迹的能力进行打赌。

一天，他的一个朋友走过来说："你知道，我相信你一定能够成功。"

艾伦问："为什么你会这样想？"

"从你开始的那天起，我差不多每天都在观察你，你很棒。事实上，你聪明极了，我想你能在一条绳子上走过尼亚加拉瀑布。我相信你的能力。"

他受到鼓舞。"真的吗？"他非常高兴地问。"当然是真的，你已经准备就绪了。"

"那太好了，我今天做出了同样的决定。实际上，我正在安排在尼亚加拉瀑布上面拉起绳子。明天是一个大好的日子。既然你相信我的能力，我带一辆独轮车上去，请你坐进去，然后我带你过去。"

朋友欣然答应。并说："我相信你，就会支持你，我不仅用心支持你，而且还会用行动来支持你。"

艾伦原只是随意说说，他认定这位朋友不敢坐上独轮车，和他一起来走钢丝，和他一起冒生死风险，哪想他会答应，他心里非常高兴。他说："谢谢您对我的信任。我要积极做一个值得您信任的人。"

最后，艾伦带着朋友成功地走过了尼亚加拉瀑布。他成功之后获得了很多荣耀和赞誉。这位朋友也因此得到了人们的赞扬和敬重。伙伴之间的相互信赖，是能够共同合作走向共赢的基石，在合作中，众志成城，把共同的奋斗当作一场战斗，你的伙伴，将是给予你帮助的最好"战友"。

第五篇

职场成功秘符

第一章

个人发展

保持做事的秩序性

每件事情，若想做到有始有终，就必须改变我们的习惯思维。

曾经，美国西北铁路公司前总裁每天埋头在办公室里，处理着好像没完没了的工作。他第一次到心理诊所的时候，已处在精神崩溃的边缘，他的脸上写满了焦虑、紧张。他告诉医生，在他的办公室里有三张大写字台，上面堆满了东西，他每天都把全部的精力投入到工作，可工作似乎永远都干不完。

在与医生仔细地交谈以后，他回到办公室的第一件事就是清理写字台，最后只留一张写字台，不仅如此，他还改变了自己以前的工作方法，现在他在做每一项新计划前，都会将手头的事情做完，让自己的思路更加清晰，工作随之更有条理化了。

保持做事的秩序性，可以减轻工作对自身的压力，提高工作效率，恢复身体的健康。

高效的工作，从某种意义上说，也就是换一种思维方式，合理安排好自己工作的秩序，这样将大大节省你的时间和精力，有利于你工作的展开。

1. 理出一个秩序

在一项新计划开始之前，我们应该让手头上的计划一一实现，这样才能让我们更加清晰地思考。

博恩·崔西在《简单管理》一书中写到："我赞美彻底和有条理的工作方式。一旦在某些事情上投下了心血，带着明确的目的去做事，就可以减少重复，这样就能够大大提高工作效率。"

有秩序是一个人做事有目的的重要前提。

歌德说过："选择时间就等于节省时间，而不合乎时宜的举动则等于乱打空气。"没有一个合理有序的工作秩序，做起事来必定像无头苍蝇一样乱撞，这样，要高效率地工作就是不可能了。

试想，如果一个经理整个上午要见客户，要处理资料，又要写年度报告，而他又不懂得合理安排自己的工作秩序，这样即便找个材料都会花半天时间，哪有效率可言。

工作的有序性，体现在对时间的支配上，首先要有明确的目的性，很多成功人士就指出，如果能把自己的工作任务清楚地写下来，便很好地进行了自我管理，就会使得工作条理化，因而使得个人的能力得到很大的提高。

只有明确自己的工作是什么，才能认识自己工作的全貌，从全局着眼观察整个工作，防止每天陷于杂乱的事务之中。

明确办事目的，将使你正确地掂量每件工作的轻重，弄清工作的主要目标在哪里，防止不分轻重缓急，耗费时间又办不好事情。

只有明确自己的责任与权限范围，才能摆脱自己的工作与上下级的工作以及同事工作中的互相扯皮和打乱仗现象。

有一种使工作明确化的简单方法，就是填写自己应做工作的清单。

首先试着在一张纸上毫不遗漏地写出你需要做的工作。凡是自己必须干的工作，且不管它的重要性和顺序怎样，一项也不漏地逐项排列起来，然后按这些工作的重要程度重新列表。

重新列表时，你要试问自己：如果我只能干此表当中的一项工作，首先应该干哪一件事呢？然后再问自己：接着该干什么呢？用这种方式一直问到最后一项。这样自然就按着重要性的顺序列出自己的工作一览表。其后，对你要做的每一项工作应该怎么做，根据以往的经验，在每项工作上总结出你认为最合理有效的方法。

为了使工作条理化，不仅要明确你的工作是什么，还要明确每年、每季度、每月、每日的工作及工作进程，并通过有条理的连续工作，来保证正常速度执行任务。而这些都可以用思维导图轻松地体现出来。

在这里，为日常工作和下一步进行的项目编出目录，不但是一种不可估量的时间节约措施，也是提醒人们记住某些事情的手段。可见，制定一个合理的工作日程是多么重要。

工作日程与计划不同，计划在于对工作的长期计算，而工作日程表是怎样处理现在的问题。比如今天还有明天的工作，就是逐日推进的计划。有许多人抱怨工作太多又杂乱，其实是由于他们不善于制定日程表，无法安排好日常工作，有时候反而抓住没有意义的事情不放，不得不被工作压得喘不过气来。

2. 自制任务清单

为了使自己的工作做得更加有条理，我们可以根据人力资源管理专家的意见自制一张任务清单。清单的内容主要分为三个部分：任务分类、任务安排、任务总结。

任务分类的主要目的是向自己传达一种对待任务的态度。在这一部分当中，你的任务被分为四个类别：必须及时完成的工作、必须完成，但可以稍微拖后的工作、完全没有必要完全的工作、时间允许的情况下最好能够完成的工作。这样，在填写清单的时候，你就可以根据自己的工作内容把自己的任务分门别类。

任务安排有些类似于工作日志，其主要目的就在于帮助自己明确每天的工作内容。

任务总结是指每个星期结束的时候，将由你自己根据自己的实际任务完成情况填写这部分内容，这样便可以检验自己的工作完成得如何。

毫无疑问，你的所有问题都将借用思维导图的帮助而清晰下来。在平时，不妨多用用思维导图。

养成把每件事画下来的习惯

在做事之前要习惯于把要做的事写下来，当然，我们建议用思维导图直接画下来。然后再进行缜密的分析，让自己更有计划的进行，这样会使你事半功倍，卓越而高效。

郭德纲的相声《梦中婚》中描述一个建筑工人在拿到图纸以后，看了一眼就去施工，结果把一口井建成了一支烟筒，这虽然很可笑，但笑过之余，也值得我们深思，正因为那个人在做事之前没经过仔细分析，结果闹出了笑话。

无独有偶，有这样一个广泛流传的管理故事，说的是一群伐木工人走进一片树林，开始清除矮灌木。当他们费尽千辛万苦，好不容易清除完一片灌木林，直起腰来准备享受一下完成了一项艰苦工作后的乐趣时，却猛然发现，不是这片树林，而是旁边那片树林才是需要他们去清除的！有多少人在工作中，就如同这些人，常常只是埋头工作，甚至没有意识到需要自己做的并非是自己想的那样。

这种看似忙忙碌碌、最后却发现自己背道而驰的情况是非常令人沮丧的，这也是许多效率低下，不懂得卓越工作方法的人最容易犯的错误，他们往往把大量的时间和精力浪费在一些无用的事情上。

为了避免这种情况在工作中发生，其实方法很简单，只要养成把每件事写下来的习惯，在做事之前认真思考，整理出一套简单而严格的工作步骤，这样你就会少走弯路而直达目的地。

1. 思考充分再行动

在工作中，有很多人总是低头做事，他们匆忙如自然界中的蚂蚁，却没有多少实质的收获，对他们来说，草率行事，冒冒失失是自己最好的写照。

冒失是一种轻率的表现，是指对任何事情都不能深思熟虑，只凭一时冲动匆忙做出决定，有时不计后果。冒失的人懒于思考，轻举妄动，为了迅速摆脱由动机斗争带来的内心痛苦和紧张情绪，他们不考虑主、客观条件和后果就贸然抉择，草率行事；他们生活节奏快，做事匆忙，往往一件事未干完，又去做另一件事，或几件事一起干。

这样工作的人，往往效率都很低。“凡事预则立，不预则废”，一个人只有知道如何安排工作，制定一个高明的工作进度表，才能高效率地办事，而制定这样一个工作进度表，首先就要养成勤于动笔的习惯，拿出一张纸，然后用笔记下你所要做的事，再排列出每一件事的先后顺序。最后按照这张表严格的执行。相信你一定会在短期内完成自己的工作任务。

2. 写下你的步骤

从事计划顾问多年的李冲，年薪超过30万元。有一次宴会上，同行问他为什么他会比他的同事赚的钱多。他想了一会儿，回答说："我每次在开始工作之前，都会将工作步骤写下来，通过仔细分析，总结出最好的方法时，才去行动。"

同行们请他谈谈他最好的方法，于是，李冲向人们讲述了他成功的诀窍——

第一步，我坚持深入调查，了解情况。

我对地方商业界的消息很灵通，哪个人被提升我都一清二楚，哪家公司有潜能、有发展，我也了如指掌。无论开会、聊天、度假，我都在搜集资料。我的专长就是对年轻的公司，特别是那些对年金或利润分红计划有兴趣的公司最有经验。

第二步，坚持打电话找公司里的高级经理。

首先我向他介绍我的身份来历、我的公司、我的资格以及我擅长的投资事业。然后，我会要求预约详谈。因为我的坦诚以及我从不利用欺骗来取得拜访客户的机会，所以基本上我都能如愿以偿。

第三步，坚持登门拜访——我称之为出诊。

谈话之间，我尽可能地了解顾客的投资计划、性情、职业以及个人背景。我很少谈到我自己和公司的事情，而我提出的问题足以向他证明我很在行。

通常在谈话结束时，还没有具体的计划产生，可我已经敲开一扇门了。

第四步，坚持在拜访之后以个人名义写短信，告诉顾客很高兴与他见面，我们公司正在研究制订具体方案。

这封私人信件很有效，它是一种诚意的表示，而且会让顾客觉得自己特殊而重要。

第五步，发出信后，隔两三天我就坚持再打电话过去。

首先再一次向他致意，然后表示我愿竭力效劳，帮他成为成功的投资者。最后我约定第二次见面的时间。

当我第二次见客户时，会随身带几个方案去。尽管多数不会有什么结果，可我绝不强求，我的打算是建立长远的关系。

无论是做销售还是从事别的事业都和钓鱼一样，如果你太急躁，鱼儿都吓跑了。如果是我主动表示时间太局促，不好起草合同，特别是关系到大笔金额时，顾客就会愿意再考虑跟我合作的可能性

第二次见面后，事情就容易了，我可以打电话或亲自与顾客讨论计划。我会随时与顾客保持联系，直到成交为止。有时要磨上好几年工夫，然而机会一到，我就会签上五六个合同。好的钟表行走都是十分规律，不快也不慢的。有智慧的人做事也绝不会急于求成，也不会拖沓。他们做事总是有条不紊，不慌不忙。

高效率的人不是一有想法就马上去做，等发现偏差再去调整，而是像李冲那样一开始就把事情计划好，想好怎么做，把所有事情都想好，理清。

因为没有时间而赶着把事情做完的人，通常事后要花更多的时间把第一次没做好的事情做好。这样不仅浪费了工作时间，更降低了做事的效率。

有些人认为做事不匆忙是一件很容易的事情，只需要每一次做事时注意一下就行，其实一个人做事不急于求成是一种习惯，你会发现一个做事匆忙的人做所有的事情都是冒冒失失，他们是凭着自己的直觉在做事。要想改变做事急于求成的缺点，首先就是要在做每一件事情前把它们写下来写成计划和目标，而且形成习惯。

追踪记录承诺，说到更要做到

既然承诺，就一定要做到，善始善终才能让自己更高效。

程冉是一家公司的销售部经理。有一次，他和客户外出用餐时，在不经意间提到他家乡所酿的土产葡萄酒味道不错。正巧客户又爱饮酒，对此十分感兴趣，程冉便说了一句“有机会回家，我一定给您带来一瓶。”

3个月后，在与这位客户的一位谈判中，程冉真的给客户送来了家乡产的酒，让客户大为感动。因为他早就将这件事忘得一干二净了。他觉得程冉连一件这样的小事都能兑现，值得信赖。

那次他们的合作很愉快，在以后的日子里，这位客户成了公司最忠诚的客户。

既然承诺，就要想方设法兑现诺言，这样才有利于你工作的展开，否则任何事都做不好。

我们来看下面一则故事：

耶鲁大学的教授克拉克从小有一个梦想，就是希望自己能像他心目中的英雄那样能改变世界，服务于全人类。不过，要实现他的目标，他需要受最好的教育，他知道只有在美国才能接受他需要的教育。

无奈的是，他身无分文，没办法支付路费，而且，他根本不知要上什么学校，也不知道会被什么学校招收。

但克拉克还是出发了，他必须踏上征途。他知道如果没有开始，就永远没有结果。他徒步从他的家乡尼亚萨兰的村庄向北穿过东非荒原到达开罗，在那儿他可以乘船到美国，开始他的大学教育。他一心只想着一定要踏上那片可以帮助他把握自己命运的土地，其他的一切都可以置之度外。

在崎岖的非洲大地上，艰难跋涉了整整五天以后，克拉克仅仅前进了40多公里。食物吃光了，水也快喝完了，而且他身无分文。要想继续完成后面的几千公里的路程似乎是不可能的，但克拉克清楚地知道回头就是放弃，就是重新回到贫穷和无知。

他对自己发誓：不到美国誓不罢休，除非自己死了。他继续前行。

有时他与陌生人同行，但更多的时候则是孤独地步行。大多数夜晚都是过着大地为床，星空为被的生活，他依靠野果和其他可吃的植物维持生命。艰苦的旅途生活使他变得又瘦又弱。

由于疲惫不堪和心灰意懒，克拉克几欲放弃。他曾想说：“回家也许会比继续这似乎愚蠢的旅途和冒险更好一些。”

他并未回家，而是翻开了他的两本书，读着那熟悉的语句，他又恢复了对自己和目标的信心，继续前行。

要到美国去，克拉克必须具有护照和签证，但要得到护照他必须向美国政府提供确切的出生日期证明，更糟糕的是要拿到签证，他还需要证明他拥有支付他往返美国的费用。

克拉克只好拿起纸笔给他童年时起曾教过他的传教士写了封求助信。

结果传教士们通过政府渠道帮助他很快拿到了护照。然而，克拉克还是缺少领取签证所必须拥有的航空费用。

克拉克并不灰心，而是继续向开罗前进，他相信自己一定能通过某种途径得到自己需要的这笔钱。

几个月过去了，他勇敢的旅途事迹也渐渐地广为人知。关于他的传说已经在非洲大陆和华盛顿佛农山区广为流传。斯卡吉特峡谷学院的学生在当地市民的帮助下，寄给克拉克640美元，用以支付他来美国的费用。当克拉克得知这些人的慷慨帮助后，他疲惫地跪在地上，满怀喜悦和感激。

经过两年多的行程，克拉克终于来到了斯卡吉特峡谷学院。手持自己宝贵的两本书，他骄傲地跨进了学院高耸的大门。

这是一个有关“坚持”的故事。克拉克坚守自己的承诺，最终实现了自己的梦想。在工作中我们也应该像克拉克那样时时追踪自己的承诺，说到更要做到。

其实，许多人之所以无法取得成功，不是因为他们能力不够、热情不足，而是缺乏一种坚持不懈的精神。他们做事时往往有始无终，做事的过程也是东拼西凑、草草了事。

他们对自己的目标容易产生怀疑，行动也始终处于犹豫不决之中。比如他们看准了一项事业，充满了热情做下去，但刚做到一半又觉得另一件事情更适合自己。他们时而信心百倍，时而又低落沮丧。这种人也许能短时间取得一些成就，但是，从长远来看，最终一定还是失败者。

承诺一件事情需要的是决心与热诚；而完成自己的承诺，需要的却是恒心与毅力。缺少热诚，事情无法启动；只有热诚而无恒心与毅力，工作不能完成。

中国有许多优秀的传统和行为规矩，譬如家庭私塾教子弟写字，无论有什么事打扰，也不准写字只写一半。即使这个字写错了，准备涂掉重写，也要将它写完。其中的寓意在于，教育孩子从小养成善始善终的好习惯，将来做事才不会半途而废，轻易放弃。

在日常工作中，每个人都有一些未完成的工作——未缝完的衣服，未写成的稿件等等。那么请将它们找出来整理整理，静下心来继续完成它们。你会发现，一旦把它完成，你会觉得非常快乐。未完成时它们不过是些废物，而你在付出一半甚至 1/10 的心力完成后，它们都变成漂亮的成品和值得骄傲的业绩。许多事情并非我们无法去做，而是我们不愿意继续做。多付出一分心力和时间，就会发现自己其实有许多潜在的力量。

既然承诺，就要想方设法做到，否则你永远也不可能提高工作效率，取得骄人的业绩。

辨识事物发展模式，先预想结果

人脑非常擅长辨识模式。要发挥这项能力的方法就是预先想象自己渴望的结果，并尽可能地描绘细节。这样能够触发你的大脑辨识与观察实际达到目标所需培养的习惯、能力与方法。

迈克尔 19 岁在休斯敦大学主修计算机，他是一个狂热的音乐爱好者，同时也具有一副天生的好嗓子，对于他来说，成为一个音乐家是他一生中最大的目标。因此，只要一有时间，他就会投入到他热爱的音乐创作上。

由于写歌不是迈克尔的专长，所以他又找了一个名叫凡内芮的年轻人来合作。凡内芮了解迈克尔对音乐的热爱与执着。但是，当面对那遥远的音乐界及整个美国陌生的唱片市场时，他们却发现自己竟一点渠道也没有。

在一次闲聊中，凡内芮突然从嘴里冒出了一句话：

“What are you doing in 5 years.”（想象你 5 年后在做什么）

迈克尔还没来得及回答，他又抢着说：“别急，你先仔细想想，完全想好，确定了再告诉我。”迈克尔思考了一会儿说：“第一，5 年后，我希望在市场上能有一张得到大家肯定和欢迎的唱片；第二，5 年后，我要住在一个有很多很多音乐的地方，能天天与一些世界一流的音乐家一起工作。”

凡内芮听完后说：“好，既然你已经确定了，我们就把这个目标倒过来看。如果第五年，你有一张唱片在市场上，那么你的第四年一定是要跟一家唱片公司签上合约。

“那么你的第三年一定是要有一个完整的作品，可以拿给很多很多的作品给唱片公司听，对不对？

“那么你的第二年，一定要有很棒的作品开始录音了。

“那么你的第一年，就一定要把你所有要准备录音的作品全部编曲，排练好。

“那么你的第六个月，就是要把那些没有完成的作品修饰好，然后让你自己可以一一筛选。

“那么你的第一个月，就是要把目前这几首曲子完工。

“那么你的第一个礼拜，就是要先列出一个清单，排出哪些曲子需要修改，哪些需要完工。”

凡内芮一口气说完了上述的这些话，停顿了一下，然后接着说：“你看，一个完整的计划已经有了，现在你所要做的，就是按照这个计划去认真地执行每一步，一项一项地去完成，这样到了第五年，你的目标就实现了。”

说来也奇怪，到了第五年，迈克尔的唱片真的在北美畅销起来，他一天 24 小时几乎全都忙着与一些顶尖的音乐高手在一起工作。

可见，在脑海中预想结果是非常重要的，我们要时常在脑海中规划蓝图，然后让你的大脑自动填补达到目标所需条件的空白处。事情不见得会照计划发展，但你会为自己所做的事获得的最终成果，感到大吃一惊。

1. 想象一下你的目标，然后去实现它

奥林匹克运动会十项全能金牌获得者詹姆斯·卡特为了实现自己的目标，用运动器械装备了整个寓所，以便每天提醒他去实现自己的目标。

他将十项全能每个项目的器械放在他不训练时也能看到的地方，跨高栏是他最差的一项，他就将一个栏放在起居室的正中央，每天必须跨越 30

次；他的制门器是个铅球；杠铃就放在室外廊檐下；撑竿跳高用的杆子和标枪在沙发后竖立着；壁橱里放着他的运动制服、棉织套服和跑鞋。詹姆斯说这种不寻常的陈设在他准备在奥运会夺冠的过程中，帮助他改善了他的竞技状态。

如果你想让自己成为一个高效能人士，也应当像詹姆斯·卡特那样预想一下自己要达到什么结果，为你的目标创建一种经常提醒自己的方式。然后去实现它。

比如，你可以将你确定的目标和实施计划写在便笺上或是记事本上，并将它们有计划地放置在你的家中和办公室里，使你能够常常看到它们；或者将你对自己目标和实现计划的陈述录在磁带上，在你开车、做杂务、休息或思考时播放它们；将你的实施计划编辑在你的电脑屏幕保护屏上；或者，将你须首要实施的计划输入电脑，并用装饰纸打印出来，然后将这些纸悬挂在办公室、卧室的镜子上，甚至是冰箱上。

这样，你的目标和计划就常常出现在你的眼前，帮助你始终将注意力放在这些最重要的事情上面。

你也可以让你的梦想始终环绕着你，通过多种方法来建立自己的提示途径。采取什么方法并不重要，重要的是行动！詹姆斯·卡特的方法非常具有想象力，甚至有点出格了，但它的确帮助他实现了自己的目标。

在工作中，我们应该预想一下自己要得到一个什么结果，然后按照你想的去做，你的目标就一定能实现。

2. 预想结果，写下清单

先预想结果，实际上就是对未来行动纲领的早期决策。我们可以把它分为三个步骤：

第一步：写下你的计划，确立目标，探寻达到目标的各种方法，转化为每周或每天要做的事，编排每周或每天的做事次序并执行，定期检讨；

第二步：制订工作计划表；

第三步：目标计划检查。

不要自我设限

个高效能人士在工作上遇到困难的时候，是不会逃避的，而是积极地寻找解决的办法。外界的困难，不如意的条件，一个接一个的压力与挑战，是不能难倒他们的雄心和壮志的。

李达是香港某跨国集团公司的董事长。25年前，他带着仅有的30元港币、穿着一双拖鞋来到香港，先从街边小贩做起，越做越大，后来创办了两家上市公司。

在谈到成功的经验时，他说："我之所以能有这样的发展，都源于任何问题我都愿意积极主动地去找解决方法。我认识很多企业界的成功人士，从他们身上我发现了一个共同的规律：一个做事高效的人，往往是一个最善于找方法的人。他们从不会为找不到解决问题的方法而绝望，相反，他们相信一定能找到更好的方法。"的确，在工作上遇到困难就退缩，给自己设限是永远也达不到高效的。

1. 寻找突破，把不可能变为可能

一名高效能人士在做事的时候，应当主动寻求突破，把不可能变为可能。一名高效能人士在困难来临时，总是努力寻找方法，寻求新的突破，这样的人在人生中会比别人达到更高的高度。

在一家名叫天宇的天线公司。有一天总裁来到营销部，让大伙儿针对天线的营销工作各抒已见，畅所欲言。

营销部经理老王摇着胖乎乎的脑袋，无可奈何地说："人家的天线三天两头在电视上打广告，我们公司的产品毫无知名度，我看这库存的天线真够呛。"部里的其他人也随声附和。

总经理脸色阴沉，一语不发。扫视了大伙一圈后，把目光驻留在进公司不久的一位年轻人身上。总经理走到他面前，让他说说对公司营销工作的看法。

年轻人直言不讳地对公司的营销工作存在的弊端提出了个人意见。总经理认真地听着，不时嘱咐秘书把要点记下来。

年轻人告诉总经理，他的家乡有十几家各类天线生产企业，唯有001天线在全国知名度最高，品牌最响，其余的都是几十人或上百人的小规模天线生产企业，但无一例外都有自己的品牌，有两家小公司甚至把大幅广告做到001集团的对面墙壁上，敢与知名品牌竞争。

总经理静静地听着，挥挥手示意年轻人继续讲下去。

年轻人接着说："我们公司的老牌天线今不如昔，原因颇多，但归结起来或许就是我们的销售定位和市场策略不对。"

这时候，营销部经理对年轻人的这些似乎暗示了他们工作无能的话表示了愠色，并不时向年轻人投来警告的一瞥，最后不无讽刺地说："你这是书生意气，只会纸上谈兵，尽讲些空道理。现在全国都在普及有线电视，天线的滞销是大环境造成的。你以为你真能把冰箱推销给爱斯基摩人？"

经理的话使营销部所有人的目光都射向年轻人，有的还互相窃窃私语。

经理不等年轻人"还击"，便不由分说地将了他一军："公司在甘肃那边还有5000套库存，你有本事推销出去，我的位置让你坐。"

年轻人提高嗓门朗声说道："现在全国都在搞西部开发建设，我就不信质优价廉的产品连人家小天线厂也不如，偌大的甘肃难道连区区5000套天线也推销不出去？"

几天后，年轻人风尘仆仆地赶到了甘肃省兰州市天元百货大厦。大厦老总一见面就向他大倒苦水，说他们厂的天线知名度太低，一年多来仅仅卖掉了百来套，还有4000多套在各家分店积压着，并建议年轻人去其他商场推销看看。

接下来，年轻人跑遍兰州几个规模较大的商场，有的即使是代销也没有回旋余地，因此几天下来毫无建树。

正当沮丧之际，某报上一则读者来信引起了年轻人的关注，信上说那儿的一个农场由于地理位置关系，买的彩电都成了聋子的耳朵——摆设。

看到这则消息，年轻人如获至宝，当即带上十来套样品天线，几经周折才打听到那个离兰州有100多公里的金晖农场。信是农场场长写的。他告诉年轻人，这里夏季雷电较多，以前常有彩电被雷电击毁，不少天线生产厂家也派人来查，知道问题都出在天线上，可查来查去没有眉目，使得这里的几百户人家再也不敢安装天线了，所以几年来这儿的黑白电视只能看见哈哈镜般的人影，而彩电则只是形同虚设。

年轻人拆了几套被雷击的天线，发现自己公司的天线与他们的毫无二致，年轻人想，如果他们公司的天线若安装上去，也免不了重蹈覆辙。年轻人绞尽脑汁，把在电子学院几年所学的知识在脑海里重温了数遍，加上所携仪器的配合，终于使真相大白，原因是天线放大器的集成电路板上少装了一个电感应元件。

这种元件一般在任何型号的天线上都是不需要的，它本身对信号放大不起任何作用，厂家在设计时根本就不会考虑雷电多发地区，没有这个元件就等于使天线成了一个引雷装置，它可直接将雷电引向电视机，导致线毁机亡。

找到了问题的症结，一切都变得迎刃而解了。不久，年轻人将从商厦拉回的天线放大器上全部加装了感应元件，并将此天线先送给场长试用了半个多月。期间曾经雷电交加，但场长的电视机却安然无恙。此后，仅这个农场就订了500多套天线。同时热心的场长还把年轻人的天线推荐给存在同样问题的附近5个农林场，又给他销出2000多套天线。

一石激起千层浪，短短半个月，一些商场的老总主动向年轻人要货，连一些偏远县市的商场采购员也闻风而动，原先库存的5000余套天线当即告急。

一个月后，年轻人筋疲力尽地返回公司。而这时公司如同迎接凯旋的英雄一样，将他披红挂彩并夹道欢迎。营销部经理也已经主动辞职，公司正式下令任命年轻人为新的营销部经理。

这位年轻人的成功除了他背后有“不达目的誓不罢休”的毅力做支撑之外，还得益于他遇到困难找方法，不找借口，敢于突破困境的精神。

2. 用逆向思维解决困难

霍英东先生是中国香港立信建筑置业公司的创办人。在普通人的眼中，他是个财富的“宠儿”。“白手起家，短期发迹”“鸿运高照，无端发达”“轻而易举”“一举成功”等等，这些议论让霍英东的成功蒙上了一层神奇的色彩。

霍英东的发迹真的有秘诀吗？或者是一时走了鸿运？事实上，他的成功得益于他遇到困难找方法的良好习惯。例如他的起家主要就是运用了“先出售，后建筑”的高招。

霍英东的成功有一个可贵的品质，那就是不错过任何一个机会来发展自己的事业。朝鲜停战以后，霍英东慧眼独具，他看出了香港人多地少的特点，认准了房地产业大有可为。于是毅然倾其多年的积蓄，投资到房地产市场。

1954 年，他着手成立了立信建筑置业公司。他每日忙于拆旧楼、建新楼，又买又卖，大展宏图，用他自己的话说，他“从此翻开了人生崭新的、决定性的一页！”

如果说霍英东早年经营航运业是他创业初期练兵的话，那么他超人的经营理念则在经营房地产业的过程中得到了充分的体现。在他以前的房地产业，都是先花一笔钱购地建房，建成一座楼宇后再逐层出售，或按房收租。而他则“变了个戏法”，即预先把将要建筑的楼宇分层出售，再用收上来的资金建筑楼宇，来了一个先售后建。这一先一后的颠倒，使他得以用少量资金办了大事情。

原来只能兴建一幢楼房的资金，他可以用来建筑几幢新楼，甚至更多；同时，他又能有较雄厚的资金购置好地皮，采购先进的建筑机械，从而提高建房质量和速度，降低建造成本。更具竞争力的是他的楼宇位置比同行的更优越而价格却比同行的更低廉。

而且，有时他还采用分期付款的预售方式使人人都能买得起。霍英东的戏法真是高招，他开创了大楼预售的先河。为了推广先出售后建筑的“戏法”，霍英东率先采用了小册子及广告等形式广为宣传。

他说：“我们开展各种宣传，以便更多的有余钱的人来买。譬如来港定居或投资的华侨、侨眷、劳累了半生略有积蓄的职员、赌博暴发户、做其他小生意胀满荷包的商贩，都可以来投资房地产。

“谁不想自己有房住？只有众多的人关心它、了解它、参与它，我们的事业才有希望。”霍英东的广告效果颇为不错。立信建筑置业公司在短短的几年里所营建、出售的高楼大厦就布满了香港、九龙地区，打破了香港房地产买卖的纪录。这个既不是建筑工程师出身，又非房地产经营老手的水上“穷光蛋”，用不长的时间便成了赫赫有名的楼宇住宅建筑大王、资产逾亿万的大富豪。

现在，霍英东名下的公司有60余家，大部分都经营房地产生意，或与房地产关系密切；由他担任会长的香港地产建筑商会，经营着香港70%的建筑生意。

霍英东善于逆向思维，主动向自己提问，成就了成功创富的大业，其遇到困难找方法的精神很值得我们借鉴和学习。

下面故事中老李讨账的例子也是一个善用逆向思维的好例子。10多年前，老李在一家建筑材料公司当业务员。当时公司最大的问题是如何讨账。产品不错，销路也不错，但产品销出去后，总是无法及时收到款。

有一位客户，买了公司10万元产品，但总是以各种理由迟迟不肯付款，公司派了三批人去讨账，都没能拿到货款。当时老李刚到公司上班不久，就和另外一位姓张的员工一起，被派去讨账。他们软磨硬磨，想尽了办法。最后，客户终于同意给钱，叫他们过两天来拿。

两天后他们赶去，对方给了一张10万元的现金支票。

他们高高兴兴地拿着支票到银行取钱，结果却被告知，账上只有

99920 元。很明显，对方又耍了个花招，他们给的是一张无法兑现的支票。第二天就要放春节假了，如果不及时拿到钱，不知又要拖延多久。

遇到这种情况，一般人可能一筹莫展了。但是他突然灵机一动，于是拿出 100 元钱，让同去的小张存到客户公司的账户里去。这一来，账户里就有了 10 万元。他立即将支票兑了现。

当他带着这 10 万元回到公司时，董事长对他大加赞赏。之后，他在公司不断发展，5 年之后当上了公司的副总经理，后来又当上了总经理。

这个精彩的讨账故事，博得了大家阵阵热烈的掌声。大家都很钦佩他凡事主动想办法的精神，而且一致认为：他能有今天的发展，与他这种精神密切相关。

定期检讨自己行进的方向

我们要顺利地达到目的，就必须定期检讨自己的行进方向，合理地调整工作计划，放弃无谓的固执，顺利地到达自己的目的地。

某单位举办讲座，邀请北京某大学的一位教授给全体管理人员讲授《企业的可持续发展战略》。

在讲授之前，教授给大家出了一道有趣的思考题：

“很远的地方发现了金矿，为了得到黄金，人们蜂拥而去，可一条大河挡住了必经之路，你们会怎么办”

一石激起千层浪，会场上顿时热闹起来。

有的说，游过去。有的说，绕道走。

但教授却笑而不语。

良久，教授才严肃认真地说：“为什么非要去淘金，为什么不可以买一条船搞营运，接送那些淘金的人，这样照样可以发财致富！”

全体愕然。

教授接着说：“人们为了发财，即使票价再贵，也心甘情愿买票上船，因为前面就是诱人的金矿啊！”

大家茅塞顿开。是啊，为什么不能换一种思维呢！

无论在生活中还是在工作中，定期检讨自己的行进方向，及时调整不合理的工作计划，改变固有的弊病，才可以让自己立于不败之地。

1. 自我反省

人们常说：“成功源于自我分析”，“失败是成功之母”，“检讨是成功之父”。都是在说明一个问题，那就是自我反省与成功之间有着紧密的联系。

人非圣贤，孰能无过，一个人可以犯错误，但不能同样的错误犯两次，如果一个人在做事中充满着错误，那么他的结果就无法正确。犯错不可怕，可怕的是不知错在哪里。

一个成功的人往往是一个自我反省的人，能够自我监督的人。

下面，向你介绍一下有用的术语：为了达到目标，计划中应该包括一把“成功量尺”。虽然有的人不喜欢让测量用的棍棒来指导行动，但是成功的人都强调，丈量是必要的。这种丈量其实是对自己进行的评价。

毫无疑问，个人事业的发展是阶段性的，在每一个不同的阶段，个人努力的方式、方法都会有所不同，取得的成绩、获得的进步也有大小、缓急的差别。此时，你必须对自己的发展情况进行丈量即评价。

比如说，你这一阶段事业发展的大致方向正确吗？这一种生产经营模式是否适合你的事业？还有更好的吗？这一阶段的发展情况怎样，与前一阶段发展情况相比是减缓？一致？还是加快了？其原因何在？诸如此类的自我反省、自我设问。

通过对这一系列问题的反省和研讨，我们能够对个人事业的发展情况有一个全面的、整体的了解。对这些成绩或问题的剖析，可以使我们获得有益的经验和改进的方法，从而使自己在发展个人事业的征程上走得更加坚定和充实。

自我反省的巨大的作用还在于对发展事业的自我督促上。比如说，你在这一个发展阶段上获得了成功的经验，取得了很大的进步，你就会在自我检讨中得出结论，受到启发，督促并警惕自己戒骄戒躁，发挥优势、长处以取得更大的成绩。而如果你在这一阶段的发展情况不很理想，那你就会吸取经验教训，总结失败原因，并思考解决的办法，督促并鞭策自己走好下一步。

卡耐基先生曾经访问了一位名叫罗比的人。

罗比与四名助手经营一家店铺，他凭着对每周收入情况的研究，来评估店铺的整个经营成绩。但是，他另外还决定改善与顾客的关系，只是一时不知道怎么评估这个目标。他说："当时觉得非常为难，如何才能测量工作人员的礼节态度是否进步了呢？"经过一番思考，罗比决定每个月抽样访问 20 名顾客，请他们对店内的服务质量做出等级评分。

他发现："以图表显示每个月的调查情况很有用，店内全体员工都很看重这件事，结果我们这个月的收入便提高了 21%。"

如果罗比没有自省，他就不可能有这样的结果。事业的目标也要能够进行丈量。人们需要自己建立成功的标准并寻找途径监督自己的进步，否则就没有俯瞰整体、全面的观点。把目标限定在一段时间范围内完成是非常有用的，有了起始日和截止日，就像即将面临绞刑，往往足以使人集中精力和心神，认认真真地去完成一件事。

2. 及时修正自己行进的计划

人生的旅程是一个不断变幻的景观，向前跨进，你就会看到不同的景观，再上前去又是另一番景象。因此，我们要顺利地达到自己的目的，就必须随时地检视自己的选择是否有偏差，合理地调整目标，适应变化。

富兰克林认为，坏的计划比没有计划更糟糕。这句话包含两层意思：首先，实施这个计划，必会导致我们有所改变；其次，我们必须具备调适能力，能够随时修正、改进这个计划。

我们着手做事，不论对错，都会得到反馈。而这些反馈的信息，大多是我们追求成功最初阶段时所无法获得的资讯，必须实际行动之后才产生的新资讯。这些资讯不仅充实我们既有的计划，而且还为我们调整目标提供了参考的依据。

辩证主义学者认为，世界万事万物都是在不断变化着的，一个人如果仅仅执着于过去的理念或目标，就会产生适应性上的困难。例如，一个制造电器用品的公司，在连续几年之中，该公司特别投注心力在某一个特殊产品的领域上，直到公司成为该产业的独占者为止。当该公司所生产的特殊产品不再为消费者所需求时，即是该公司应该结束的时候了！

这个情形就是，该公司将一个非永久需求的产品带进了一个有限的市场，整个企业的成与败都依赖这一产品。

因此，我们千万不能将自己的目的局限在某一个可能随时会结束的方向上！我们应该选择一个方向，能够包容改变，并由改变中吸取经验，获得利益。而不是让你其他附属的或次要的目标，影响或改变了最终的人生目标。它们存在只是为了帮助你早日达成人生目标，不是来改变你人生的方向。

在你人生的旅途中，附属次要目标在一段时间之后可能会扩展或甚至改变了方向，也可能创造出新的目标或去掉一些目标，但最终的目的只有一个：那就是要达成最终的人生目标。因为这个缘故，在人生道路前进时，要有调整方向的弹性。约瑟夫·基尔施纳德认为，“预期发生预料之外的事”是绝佳的人生格言。

正如前文所言，我们所生存的世界既复杂又动态，不断会有变化，因此，我们必须随时准备面对出乎意料的情况——这些情况会引我们走向未曾计划之处。我们必须知道，通往成功的道路往往迂回曲折，一定要预先做好准备。

从出发点 A 到终点 Z 不太可能是完全笔直的线，我们时而偏左，时而偏右。如目标定得足够清楚明确，在进行的过程中，可根据实际情况，将这一切迂回曲折，统统纳入到我们的计划中。

假如内心有明晰的前景蓝图，信心坚强、计划周全，具备随时调节的灵活弹性，便能对人生路上的一切状况应付自如。前景蓝图和信心两者同样重要，一个人对自己期待获得的事物，或正要前往的方向欠缺明晰的蓝图，容易把事情变得既复杂又困难，迂回曲折，走许多冤枉路。

近代史上，有一群人特别成功，那就是第二次世界大战中，曾被囚禁于纳粹集中营而幸存的人。

赫姆瑞可博士在一本著作中，拿这群人和战前即迁居美国的同龄犹太人做比较，结果发现，平均而言，这批幸存者的教育程度较低，但日后的事业成就较大，收入较高，较热心从事社会服务工作。

赫姆瑞可探究原因，发现这些历经苦难折磨，却颇有成就的人，具有若干共同特质，其中最重要的两点是：随时准备主动展开新任务；且能针对环境变化，随时进行调整与调适。

查斯特·菲尔德爵士认为在制定目标的时候一定要保持一定的灵活性，以备我们在执行过程中不断地修正与调整。

你将发现，如果你立下的目标更加灵活，那么一些美妙的事情就开始发生，你会觉得更放松，但你不会损失任何生产力。你甚至可能会更加多产，因为你不必花费太多的精力在焦虑和烦恼上。

3. 学会制订备用计划

当环境因素的变化对计划的影响，不是表现为简单的数量或进度的变动，而是涉及大政方针的变动，即根本改变了原定的计划。这时的问题就不是对计划进行修改调整，而是要重新编制计划。

为了使计划工作在偶然事件发生时仍具有改变航道的灵活性，可以制定备用计划。所谓备用计划，就是编制计划时根据应变需要预先准备若干计划方案备用，并说明各备用计划的启用条件。当环境因素发生变化时，先对变化作出评价，然后决定是否需要启用备用计划，启用哪一备用计划。

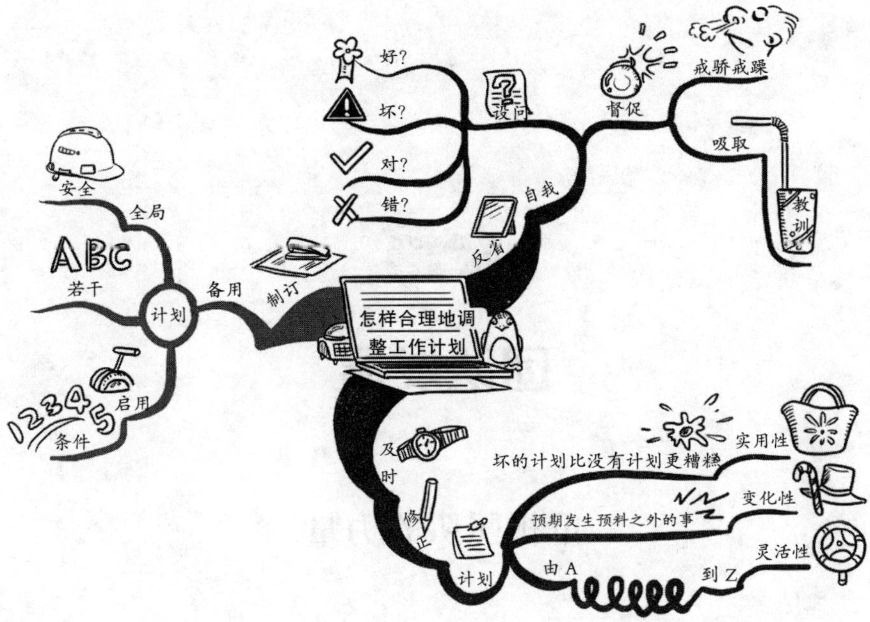
怎样合理地调整工作计划
制订
计划
备用
全局
安全
若干
启用
条件
反省
自我
设问
好?
坏?
对?
错?
督促
戒骄戒躁
吸取
教训
及时
修正
计划
坏的计划比没有计划更糟糕
实用性
预期发生预料之外的事
变化性
灵活性
由A
到Z

第二章

团队发展

重视团队的力量

一滴水只有融入大海才能生存，才能掀起滔天巨浪。同样，一个人也只有融入团队才能生存成长。放眼一流的工作团队，它们之所以会出类拔萃，无非是它们的成员能抛开自我，彼此高度信赖，一致为整体的目标付出心力的结果。

看过德国足球队比赛的人应该都注意到了，这个被称为“日耳曼战车”的球队，频频在世界级的比赛中问鼎冠军，可整个球队却难以找出一个技术超群的个人球星。

一位世界著名的教练说：“在所有的队伍当中，德国队是出错最少的，或者说，他们从来不会因为个人而出差错。从单个的球员看，他们是不完美的，德国队是脆弱的。可是他们 11 个人就好像是由一个大脑控制的，在足球场上，不是 11 个人在踢足球，而是一个巨人在踢，对对手而言那是非常可怕的。”

全队拧成一根绳，发挥团队的最大力量——这就是德国队的秘诀！

企业也是如此，企业是一艘巨大的航母，每一个员工都是它不可或缺的一部分。这艘航母能否朝着企业的预定目标前进，有赖于全体员工的精诚合作。只有每一个员工的力量都保持一致，企业前进的利箭才会以无坚不摧的力量射中靶心。

井深大刚进索尼公司时，索尼还是一个只有20多人的小企业。但老板盛田昭夫却对他充满信心地说："我知道你是一个优秀的电子技术专家，就像好钢要用在刀刃上一样，我要把你安排在最重要的岗位上——由你来全权负责新产品的研发怎么样？希望你能发挥榜样的作用，充分地调动其他人。你这一步走好了，企业也就有希望了！"

"我？我还很不成熟，虽然我很愿意担此重任，但实在怕有负重托呀！"虽然深井大对自己的能力充满信心，但是他还是知道老板压给他的担子有多重——那绝对不是靠一个人的力量能应付得来的。

"新的领域对每个人都是陌生的，关键在于你要和大家联起手来，这才是你的强势所在！把众人的智慧合起来，还能有什么困难不能战胜呢？"盛田昭夫很有信心。

井深大一下子豁然开朗："对呀，我怎么光想自己？不是还有20多名员工吗？为什么不虚心地向他们求教，和他们一同奋斗呢？"

他找到市场部的同事一同探讨销路不畅的问题，他们告诉他："磁带录音机之所以不好销，一是太笨重，一台大约45千克；二是价钱太贵，每台售价16万日元，一般人很难接受，半年也卖不出一台。您能不能往轻便和低廉上考虑？"井深大点头称是。

然后他又找到信息部的同事了解情况。信息部的人告诉他："目前，美国已采用晶体管生产技术，不但大大降低了成本，而且非常轻便。我们建议您在这方面下功夫。"他回答："谢谢。我会朝着这方面努力的！"

在研制过程中，他又和生产第一线的工人团结合作，终于一同攻克了一个个难关，在1954年，试制成功日本最早的晶体管收音机，并成功地推向市场。索尼公司由此开始了企业发展的新纪元！

井深大深深地体会到团队的力量，从这次的成功经历中，井深大更加明白了一个道理：没有完美的个人，只有完美的团队。

当你成为团队中的一员时，“我”就变成了“我们”。你必须舍弃部分的自我，整个团队才有茁壮成长的可能。

在团队中，除了要让每个人都有自我成长、完成任务的机会之外，也要让整个团体为设定的远景目标而努力。如此一来，便能达成个人和团队的“双赢”。

打造高效能组织

“剥洋葱法”是目标管理的一种重要方法。根据组织需要，利用剥洋葱法对企业目标进行分析，由长期目标到短期目标层层分解，更有利于组织顺利地达到目标。

你可能会在年底为自己订下这样一个目标：“我要在下一年中争取成为行业中最出色的业务员。”随后，你可能付出比以前更多的努力来实现自己的目标，然而，正如我们在前文中所说的，“罗马不是一天造成的”，你的目标是逐步实现的。如果你在设定“宏图大计”时，能够运用剥洋葱法将你的“宏图大计”分成一个个小目标，那么在你实现每个小目标时，你就能备受鼓励，而且你会很清楚你现在该去干些什么。

1. 方法大意

实现目标的过程是由现在到将来，由短期目标到最终目标，一步步前进的；但是设定目标的最高效的方法则是与实现目标的过程正好相反，运用“剥洋葱法”，由将来到现在，由长期目标到短期目标层层分解。

2. 目标树

目标树是现代管理学中的一个重要方面。“剥洋葱法”告诉了我们进行目标分解的方向，而目标树则为我们进行目标分析提供了具体的路径。

（1）目标多杈树示意图：

树干代表目标；

每一根树杈代表由最终目的分解生成的大目标；

叶子代表实现大目标需要关注的因素或者子目标。

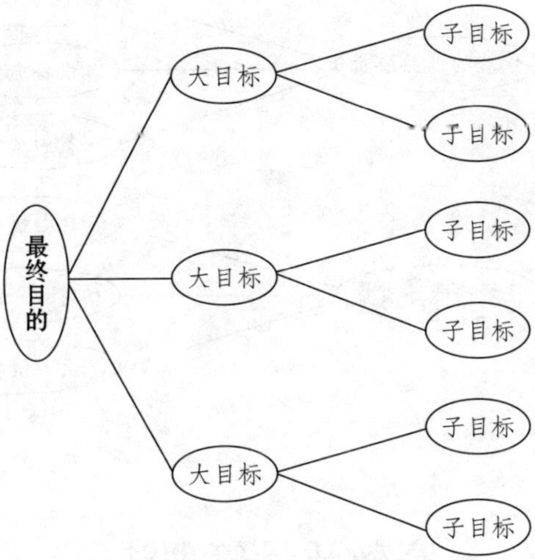

（2）在目标树中，大目标与子目标的关系：

子目标是实现大目标的策略；

大目标是子目标的结果；

子目标实现之“和”一定是大目标的实现。大目标实现之“和”则是最终目的的实现。

（3）如何描绘你的目标树：

首先，写下你的大目标和最终目的；然后思考实现最终目的有哪些策略，列出可能的策略并添加到目标树上的各级目标框内。其实，这些子目标是实现大目标和最终目的的步骤，在达到最终目的之前，首先是大目标和子目标的达到。接下来，再考虑完成每个大目标的因素，这些因素就是多杈树的叶子。这样，你的目标很快就被描绘成一棵“枝繁叶茂”的大树了。同时，你的目的分析任务也就顺利完成了。

例如：你的最终目的是在今年的 9 月 30 日为公司赢得销售额 10 万元。

那么你的目标树如下图：

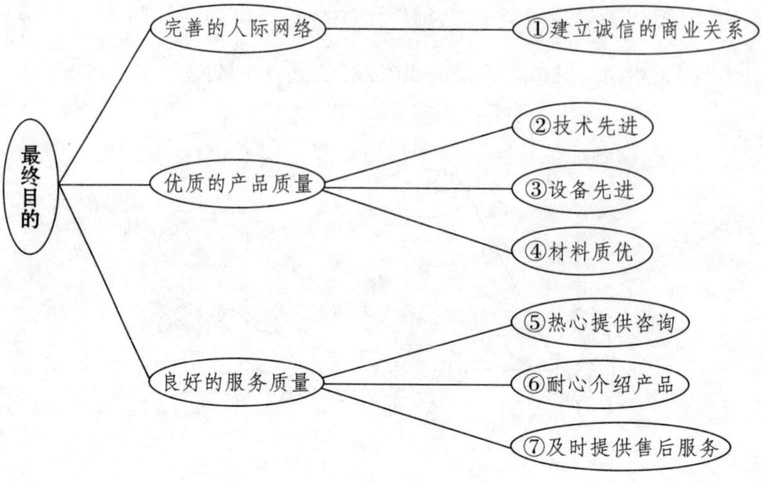

高效质量管理法

PDCA 循环法是一套高效质量管理法。将质量管理过程分为四个依序衔接的工作阶段：计划、执行、检查、修正再执行。严格遵循这一循环法，可以有效地提高质量管理效能和个人工作效能。

PDCA 循环法是在西方十分流行的一种行之有效的科学管理程序。这四个英文字母，分别代表计划（Plan）、执行（Do）、检查（Check）、修正再执行（Action）。PDCA 是一个科学的程序运作，在西方最早是由美国质量专家戴明博士倡导的。他是针对质量管理所提出的一个科学的程序运作。发达国家质量管理的实践证明：PDCA 循环法是一个行之有效的科学管理程序。PDCA 循环不仅是一种高效的质量管理方法，而且对于我们提高个人目的性和工作效能有很强的促进作用。

戴明博士把质量管理全过程分为四个依序衔接的工作阶段，即计划阶段、执行阶段、检查阶段和修正再执行阶段。这四个阶段是一个首尾相接的循环过程。

其实这并不是一门高深的学问，只要我们能解决一个“细”字，将这四个阶段又细分为八个便于操作的步骤，当你运用起“PDCA”循环法时就能够得心应手了。

PDCA循环工作步骤表阶段步骤计划

阶　段	步　骤
计划阶段（P）	①设定目标　②搜索与目标相关的信息　③找出最佳方案 ④制定计划工作表
执行阶段（D）	⑤按计划工作表执行工作
检查阶段（C）	⑥检查执行情况
修正再执行阶段（A）	⑦对检查结果作出修正　⑧修正后再执行

例如有一天，经理分配给你一项任务：让你对某区冷饮市场进行一项市场调查，并拟订一份市场调研报告。这本是让你大展身手的机会，但你却苦于不知从何着手而毫无头绪。为什么要进行调查？怎样进行市场调查？遇到问题怎样解决？调研报告怎样写？……各种各样的问题直砸得你眼冒金星，头脑发胀。但你若运用“PDCA”循环法，则思路会变得非常清晰。

下面我们提供一种某区冷饮市场调查的实施方案：

（1）Plan：制订一份周全的计划。

本阶段你要明确六个问题。这六个问题简称为5W1H。

①为何制订此计划？（Why？）

②计划的目标是什么？（What？）

③何处执行此计划？（Where？）

④何时执行此计划？（When？）

⑤何人执行此计划？（Who？）

⑥如何执行此计划？（How？）

（2）Do：计划好之后，着手将项目一步一步向前推进。

（3）Check：在进行市场调研过程中，一定要记得检查，看项目的推进是否按原先的计划进行？当中有无纰漏和出现偏差？

（4）Action：针对你的检查结果确定你的行动。

如果在市场调研过程中，发现计划偏离了原来的目的，或者发现原先的计划考虑不够周全，那你就要及时弥补、调整，以确保任务圆满完成。如果当中并无纰漏或偏差，当然是皆大欢喜，那你可以继续一如既往地进行。

日事日毕，日清日高管理法

长久以来，中国人做事都存在着很大的毛病，就是不认真，做事不到位，每天工作欠缺一点，天长日久，就成为落后的顽症。曾有这样一种说法：如果训练一个日本人，让他每天擦6遍桌子，他一定会这样做；而一个中国人开始会擦6遍，慢慢地觉得5遍、4遍也可以，最后索性不擦了！这对于组织效能的提高是一个很大的障碍。

组织需要建立一个管理机制来对付这个弊病，这套机制要承担下述功能：无论领导在或不在，企业都会持续良性地运转。OEC管理法就是这样一种机制。其中“O”代表“Overall”，意为“全方位”；“E”代表“Everyone，Everything，Everyday”，意为“每个人，每件事，每一天”；“C”代表“Control and Clear”，意为“控制和清理”，即是全方位对每人、每天、每件事进行控制和清理。其本质就是把企业核心目标量化到人，把每一个细小的目标责任落实到每一个员工的身上。用一句话来概括就是：“日事日毕，日清日高。”这是一种促使企业及每个员工、每项工作都能走上自我约束、自我发展、良性循环轨道的精细化管理方法。

其核心内容可以概括为5句话：总账不漏项、事事有人管、人人都管事、管事凭效果、管人凭考核。

总账不漏项是指把企业内所有事物按事务与物品归为两类，建立总账，使企业正常运行过程中所有的事与物都能在控制网络内，确保体系完整，没有漏项。

事事有人管、人人都管事，是指将总账中所有的事与物通过层层细化，落实到各级人员，并制定各级岗位职责及每件事的工作标准。为达到实时控制的目的，每个人根据其职责建立工作台账，明确每个人的管理范围、工作内容、每项工作的工作标准、工作频次、计划进度、完成期限、考核人、价值量等。为确保其完整性，每个人的台账由其上一级主管审核后方可生效。由于每个人的工作指标明确，工作中既有压力又有相对自主权，可以更好地发挥其主观能动性及自主管理的作用，真正树立起以人为本的思想。

管事凭效果，管人凭考核，是指任何人实施OEC日清日高模式的过程中，必须依据控制台账的要求，开展本职范围内的工作。这可使每个人在相对的自由度下进行创造性的能力发挥，力求在期限内用最短的时间，完成各自标准甚至高于标准的各项工作。

OEC管理法由三个步骤构成：目标体系→日清体系→激励机制。首先是确立目标，日清是完成任务的基础工作，日清的结果必须与正负激励挂钩才有效。

OEC管理的核心就是根据不断变化的市场不断提高目标，因为市场不变的法则在于它永远在变，所以这种模式有三个原则上的要求：

（1）比较分析原则——纵向与自己的过去比，横向与同行业比，没有比较就没有发展；（2）闭环原则——凡事要善始善终，都必须有PDCA循环原则，而且要螺旋上升；（3）不断优化的原则——根据木桶理论，找出薄弱项并及时整改，提高全系统水平。

按照OEC的管理模式，上至总裁，下至一般员工，无论在什么岗位，都应该十分清楚自己一天工作的目标，知道自己应该干什么，干多少，按什么标准干，要达到什么效果。当天发现的问题必须当天解决，就是所谓的“日日清”原理。

如果让一些本来极易排除而未能及时处理的小问题和事故隐患积聚下来，时间长了就会成为积重难返的大问题，以致严重影响目标的实现，而如果目标得不到实现，就会产生一种麻木不仁的思想情绪，影响员工的工作热情和干劲，导致企业管理流于形式。因此，海尔在高起点上稳扎稳打的要诀便是不厌其烦地每天清理薄弱环节。

在达到企业事务“日清”的目标以后，张瑞敏清醒地认识到，只有打破平衡状态，创造新动力，才能带动企业攀上新的台阶，取得持续、稳步的增长。企业原先发展的动力最多不过是使企业在“市场的斜坡”上维持原来的高度。动力来自差距，认清差距，就明确了目标，也就产生了缩小这种差距的新动力。于是张瑞敏在“日日清”的基础上，给 OEC 管理法又添了一道内容：“日日高。”每天提高 1%，在原有基础上或提高质量，或增加数量，或降低成本，或改进工艺，或革新工具等方面有所改进，有所提高。长期坚持下去，所获得的效果将是惊人的。

OEC 日清日高管理法被誉为“海尔的管理之剑”，显示了张瑞敏对国情和中国国民性格的深刻理解，既看到中国人长久以来被压抑而形成的惰性，又看到他们身上蕴藏的无穷潜力。OEC 管理法是海尔人在长期探索中形成的独具特色的企业管理模式，它经历了由无序到有序，由有序到形成体系，并且，这种管理模式仍在不断地优化、上升和提炼。

合理决策法

决策是一个发现问题、认识问题、解决问题的过程。作出决策的方式选择直接影响着决策的正确与否和效率高低。

管理大师杜拉克曾说：“决策是计划工作的核心。一个人要想达到自己的目的，需要掌握的一个很重要的工具就是‘合理决策’的方法。”

首先我们简明地了解一下什么叫决策。决策是一个为达到预期目的而从两个或多个可供选择的方案中选择合理方案的判断和选择的过程。不能简单地把决策理解为就是做出抉择，作出抉择只是决策全过程的一个关键环节。事实上，决策是一个发现问题、认识问题、解决问题的过程。只有全面理解决策的全过程，了解决策各阶段应做的工作及其相互联系，才能保证决策的有效性。

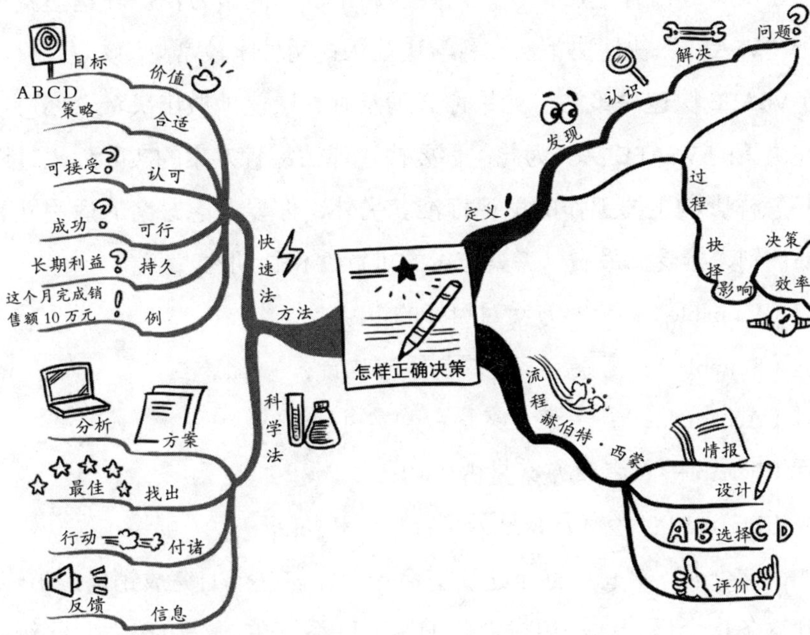

1. 正确的决策流程

完成一项决策要经过一个系统的思维过程。美国管理学家赫伯特·西蒙认为，决策程序应该包括四个步骤：找出制定决策的理由，找到可能的行动方案，在诸行动方案中进行抉择，对已进行的抉择进行评价。西蒙将这四个步骤分别称为情报活动阶段、设计活动阶段、选择活动阶段和评价活动阶段。

计划是决策流程中最关键的一个环节。即，计划阶段就是一个决策过程，能否合理决策在整个计划阶段就显得举足轻重。在计划阶段中，无论前面你设定了多么有效的目标，搜集了多么充分的信息，如果接下来你无法作出明智的抉择，你都将会是竹篮打水一场空。而且，在接下来的几个阶段中，如果决策合理，执行起来就顺利得多，效率也会提高；反之，如果决策不合理，甚至是错误的，那么执行起来就难免会碰壁，效率也会大大降低。

2. 正确的决策方法

知道了决策的流程之后，我们需要掌握正确的决策方法。在这里我们主要介绍“VSAFE”快速决策法和科学决策法这两种比较常见的方法。

（1）VSAFE 快速决策法。如果你必须及时、快速地做出决策，你可以采用快速决策的 VSAFE 法。为此，你要快速评估每种方案的实际效果，以及它们将怎样影响主要工作的测评标准。另外，你要考虑方案的适用性和是否容易被别人接受。最后，考察方案的可行性和长期性。

价值（Valuable）：考察方案对目标的贡献；

合适（Suitable）：考察方案是否与策略吻合；

认可（Acceptable）：考察方案是否确实可接受；

可行（Feasible）：考察方案是否成功；

持久（Eternal）：考察方案是否符合长期利益。

例如，这个月，老总给你下达一道命令：让你这个月完成销售额 10 万元。收到这条指令后，你一边拼命与旧客户联系订单，一边努力发展新的客户。但是选择哪种新客户却成为你前进路上的“拦路虎”。那么让我们依据“VSAFE 快速决策法”来帮助你迅速选择新的客户。

选择新的客户：

标准：需要考虑的因素；

价值：能否增加本月的销售额；

合适：是否符合你建立商业伙伴的全面商业战略；

认可：该客户是否已经被认可而且同行的公司已经接受该客户；

可行：向该客户供货是否方便；

持久：是否有必要根据本公司的产品做进一步的调整。

当然，如果你不能从“VSAFE 快速决策法”五个标准中获得正面的答案，就应当尽快制订一个方案或者修改现行的方案。

（2）科学决策法。所谓科学决策法，就是指通过对存在决策问题的分析选择最佳方案，将之化为行动，以取得高效益或最低风险的结果的一个过程。

科学决策法主要有下面 4 个实验阶段：对各种备选方案分析、找出最佳决策方案、将该决策付诸行动、信息反馈。

对于这一问题，可用决策问题四分图加以解决。如下图：

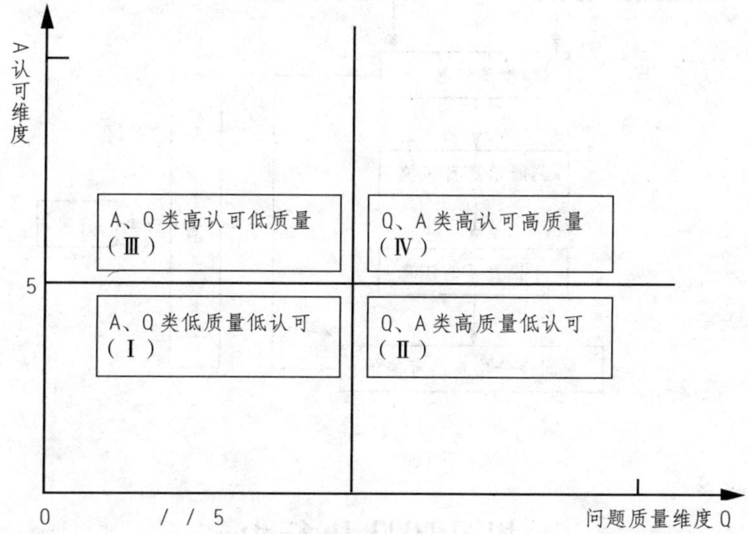

注：Q 因素（Quality），问题质量维度；A 因素（Acceptant），认可维度。

根据这个图，我们进行分析：

①对于象限 I 类的问题，意味着这类问题与个人、工作群体利益关系不大，即质量维度与认可维度都很低。对此类问题，根本不必讨论，随机决定即可。

②对象限Ⅱ类的问题，意味着这类问题与工作群体的利益有紧密联系，但是与个人利益没有直接联系。此时，必须与有关专家共同决定作出决策。

③对象限Ⅲ类的问题，意味着这类问题与工作群体的利益、前途、发

展方向都没有什么联系，但是与个人利益密切相关。对于此类问题，应与利益相关主体协商解决。

④对象限Ⅳ类的问题，意味着这类问题既与工作群体的发展方向、经济利益紧密，又与个人的利益直接有关。则需要与所有人员共同讨论决定。

科学决策法流程图如下：

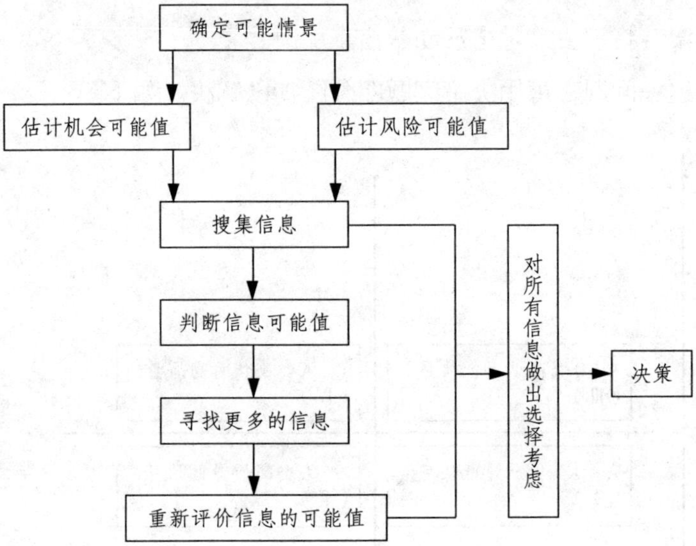

提升团队执行力

执行是实现目标的过程与行动，执行力是执行的力度与能力，执行中采用什么样的方法，对工作力度与工作能力的发挥影响极大，方法恰当，可以达到事半功倍的效果，方法不对，就会事倍功半，影响和制约执行力的发挥。

实践证明，有些工作和任务不能高效地执行，很大程度是执行的流程不合理所造成的。因此，要从根本上解决执行的问题，就需要从组织流程上下功夫，再造合理的落实流程。

MBL是美国第十八大人寿保险公司。该公司的保单申请程序在重建之前，非常烦琐复杂。从顾客填写保单开始，到最终开具保单，要实施30个步骤，跨越5个部门，经过19位员工之手。完成申请过程最快也需要24小时，正常则需要5～25天。

这漫长的过程到底有多少时间是在创造附加价值呢？有人对此进行了推算。推算的结果是：假设整个过程需要22天的话，那么，真正用于创造价值的只有17分钟，还不到0.05％，而99.95％的时间都在从事不创造价值的无用工作。

为什么会是这样的结果，经过分析，得出了结论：是僵化的处理程序将大部分时间都耗费在部门间的信息传递上，从而使本应该简单的工作变得更为复杂。

面对上述这种情形，MBL的总裁果断地提出了将效率提高60％的目标。为此，MBL进行了流程再造。

MBL的新做法是：打破原有的工作界限，拆除影响高速落实的组织障碍。他们削减了100个原有职位，设立了专案经理这样一个新职位。

专案经理不仅对保单申请的全部过程负责，而且拥有全部的权力，即专案经理对整个申请保单的流程具有全部的决策权和处理权。

这种专案经理处理整个流程的做法，不仅大大压缩了线形序列的工作，而且还消除了中间管理层，使得工作效率大幅度提高：处理一份保单只需要4个小时，即使是较复杂的任务也只需要2～5天就能完成。

没有流程化的组织，日常中很多工作是依靠一级一级领导的推动来完成的，一项工作如果没有领导过问，就没有人处理，也没有人承担责任。一个良性的、有执行力的组织，必须从“靠领导推动”转向“靠流程推动”，简化工作决策与执行的环节。

比如，一个员工，凭自己的经验去做事，他可能会做得很快，但有可能会做错，效率虽很高，但有效性等于零。流程化以后就不一样了，他可以按照规定的程序做，就不会出差错。通常情况下，在组织发展速度比较快的时期，没有人会在意流程的存在或者是否有价值，当组织进入到稳定地持续发展的时候，问题就暴露出来了。

各个环节、各个方面的不协调，会严重影响组织的发展。合理的流程可以减少组织对人的依赖，即使出现人员的大规模流动，也不会给组织带来危机。由于提倡简单管理，现实中有的管理者在授权下属贯彻其决策意图时，不把原则、框架和资源条件讲清楚，而是说："这件事就交给你办了，至于怎么办，你自己拿主意，我只管结果，不问过程。"

下属不明所以，只好凭悟性揣摩着干，结果自然执行不好，即使个别悟性极高者执行好了，那也是偶然。这时通过流程固化组织以往经验就可以很好地指引员工工作，用不着多费口舌。

流程的产生过程很重要，但它的落实更重要。有了流程而不落实就等于没有流程。执行新的流程往往会比较痛苦，因为要改变员工原有的工作习惯，要求他们做很多以前并不需要做或需要如此做的工作。

所以，很多人认为流程把高效变成了复杂，把灵活变成了僵化，甚至认为流程就是官僚主义的变形。其实，表面上看制定流程使工作的步骤增加了、固化了，但却提高了正确率，确保了秩序性。

有的组织中员工会以"简单管理"为武器对流程化进行发难，在他们看来，每周都要编制计划，每天都要填写当日工作报表，太麻烦了！严重影响了工作效率！这是员工的抱怨，是对流程化的不适应，也是员工对组织变革的消极反应。这种情况需要一定的时间磨合。

需要明白的是，"简单管理"绝不是粗糙管理，更不是不管理。"简单管理"是"找出规律"的管理，而规律不一定是减少行为投入就可以换来的，为找出规律，前期的基础管理可能很复杂、很琐细，但这是符合事物发展规律的。所以，绝不能因为员工不适应、不支持就放弃。流程化是十分必要的，必须坚持、坚持、再坚持。

第三章

用思维导图化解工作难题

如何突破工作中的“瓶颈”

工作一段时间后，往往会遇到一个“瓶颈”期。为了突破工作中的“瓶颈”，我们需要为自己进行准确的定位，调整心态，进而选择适合自己的充电方式。

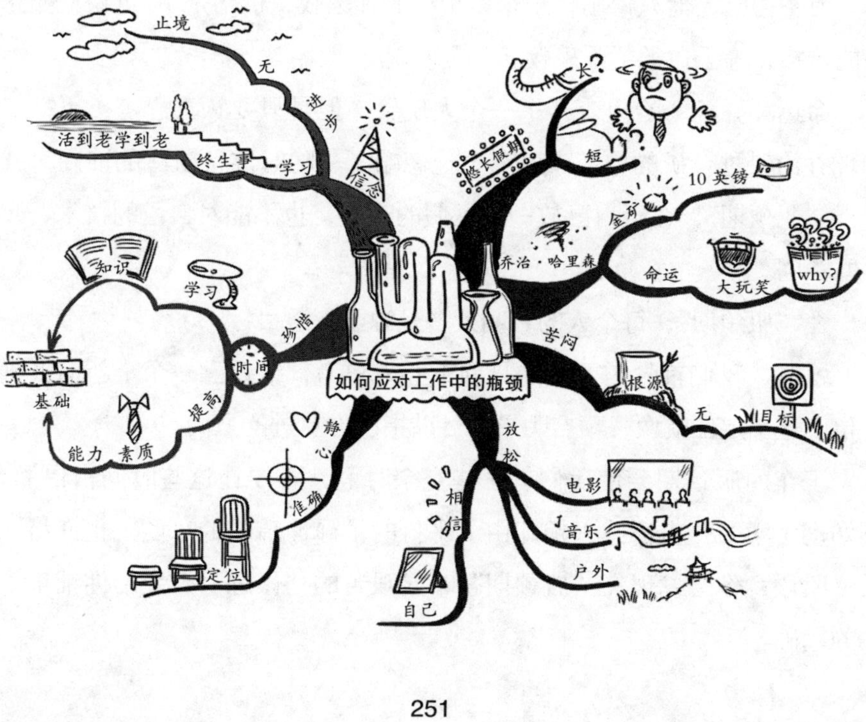

如果我们善于使用思维导图的话，那么面对工作或生活中的任何瓶颈，我们都能理清、理顺，从而有效应对。

无论事业还是生活，每个人都会遇到“瓶颈期”。最糟糕的是，你并不知道这一次的“瓶颈期”有多长。于是有人戏称之为“悠长假期”。应该怎样度过这个“假期”呢？希望下面的这个小故事能够带给你启发。

在18世纪淘金热刚刚兴起的时候，南非的金矿还埋藏在一望无际的沙漠下。一个名叫乔治·哈里森的人来到南非，他对自己说，他要找到世界上最大的金矿。可是命运似乎并没有眷顾这名年轻人，十几年的时间过去了，乔治·哈里森连金矿的影子都没有看到，只是在一些小金矿作坊里没日没夜地干着最脏最累的活。

处于“瓶颈期”的他松懈下来，放弃了寻找金矿的任何准备。

在很偶然的机会，乔治·哈里森发现了一条长420公里，宽24公里的金脉，这也是目前世界上最大的金矿。

就在他感觉到喜从天降的时候，却发现自己不具备任何开采金矿的资本。万不得已，他只得出售了这条金矿的开采权，价格是10英镑！如此低廉的价格，等于白送了开采权。

命运和乔治·哈里森开了一个大玩笑。但是只要认真思考一下，就会发现乔治错过金矿的原因，就在于他忽略了“随时准备着”的准则，就算处于“瓶颈期”，在给自己放一个长假的时候，也不能对自己的技术、知识不闻不问。

在“瓶颈期”，每个人的苦闷大多是源于缺乏目标。

这时，我们首先需要做的是静下心来思考，给自己一个全新而准确的定位。这个定位就像一颗启明星，可以指引你前进的方向。

工作的瓶颈期会使我们有一些空余时间，不要让这些时间白白溜走，不妨动手学习一直很感兴趣却由于平日的忙碌而疏忽的东西。也许将来的某一阶段，你会发现在“瓶颈期”略显艰苦的“修炼”已经给你铺垫了厚实的基础。

下面这个故事中的主人公就是借助学习突破了他的工作瓶颈期，而且迎来了一个崭新的发展阶段。

王明是一家外贸公司的职员，他对自己的工作很不满。

在一次朋友聚会上，他十分生气地对好友张亮说："我的老板真是有眼无珠，他从来都不重视我，我哪天非在他面前发火不可，然后离开公司。"

张亮听后，问王明："你对你所在的公司完全了解了吗？对公司所做业务搞明白了吗？"

王明摇摇头，非常疑惑地看了看张亮。张亮接着说："俗话说'君子报仇十年不晚'嘛！你不用着急辞职，我建议你把你们公司的业务流程先全部搞清，并认真学习那些你不会的东西，等什么都学会后再辞职不干也来得及。"

张亮见王明表情迷惑，就解释说："你想想啊，公司是一个不用花钱就可以学习的地方，等你全部都学会了再辞职的话，就能给自己出气，还能有很多收获，岂不是一举两得吗？王明，难道你不这么认为吗？"张亮的建议王明谨记在心。此后，王明勤学默记，经常在别人下班之后，他还待在办公室中研究写商业文书的方法。

时间过得飞快，一年后，王明偶然遇到了张亮，张亮问他："现在你应该把公司的事情学得差不多了吧？什么时候准备拍桌子辞职啊？"

不料王明却说："但是，这半年来我感觉老板对我非常重视了，近来不断给我加薪，并委以重任，现在，我已经是公司最红的人了！"

从这个故事中，我们应该明白这样一个道理：现在已经步入终身学习的时代，学习是终生的事情，是没有时间的分隔、人员的界定和场所限制的，要想有所发展，就一定要时刻学习。

提高学习的能力要比学习知识重要得多，知识虽然也在时刻更新，但人们只有在提高了学习知识能力的同时才能更好地吸收新知识、运用新技能，以此提高自己的整体素质，才能适时地突破瓶颈。

如何跨越职业停滞期

工作中，突然出现的“职业停滞期”会让人陷入一种深深的“本领恐慌”中，要突破这种职业停滞期，我们要学会“自我革命”，只有不断地突破自我，才能够不断成长。

在职场中，很多人会遭遇一种“职业停滞期”。

例如，有些人因为对自身没有很好的职业规划，接受新知识的态度也不是很积极，结果导致自己的创新能力跟不上新员工，眼看着身边的新员工一个个加薪、晋职，他们陷入一种深深的“本领恐慌”中。

然而面对自己职业上的停滞，他们更多的是埋怨企业没能给他们职位提升的空间，这种想法是不对的。“解铃还须系铃人”，这时，需要我们进行“自我革命”，只有不断地突破自我，才能够不断成长。在这一点上，一则关于鹰的故事可以给我们带来一个很好的启示。

鹰是世界上寿命最长的鸟类之一，其寿命可达 70 年，但当鹰长到 40 岁的时候，它的爪子开始脱落，喙变得又长又弯，翅膀上的羽毛也长得又浓又厚，已不再是飞行的工具，相反成了一种负担。

这时的鹰就如同企业的中年员工一样，必须作出一个困难却又关乎生命的选择：要么安静地死去，要么经过一个痛苦的进化过程获得新生。让人敬佩的是，所有的鹰都选择了后者。它们努力地飞到悬崖边上筑巢，数月停留在那里不再飞翔，用喙击打岩石，直到老喙完全脱落。新喙长出后，鹰会用它把指甲一根根地拔出来，新指甲长出来后再用爪子把羽毛一根根拔掉。5 个月后，鹰获得了新生。

世界著名的信息产业巨子，英特尔公司的前总裁安迪·葛鲁夫，在功成身退之时，回顾自己创业的历史，曾深有感触地说：“只有那些危机感强烈、恐惧感强烈的人，才能生存下去。”

恐惧，无疑是一种不安的心志，而居安思危是使“惧”成为不惧的新起点。“惧”是审时度势的理性思考，是在超前意识前提下的反思，是不敢懈怠、兢兢业业、勇于进取的积极心志。

正是在这种惧者生存的经营理念下，英特尔在安迪·葛鲁夫的领导下，常能够适时地进行变革，最终成为全世界最大的芯片制造商。

“英特尔”成立时，葛鲁夫在研发部门工作。1979 年，葛鲁夫出任公司总裁，刚一上任，他立即发动攻势，声称在一年内要从摩托罗拉公司手中抢夺 2000 个客户，结果“英特尔”最后共计赢得 2500 个客户，超额完成任务。

此项攻势源于其强烈的危机意识，他总担心英特尔的市场会被其他企业占领。

1982 年，由于经济形势恶化，公司发展趋缓，他推出了“125％的解决方案”，要求雇员必须发挥更高的效率，以战胜咄咄逼人的日本。他时刻担心，日本已经超过了美国。

在销售会议上，可以看到身材矮小、其貌不扬的葛鲁夫。他的匈牙利口音使其吐词不清，他用拖长的声调说：“‘英特尔’是美国电子业迎战日本电子业的最后希望所在。”

危机意识渗透到安迪·葛鲁夫经营管理的每一个细节中。1985 年的一天，葛鲁夫与公司董事长兼 CEO 的摩尔讨论公司目前的困境。他问：“假如我们下台了，另选一位新总裁，你认为他会采取什么行动？”

摩尔犹豫了一下，答道：“他会放弃存储器业务。”葛鲁夫说：“那我们为什么不自己动手？”在 1986 年，葛鲁夫为公司提出了新的口号，“英特尔，微处理器公司”。

“英特尔”顺利地度过了困难时期。其实，这皆赖于葛鲁夫那浓厚的危机观念。他始终认为，居安思危者方可生存，企业家一定要居安思危，保持忧患意识，企业方可长久。为了不让公司再度陷入困境，葛鲁夫让“英特尔”几近疯狂地投入到微处理器的战场之中。1992 年，葛鲁夫让“英特尔”成为世界上最大的半导体企业。因为“英特尔”已不仅仅是微处理器厂商，它逐渐成了整个计算机产业的领导者。1994 年，一个小小的芯片缺陷，一下子将葛鲁夫再次置于生死关头。12 月 12 日，IBM 宣布停止发售所有奔腾芯片的计算机。预期的成功变成泡影，雇员心神不宁。12 月 19 日，葛鲁夫决定改变方针，更换所有芯片，并改进芯片设计。最终，公司耗费相当于奔腾 5 年广告费用的巨资完成了这一工作。但“英特尔”又一次活了下来，而且更加生气勃勃，是葛鲁夫的性格和他的危机观念挽救了公司。

如今，“英特尔”已经掌握了微处理器的市场，可在危机观念的指导下，它没有任何放松的迹象，葛鲁夫仍然没有沾沾自喜而就此松懈。在他的带领下，“英特尔”把利润中非常大的部分花在研发上，继续疯狂行径的葛鲁夫依旧视竞争者如洪水猛兽。葛鲁夫那句“只有恐惧、危机感强烈的人，才能生存下去”的名言已成为“英特尔”企业文化的象征。

曾看过一个关于“蝉猴”的故事。蝉猴是蝉的幼虫，在它成长为可以爬上树“歌唱”的蝉之前，要经过一次至关重要的蜕皮，如果不完成这次蜕变，它只能长眠于地下，永远也不能变成可以欢歌的蝉。

其实，蝉猴的经历也是我们每一个人甚至每一个企业的写照。危机是随时都会出现的，危机当前，逃避不是上策，只有勇敢地面对它，根据发展形势进行必不可少的变革，才是个人与企业长久发展之计。

如何缓解心理压力

今天，在工作强度日趋加大，市场竞争日趋激烈的情况下，不少人感到难以承受沉重的工作压力，并出现了明显的心理反应。在这种情况下，减压已经成为一个刻不容缓的问题。

2003 年 6 月，温州市东方集团副总经理朱永龙因长期精神抑郁自杀身亡。

2003 年 8 月，韩国现代集团董事长郑梦宪跳楼身死。

2005 年 4 月，爱立信（中国）有限公司总裁杨迈由于心脏骤停在北京突然辞世。

……

中国约有 70% 的白领处于亚健康状态。

为什么会这样呢？一句话，都市节奏太快，职场压力太大。

所谓的压力是当我们去适应由周围环境引起的刺激时，我们的身体或精神上的生理反应。一般而言，98% 的压力来自芝麻小事，只有 2% 的压力可能造成生活上的大问题。

然而，这 2% 的压力却产生了 98% 的“负面性压力”。有人面对压力，会暴饮暴食、酗酒、吸毒，变成工作狂，但有人却会把压力视为机会，借着压力将自己转化得更成熟稳健。

不良压力危害人的生理和心理健康，威胁人生幸福，如何应对压力是一堂人生必修课。当面对压力时，你可以采用以下方法来化解压力、缓解压力：

1. 让心灵暂时出逃

工作无休止，事业无尽头，但是健康却是我们永恒的本钱。在这个日新月异的社会里，每个人都越来越看重自己的身份和事业，既想做白领、做主管、做老板，又要做好丈夫、好妻子、好父亲、好母亲。

这些来自职场和家庭的不同身份，就像一张无形的网，罩得人们喘不过气来。其实，你完全可以让自己停下来歇一歇。在办公室和家的两点一线之外，找一个让心灵暂时出逃的地方，将人生重负稍放片刻，在那里虚度一下光阴。出来之后，你也许就会觉得，迎接你的，是又一个生机勃勃的明天。

2. 提高你的抗压力

提高抗压能力的第一步是要有意识地塑造自己良好的性格，对待事情，要能拿得起，放得下，保持情绪的稳定性。这样当压力到来时，就不会有大起大落的不适应感。

再者，要意志坚定、胸怀坦荡、心境豁达，凡事不钻牛角尖。

最后要善于处理人际关系。今天，每个人都面临事业、学术、婚姻、住房、医疗、利益分配等诸多问题，在这些关系个人利益的问题中，人际关系显得尤为重要。

3. 饮食得当，缓解心理压力

营养学家和心理学家经过几十年的潜心研究，发现食物因素对人的心理状态包括情绪状态有较大的影响。在一定情况下，选择最佳食物，可以缓解心理压力和负担。

例如，含糖量高的食物对忧郁、紧张和易怒行为或心理状态有缓解作用。因此，如果你遇到难题，思虑过度或紧张不安，甚至发生严重失眠的话，建议在睡觉前喝点脱脂牛奶或加蜂蜜的麦粥，并吃些香蕉。这些食物会帮助你安定心情、顺利入眠，并且会睡得更香。

4. 勤做缓解压力操

步骤一：两手慢慢平伸，手握拳头，慢慢用力，包括上臂、前臂、拳头。慢慢用力，再用力，感觉肌肉的紧绷，达到自己可以承受的极致。然后慢慢放松，两手慢慢放下。

步骤二：身体坐正，下巴往胸前压，两肩往后拉，然后往前压，再用力往后拉，用力，慢慢放松，动作要慢。

步骤三：眉毛上扬，用力往上扬，用力，再用力，然后慢慢松开。

步骤四：鼻子、嘴巴、眼睛用力往脸中间挤，慢慢用力，然后慢慢放松。

步骤五：嘴唇紧闭，用力咬紧牙齿，慢慢用力，然后慢慢放松。

步骤六：嘴巴张开，舌头抵住下齿龈，嘴巴用力张开，舌头用力抵住，再用力，慢慢放松。

步骤七：身体坐直，身体往后仰，用力往后仰，再用力，慢慢回复原来位置，慢慢做两个深呼吸。

5. 香气疗法

香气治疗法目前在日本颇为流行，它不是简单地买回一些植物汁或者植物油来享受其芬芳就完事，而是有越来越多的商家开始利用这种香气为人们提供治疗服务，据说该治疗可以起到缓和人们紧张情绪和改进人际关系的神奇功效。

很多美容院都已开展了这项服务。当然，如果没有条件的话，那么养几盆有香味的花，每天早晚跑去阳台各闻一次，然后做做伸展运动，也许压力也会随之一扫而光。

6. 听自己最喜欢的歌

音乐同样具有安定情绪和抚慰的功效。想尽情地发泄一番，那就听一听摇滚乐；想理清一下情绪，那就听听古典音乐。你可以买上一两张新碟，把自己关在房间里戴上耳机，你就可以尽情地沉浸在音乐王国里面了。

7. 有空常做深呼吸

呼吸并不只有维持生命的作用，吐纳之法还可以清新头脑，平静思绪。所以当你因压力太大而心跳加快时，不妨试着放松身心，做几个深呼吸。

8. 在想象中减压

听起来很新鲜，其实研究证明想象能有效减轻压力。例如设想自己在草地漫步，闻到近处有兰花，踩着鹅卵石在没膝深的溪水中探行，躺在海滩上让潮水一遍一遍地冲刷。要注意想象一些声音、景象、气味等的细节。

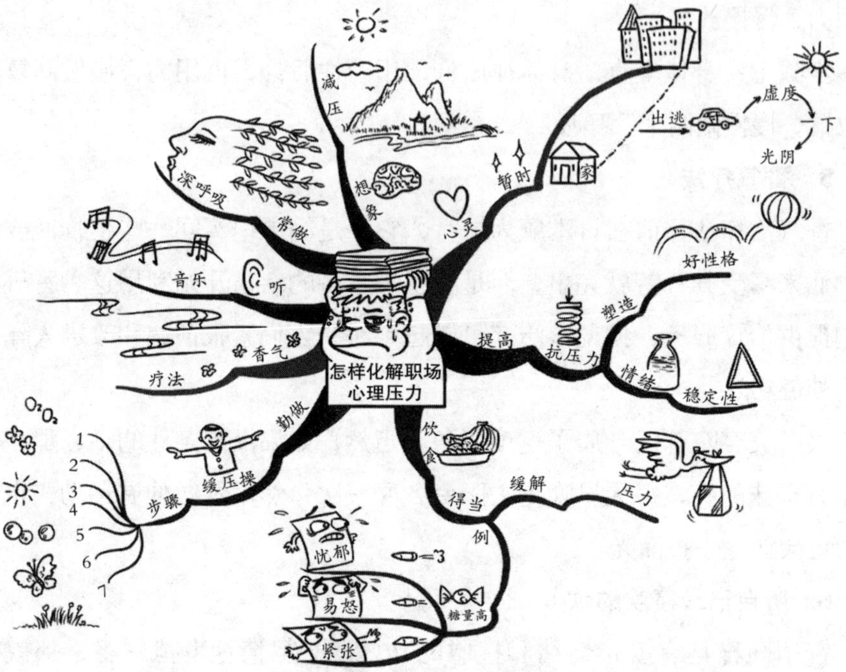

如何摆脱不良的工作情绪

“雄鹰翱翔天空，难免折伤飞翼；骏马奔驰大地，难免失蹄折骨。”人的一生不可能一帆风顺，事事如意，我们在工作中也难免会遇到挫折。摆脱不良的工作情绪将有助于工作的顺利进行，并可以给你带来好的心境。

有的人在工作中遇到挫折后，就消沉、灰心、萎靡不振，丧失信心，放弃了努力，甚至自怨自艾，自暴自弃。

长久的压抑甚至导致精神疾病，其实，在遇到挫折后，不妨冷静而理智地分析导致挫折的原因和过程，从中找到较好的解决办法。

下面介绍几种摆脱不良工作情绪的方法：

（1）沉着冷静，不慌不怒。

（2）增强自信，提高勇气。

（3）审时度势，迂回取胜。所谓迂回取胜，即目标不变，方法变了。

（4）再接再厉，锲而不舍。当你遇到挫折时，要勇往直前。你的既定目标不变，努力的程度加倍。

（5）移花接木，灵活机动。倘若原来太高的目标一时无法实现，可用比较容易达到的目标来代替，这也是一种适应的方式。

（6）寻找原因，理清思路。当你受挫时，先静下心来把可能产生的原因寻找出来，再寻求解决问题的方法。

（7）情绪转移，寻求升华。可以通过自己喜爱的集邮、写作、书法、美术、音乐、舞蹈、体育锻炼等方式，使情绪得以调适，情感得以升华。

（8）学会宣泄，摆脱压力。面对挫折，不同的人有不同的态度。有人惆怅，有人犹豫，此时不妨找一两个亲近的人、理解你的人，把心里的话全部倾吐出来。

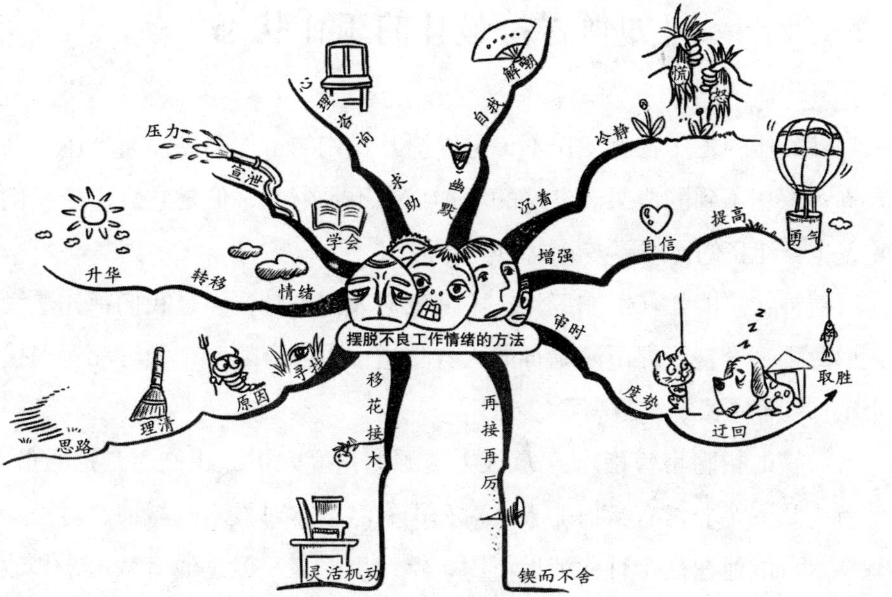

从心理健康角度而言，宣泄可以消除因挫折而带来的精神压力，可以减轻精神疲劳；同时，宣泄也是一种自我心理救护措施，它能使不良情绪得到淡化和减轻。

（9）必要时求助于心理咨询。当人们遭遇到挫折不知所措时，不妨求助于心理咨询机构。

心理医生会对你动之以情，晓之以理，导之以行，循循善诱，使你从"山重水复疑无路"的困境中，步入"柳暗花明又一村"的境界。

（10）学会幽默，自我解嘲。"幽默"和"自嘲"是宣泄积郁、平衡心态、制造快乐的良方。当你遭受挫折时，不妨采用阿Q的精神胜利法，比如"吃亏是福"、"破财免灾"、"有失有得"等来调节一下你失衡的心理。或者"难得糊涂"，冷静看待挫折，用幽默的方法调整心态。

对此，我们用思维导图画出摆脱不良工作情绪的方法，以时刻提醒自己。

如何保持最佳的工作状态

以最佳的工作状态工作不但可以提升我们的工作业绩，而且还可以带来许多意想不到的成果。良好的精神状态不是财富，但是它会带给我们财富，也会让我们得到更多的成功机会。

精神状态能如何影响工作，不是任何人都清楚，但是我们都知道没有人愿意跟一个整天提不起精神的人打交道，也没有哪一个领导愿意提拔一个精神萎靡不振、牢骚满腹的员工。

微软的招聘官曾指出："从人力资源的角度来讲，我们愿意招的员工，他首先是一个非常有激情的人，对公司有激情、对技术有激情、对工作有激情。可能他在这个行业涉世不深，年纪也不大，但是他有激情，和他谈完之后，你会受到感染，愿意给他一个机会。"

刚刚进入公司的员工，自觉工作经验缺乏，为了弥补不足，常常早来晚走，斗志昂扬，就算是忙得没时间吃饭，依然很开心，因为工作有挑战性，感受也是全新的。

这种工作时激情四射的状态，几乎每个人在初入职场时都经历过。可是，这份工作激情来自对工作的新鲜感，以及对工作中可预见问题的征服感，一旦新鲜感消失，工作驾轻就熟，激情也往往随之溜走。一切又开始平平淡淡，昔日充满创意的想法消失了，每天的工作只是应付完了即可。既厌倦又无奈，不知道自己的方向在哪里，也不清楚究竟怎样才能找回令自己心跳的激情。在领导的眼中也由一个前途无量的员工变成了一个比较称职的员工。

现今这个充满竞争的社会里，在以成败论英雄的工作中，谁能自始至终陪伴、鼓励、帮助我们呢？同事、亲人和朋友们，都不能做到这一点。唯有我们自己才能激励自己更好地迎接每一次的挑战。

所以要想变得积极起来完全取决于我们自己。

如果我们每天清晨始终以最佳的精神状态出现在办公室里，面带微笑问候一声同事，以昂扬的精神状态投入工作，感染周围的同事，工作时神情专注，走路时昂首挺胸，与人交谈时面带微笑……

愈是疲倦的时候，就要表现的愈好、愈显精神，让人完全看不出一丝倦容，这样会给周围的人来积极的影响。

良好的工作状态是我们责任心和上进心的外在表现，这正是领导期望看到的。在这个社会中，人们都承受着巨大的有形或者无形的压力。

所以就算生活、工作不尽如人意，也不要愁眉不展、无所事事，要学会掌控自己的情绪，让一切变得积极起来。让我们始终对未来充满希望！明天会更好！如果我们乐观，一切事情都是亮色的，包括糟糕的事情，如果我们悲观，一切事情都是灰色的，包括美好的事情。

所以保持对工作的新鲜感是保证我们工作激情的有效方法。

可是这做起来很难，不管什么工作都有从开始接触到全面熟悉的过程。

要想保持对工作的恒久的新鲜感，可以从以下几方面着手：

首先必须改变工作只是一种谋生手段的认识，把自己的事业、成功和目前的工作连接起来；其次，保持长久激情的秘诀，就是给自己不断树立新的目标，挖掘新鲜感，把曾经的梦想捡起来，寻找机会去实现它。审视自己的工作，看看有哪些事情可以更好地处理，然后把想法实施到工作中，认同企业文化培养归属感，对自己的企业和工作感到骄傲，在我们解决了一个又一个的问题后，自然就产生了一些小小的成就感，也会因此受到鼓舞，感觉生活是美好的，这种新鲜感觉就是让激情每天陪伴自己的最佳良药。最后要热爱工作并充满激情。不要扼杀对美好事物的追求和热情，对我们的工作倾入全部的热情，每天精神饱满地去迎接工作，以最佳的精神状态去发挥自己的才能，就能充分发掘自己的潜能。我们的内心同时也会变化，越发有信心，别人也就会认同我们存在的价值。

如何保持完美的职业形象

成功形象是一个人的无形资产，“看起来像个成功者和领导者”，那么你的事业会为你敞开幸运的大门。

西方有句名言：“你可以先装扮成‘那个样子’，直到你成为‘那个样子’。”如果你已经成为“那个样子”，但没有扮成“那个样子”，那么对你的成功事业就会带来一定的阻碍，先看一个事例。

我国东北盛产大豆，以其粒大、油多、脂肪丰富而闻名全国。改革开放后，一大批农民企业家迅速崛起，陈志贵就是其中的一个。他就地取材，以当地特产的优质大豆为原料，创办了一家豆粉饼加工厂。

由于经营得方，业务很快就做大了，不仅将客户发展到了全国，甚至还发展到了东南亚地区。

一天，陈志贵收到了一张来自香港的大订单，他亲自带领工人连夜加班，终于在规定的时间内完工，将货物发往了香港。但几天之后，香港公司却打来电话，说货物“有质量问题”，要求退货。

陈志贵十分纳闷，自己的产品一向以质量过硬而赢得卓越信誉，况且，这批产品由自己亲自监工生产，怎么会出现质量问题呢？绝对不是质量问题，一定是其他环节上出现了问题！陈志贵十分自信，他简单收拾了一下行李，立即乘飞机飞往香港。

当西装革履、风度翩翩的陈志贵出现在香港公司的总经理面前时，对方竟然惊讶地张大了嘴巴。虽然还不明白退货的问题出在哪里，但感觉敏锐的陈志贵已从对方的细微变化中捕捉到了什么。

在以后两天的相处中，陈志贵不亢不卑，侃侃而谈，充分表现出一个现代企业家应有的气质和风度，最终不仅“质量问题”烟消云散，还和那位总经理成了好朋友，成为长期的商业伙伴。

但是“质量问题”始终是陈志贵心中的一个疑团，因为他和对方谈得多是企业管理和人生修养方面的问题，他们根本没有再提什么质量问题。直到多年之后，陈志贵向那位经理询问才得知真正原因。

原来，这批货是香港公司的一个部门经理向陈志贵订的货，但在向总经理汇报后，总经理得知这批货是由农民家庭加工生产时，脑海里凭空臆想出了一个土得掉渣的农民形象。他顾虑重重，对那批货看也不看，就做了退货的决定。但当形象鲜明、个性十足的陈志贵突然出现在他面前时，他才知道自己犯了个多么可笑的错误。

可见，成功形象是一个人的无形资产，“看起来像个成功者或者领导者”，那么你的事业会为你敞开幸运的大门，让你脱颖而出。

民主选举时，由于你“像个领导”，人们会投你一票；提拔领导时，由于你“像个领袖”，你会被领导和群众接受；对外进行商务交往时，由于你“像个成功的人”，人们愿意相信你的公司也是成功的，因而愿意与你的公司进行交易。

沈先生有很高的经商才能，从一家大公司辞职后他想开家公司。但是当他的公司开张时，生意却出奇惨淡，他的客户在他简陋的办公室中往往坐不到五分钟就起身告辞。

后来他在实力的虚实上做起文章来，以吸引入流的商人和客户。首先他拉起了大旗，重新打起了原来公司的招牌，当然他不会忘记疏通内线关系，以防被人识破。不过，他只是在认为必要的时候才这样做。

他租用了一套还算像样的房子，将里面的家具放入仓库，从别处借来一套上档次的办公家具，精心布置一番，顿使办公室气派不凡。

他又从家中拿来一些商务方面的书，搁在书架上，而且专放些半新半旧的，这使人不致怀疑他在生意上的真才实学。他通过熟人买了一套计算机机壳，盖上好看的装饰布，只要人们不亲自操作，谁也不知道那是样子货。他花小钱认认真真地“包装”了他的公司。

不过，他的公司也有真正属于他的东西，就是传真机和电话机。以后，他的公司里生意人渐渐多了，他出色的谈判技巧配上有实力的表象，使人增加了对他的信任，终于他有了几个固定的客户。

一次，他与一个商人为一笔生意谈了一天，因价格问题久谈不下。于是第二天他雇人在谈判中闯进来，作出欲抢生意的样子，此举竟使那商人让了步。

就这样，他虚虚实实、真真假假，若有若无地与形形色色的商人打交道，并且战绩辉煌，有了相当可观的收入。他将公司搬进了一家饭店，办公室里的那台电脑也变成真的了。当沈先生经过一系列改变后，他就让人产生了“看起来像个成功人士”的感觉，这促使他迈出走向成功的关键的一步。

因为在人们的意识中，具备这种成功形象的人大都是已经成功的人，因此，“看起来像个成功者”能够让你感受成功者的自信，激励自己走向成功，模仿成功者的举止、行为，被人们首先认可是具有潜力的成功者。因而，当成功的机会到来时，你就是成功者！

为了取得成功，你必须在脑中“看”到你正在取得成功的形象，在脑中显现你充满自信地投身一项困难的挑战的形象。这种积极的自我形象反复在心中呈现，就会成为潜意识的一个组成部分，从而引导我们走向成功。

努力在外表塑造“像个成功人士”的例子数不胜数，因为他们深刻理解“看起来像个成功者”的形象对事业有多大的促进作用。

当然，看起来像个成功人士，不仅仅是指外表、谈吐和举止都要像个成功者，而且要有许多特质，这些特质是看不见摸不着的，但它却是成功的根本。这些特质包括：

（1）热情奔放。

成功者一直有一个理由，一个值得付出、激起兴趣、且长据心头的目标，驱使他们去实行、去追求成长和更上一层楼。这目标给予他们开动成功列车所需的动力，使他们释放出真正的潜能——这就是热情。

（2）乐观向上的精神。

一个能够在一切事情不顺利时仍然微笑的人，比一个遇到艰难就垂头丧气的人，更具有胜利的条件。

（3）要有策略。

策略就是组合各种才能的计划，有策略才能使事情按部就班地完成。

（4）清楚的价值观。

看看那些真正的成功人士，他们虽然职业不同，但却有共同的道德根基，知道为人本分和当仁不让。所以要想成功，就得明白自己的价值观，这是极为重要的关键。

（5）精力充沛。

缺乏活力、步履蹒跚的人想进入卓越之林，那几乎是不可能的。精力充沛之人的四周，几乎整日充满各种各样的机会，忙得他们分身乏术。

（6）超凡的凝聚力。

差不多所有的成功者都有一种凝聚众人的超凡能力，这种能力能把不同背景、不同信仰的一群人集合在一起，建立共识，统一行动，这样才能保证事业成功。

（7）善于沟通。

能带动我们生活和工作的人，都是能与他人沟通的大师，他们具有传送见解、请求、消息的能力，所以能成为伟大的政治家、企业家等。成功者的特质，仿佛是由心中燃烧的火焰，驱使他们去追求成功。拥有成功特质的人，在不断实现自己理想的过程中，也广泛地赢得了世人的欢迎和瞩目。

第六篇

画出完美人生

第一章

画出清晰思路

提高上课记笔记的效率

我们从上学第一天开始，爸爸妈妈就为我们准备好了笔记本，告诉我们上课要养成记笔记的好习惯。

但是从来没有人告诉我们，具体怎样记笔记，怎样记笔记才是最科学合理的？几乎可以说，世界上 99% 的人记笔记都是一个模式，那就是依靠文字、直线、数字和次序。如果在课堂上，甚至直接把老师写在黑板上的内容照搬下来。

我们也从来没有想过，这种记笔记的方式有什么不妥？

但实际上，它的缺陷就是，这种记笔记方式不是一套完整的工具，它仅仅体现了你“左脑”的功能，却没有体现“右脑”的功能，因为右脑可以让我们感受到节奏、颜色、空间等等。

我们习惯的那种笔记，很少用到彩色，一般我们习惯了只用黑墨水、蓝墨水或者铅笔去书写。有些人很多年也只用一种颜色记笔记、写作业。现在回头看看，一种颜色的笔记真是单调极了，而且还封锁了我们大脑中无穷的创造力。

另外，这种直线型笔记仅仅是学生对老师课堂内容的机械的不完全的复制，相互之间没有关联、没有重点；而且很多学生忙于记录，没有时间真正地去思考，久而久之，就养成了学生记忆知识而不是思考知识的习惯，容易形成思维惰性。

也可以说，这种传统的记笔记方式，只利用了我们一半的大脑，同时，照字面意义去理解笔记内容，我们的智能被减了一半。

这种颜色单一的笔记，容易对我们的大脑产生负面影响，比如：容易走神；逃避问题；转移注意力；大脑空白；做白日梦；昏昏欲睡。

相比较传统笔记埋没了关键词、不易记忆、笔记枯燥、浪费时间、不能有效刺激大脑、阻碍大脑作出联想等诸多缺陷，思维导图笔记就是一种最佳的思维方式，它运用丰富的色彩和图像，可以充分反映出空间感、维度和联想能力，能彻底解放我们的创造力。

思维导图记笔记的方式可以对我们的记忆和学习产生巨大的影响，比如：

记忆相关的词可以节省50%到95%的时间；

读相关的词可节省90%左右的时间；

复习思维导图笔记可节省90%时间；

可集中精力于真正的问题；

让重要的关键词更为显眼；

关键词可灵活组合，改善创造力和记忆力；

易于在关键词之间产生清晰合适的联想；

画图过程中，会有更多新的发现和新的思想产生；

……

大脑不断地利用其皮层技巧，越来越清醒，越来越愿意接受新事物。

其实，做思维导图日记的步骤和上一篇所讲到的如何“让一本书变成一张纸的思维导图”步骤差不多。

在记笔记的过程中，我们可以一边听讲，一边画一幅思维导图，并在讲解者进行的时候找出一些基本概念，做成一个大概的框架。也可以在听完讲解以后，编辑并修正你的思维导图笔记，从而在修订的过程中，让信息产生更广泛的意义，因而也加强了你对它的理解。

用思维导图听讲座

听讲座时使用思维导图，与前面的“让一本书变成一张纸的思维导图”步骤基本类似，只是，如果你面临的是讲演者使用线性讲座或宣读的情况，将会对你绘图过程中随意使用材料造成一定影响。

为了避免这种影响，建议你在绘制思维导图之前，先尽快从总体上大概浏览一下讲座的主题，在讲座开始之前，你就可以尝试画一个与主题相关的中央图像和尽量多的主要分支。

同时，你还可以与演讲者索要与主题相关的材料，而他们通常很乐意为你提供这方面的资料。

如果当时的条件允许，你还可以抽出几分钟时间针对讲座的内容作一个浏览，以便让大脑做好吸纳新知识的准备。

一般情况下，准备工作如下：

首先准备一张记笔记时用的大一点的空白纸，最好是A3大的纸张，尽量选择大纸张的好处是，可以使你的大脑顺利地看见思维及信息的“全貌”。

在做讲座类的笔记时，最重要的是要记下关键词及所需的重要图像。同时还要明白一点，做这样一幅思维导图或许要到最后出现完整的结构时，才会清楚要全部表达的意思。

可以说，我们在听讲座过程中，所迅速记下的任何笔记可能只是半成品，而不是最终的成品。因为在讲座主题没有完全变得明晰之前，你所记的内容是不完整的。

其次，我们应该明晰，听讲座时记笔记的重点是内容，不是为了视觉上的“美观”。

有一些表面上看起来“整洁”的笔记如果从信息角度看的话，其实是杂乱的。其实，在那些“整洁”的笔记中，关键信息是隐蔽的，被切割开并混杂于一些不相干的词语中。而那些看来“凌乱”的笔记从信息角度看却是整洁的。它们能即时地表明重要的概念及其之间的联系。在某些情况下甚至表示出交叉及相对立的信息。

最后，当你听完讲座，并最终完成思维导图，你面前的思维导图应该是整洁的。如果你再花一些时间，就可以在另一张新的空白纸上最终完成一个小时笔记的思维导图。

重新组织思维导图是一个很有成效的练习过程，尤其是当你在学习阶段就很合理地组织的话，那么这个重组过程可以看作是首次温习过程。

比如，下面是一位听众关于“如何树立自信”的思维导图笔记。

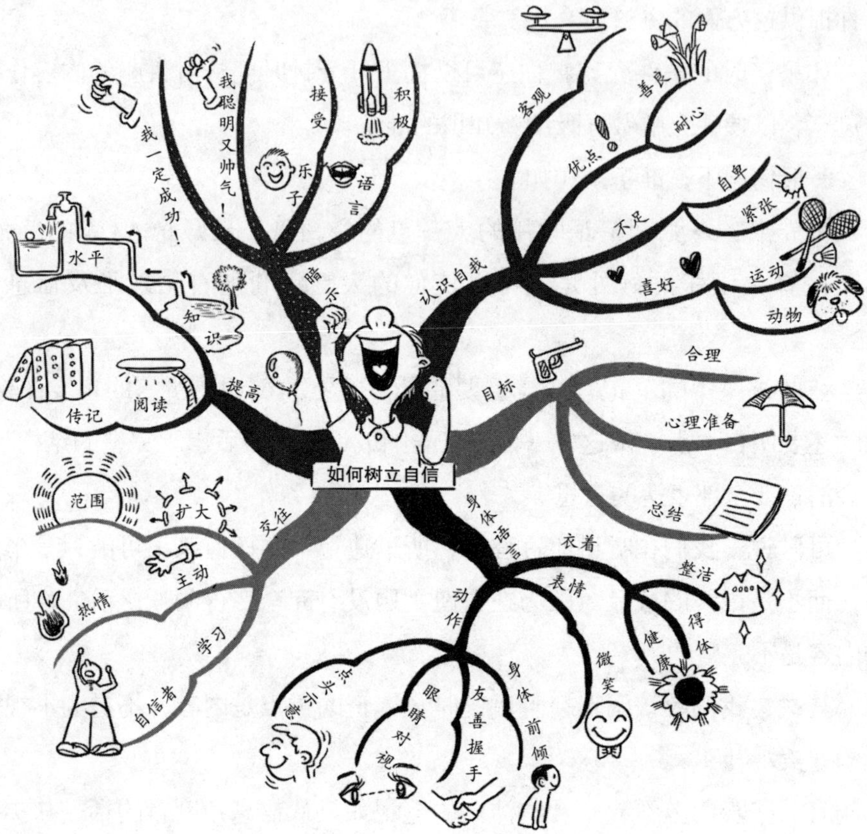

尝试思维导图日记

你习惯记日记吗？

如果有一天，让你用一种新奇的方式去写日记，你敢于尝试吗？

在这里，作为一种全新的、革命性的非线性思维工具——思维导图日记应运而生，它可以让我们根据自己的需要和欲望来管理自己的时间，而不是让时间管理我们。

思维导图日记可以用于安排计划自己的事情，也可以是对过去思想和感觉的回顾性记录。

在思维导图日记身上，既能利用传统日记的优势，又能弥补传统日记的不足，并使两者得到最完美的结合。

思维导图日记比标准的日记更有效率和效益。

思维导图日记，除了会使用到传统日记中的词汇、数字、表格、顺序和系列等以外，它还能把编码、色彩、图像、符号、幽默、白日梦、联想等全部都包括进去。

思维导图日记可以让你全面真实地反映自己的大脑，它不仅成为一个时间管理方法，而且还是一个自我管理和人生管理方法。

思维导图可以从大的方面显示出年度计划，每月计划。那么，每日计划就可以在思维导图日记中体现出来，如果从理想的角度来说，你应该每天制作两幅思维导图日记。

第一幅思维导图日记可以提前安排当天的活动，第二幅可以用于监视活动的进展，同时这也可以用来对一天进行回顾性的总结。

你在一天中做了哪些事，都可以用思维导图清晰地表达出来。比如，散步、阅读、会见朋友、去舅舅家做客等等，这几个方面同时变成思维导图的几个分支，都是为了帮助你进行思考，梳理一天。

东尼·博赞所总结的思维导图日记的好处主要有：

（1）让思维导图在不断发展的时候成为一个全面的终生管理工具，它让你随时可以安排和记录自己的生活；

（2）思维导图本身非常漂亮，当使用者技术提高时会更为吸引人——使用者最终会开始创造艺术作品；

（3）每年和每月及每日方案可以使一年的回顾轻松易得，因为它使用的是长期的交叉查寻及观察方法；

（4）思维导图日记把每件事情都放在你一生的背景中加以考察；

（5）思维导图日记提供了一个几近完整的、外化的人生记忆核；

（6）它让你控制住生活当中对你最为重要的一些方面；

（7）这个方法，由于其设计特点，可以鼓励你自动地进行自我开发。并让你以实现最终的成功；

（8）它使用到图形、彩色代码和其他的思维导图制作原则，让你能够迅速地获取信息；

（9）因为思维导图日记在视觉上更具刺激性，更为漂亮，它鼓励你不断地使用它；

（10）用思维导图日记回顾一生时，就像观看自己一生的“电影”一样。

完善个人学习计划，让学习更轻松

不管你是个学生，还是一个需要不断充电的上班族，思维导图都可以利用自身所具有的图像性、可联想性和易沟通性使你能够有效促进学习计划的展开，帮助你提高学习效率。

今天的学生，学习压力比以往任何时候都要大，很多学生每天早上一睁开眼睛，就看到张贴在床头的英文单词和突击目标；早上匆匆忙忙赶到学校后，各科老师像走马灯似地在学生们的眼前晃悠，这些老师好像生怕自己抢不到给学生上课的时间。

学校一天紧张的学习结束后，学生们还要上晚自习，晚自习结束后，回到家一般都比较晚了。于是，有不少同学抱怨，已经搞不清这大千世界的无数种色彩都藏哪里去了，怎么满本的笔记都是黑黑白白、蓝蓝白白或是蓝黑加白的世界呢！

无论是英语单词，还是诗词古文、公式公理……充斥了大脑的每一个角落。甚至有些学生感觉自己突然老化衰退了；有的学生说，自己刚刚想要做但还没有做的事情，现在已经想不起来了；有的一想到明天那些左一项、右一项的学习任务，头脑都要炸了，最后干脆来了个“死机”——大脑里的屏幕变成一片空白。

其实，学生不仅有这种状况，所有学习或工作压力大的人，都会出现这种脑力“透支”的现象。一位刚参加工作3年的小伙子说：“我现在对小时候的事记得很清楚，对刚刚发生的事反而记不住——上周六听完培训课，刚过了一天，周一就已经想不起来老师讲的很多内容了……”

面对这些学习和工作压力，无论学生还是上班族都有应付不尽的感觉。这时，如果运用思维导图来制定学习和培训计划，也许事情就会是另一个样子。

运用思维导图可以进行学习规划，比如订立学年计划、学期计划、月计划、周计划，具体到订立每天的学习计划。它可以让学习者随时了解学习情况，跟进学习进度，灵活运用学习方法，并且可以根据实际情况需要随时做出相应调整，从而做到合理安排时间，提高学习效率。

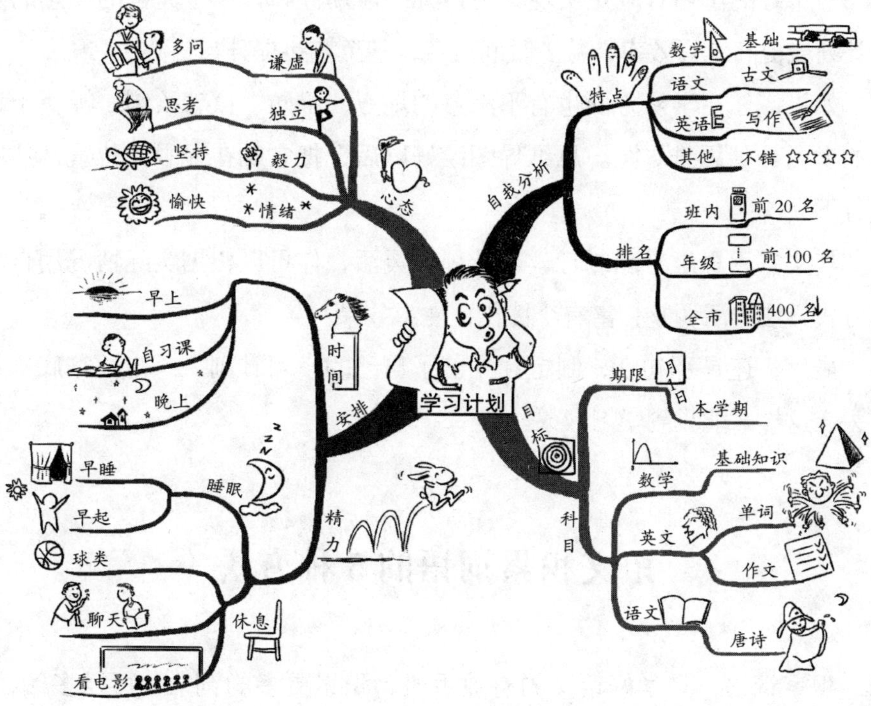

有一个中学生接触思维导图之前，学习成绩不理想，学习目标不明确，每天虽然忙得焦头烂额，但成绩一直提升不上去。后来，经过一段时间思维导图的学习之后，发现受益很多，成绩在稳步上升。

下面就是这位中学生利用思维导图制订的学习计划，他围绕学习中心，画出了四个学习分支，并据此进一步发散。

大致步骤如下：

（1）确定关键词。在白纸中心写出，最好用图表示；

（2）分支一：首先对自我分析：包括学习特点、学习现状等；

（3）分支二：学习目标方面，主要考虑目标要适当、明确、具体；

（4）分支三：时间安排方面，考虑科学性，突出重点，脑体结合，文理交替，有机动时间；

（5）分支四：其他方面注意事项以及必要的补充、说明等。

一个好的学习计划是实现学习目标的前期保障，一个完善的成熟的学习计划能提高学习效率，减少时间浪费，甚至直接提升自信心。

如果，你在学习方面也有不满意的地方，不妨，试着绘制一幅属于自己的学习计划思维导图。思维导图绘好以后，把它贴在显眼的位置，然后执行下去。

其实，用思维导图制订学习计划很灵活，你可以根据实际情况用自己的方式方法灵活调整，富有个性化，注重效果。

最后，还是那句话，制定并完善了自己的学习计划，一定要彻底执行下去，这样才能见到学习效果。

语文积累词语的5种方法

积累词语，是学好语文的有效手段，积累更多的词语，可以多阅读，多摘抄，具体说来，我们可以从以下几方面着手，扩大自己的词汇量：

首先结合一幅思维导图：

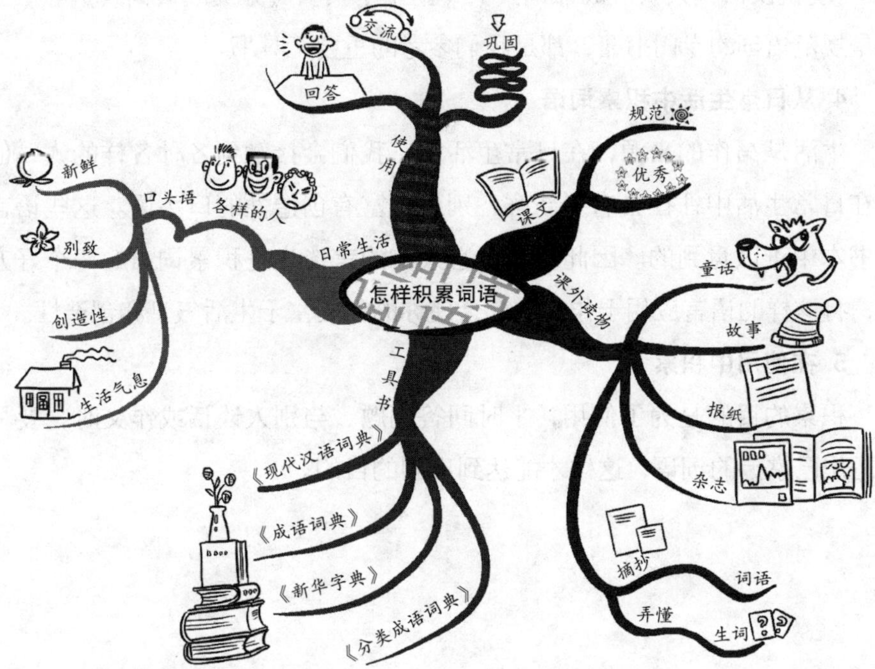

从思维导图中我们可以看出积累词语的 5 种方法：

1. 从课文中积累词语

课文中有许多规范、优秀的词语可供我们学习、积累。我们在学习一个单元后，可把所学的词语收集整理一下，挑选最好的分门别类地收入词语卡中。这样，复习课文和积累词语两不误。

2. 从课外读物中积累

大量的课外阅读是同学们积累词语的重要来源。因此，我们不仅要搞好课外阅读活动，而且要从课外读物中摘抄词语。特别是遇到不懂的词语，千万不要放过，要真正弄明白为止。

平时多读一些经典的童话、故事、诗歌和优秀的作文集，以及报纸杂志等，边读边记录，把课外书中优美、动人、富于时代感的词语坚持不断地记录下来，天长日久便可积少成多了。

3. 利用工具书积累

《现代汉语词典》、《成语词典》、《新华字典》、《分类成语词典》等工具书是规范语词的专门书籍，都是我们参考的重要工具书。

4. 从日常生活中积累词语

生活是写作的来源，在日常生活中，我们会接触到各种各样的人，他们在日常生活中往往会有些新鲜、别致、富有创造性的口头语。这些语言是书本中难以觅到的。因此，多留心人们的言谈也是积累词语的一个好方法，将这样的语言应用于作文中，会使你的作文富于生活气息和创造性。

5. 在使用中积累

积累的目的是为了使用，平时回答问题、与别人谈话或作文时，要尽量运用已掌握的词语，这样才能达到巩固的目的。

第二章

画出高效学习力

4种方法帮助我们启动思考

生活中，很多人认为思考本身是很乏味的、抽象的、让人迷惑的，这与使人昏昏欲睡的认识不无关系。那么，思维导图在帮助并启动我们思考方面就显示出了特有的魅力与价值，成了帮助我们理清思路的创造性工具，为了让我们神奇的大脑转动起来，保障我们每天顺畅地思考，并提高思考力，可以从以下几个方面入手。

1. 排除多余的干扰

当我们针对要解决的问题进行思考的时候，一定要避免不受其他次要想法的干扰，因为我们的大脑里每天都有数千个一闪而过的想法产生，其中很大一部分会起到干扰的作用，使我们难以清醒地专注于我们想要思考的问题。

如果采用思维导图的形式，可以在罗列关键词的同时，进行相互的比较和筛选，可以有效排除多余的干扰，让思考更集中。

2. 紧紧围绕主题

一般，我们一次只思考一个主题，这时，我们必须命令我们的大脑集中注意力。也许，这种命令在起作用前需要几分钟时间，需要我们耐心地帮助我们的大脑关注于我们思考的主题。

这样做的好处是，可以迅速激活我们的大脑，使它运转起来，获得我们想要的想法。

这个思考的主题可以作为思维导图的关键词放在节的中心位置。

3. 关心一下自己的感受

如果当你绞尽脑汁，还是很难围绕所要解决的问题启动思考时，那么，你可以尝试着关注一下自己的内心感受，把这些感受写在思维导图上。问问自己在思考过程中，产生了什么感受，并顺着这些感受展开与内心的对话，说不定会瞬间打开思路，获得意外的惊喜。

4. 养成随时思考的习惯

当思考成了一种习惯，无疑会对你有很大的帮助。让大脑经常处于工作状态，很容易发动你的思考过程，获得解决问题的有效方法。

平时，借助思维导图，你可以对身体发生的任何事情随时随地进行评价、质疑，比较和思考。利用思维导图无限发散的特性，可以让思维更清

晰有力，哪怕是胡思乱想，也会为你所关注的问题找到满意的答案。

以上几种方法可以帮助我们训练思考。只有当我们的思考借助思维导图，并与思维导图完美地结合在一块的时候，才会更容易帮助我们获得源源不断的想法，这些想法不仅新奇而且富于创造力。

现在，请你针对如何启动自己的思考画一幅思维导图。

3 招激活思维的灵活性

灵活思维的好处是，当我们遇到难题时，可以多角度思考，善于发散思维和集中思维，一旦发现按某一常规思路不能快速达到目的时，能立即调整思维角度，以期加快思维过程。

激活思维的灵活性，可以从下面 3 个方面入手：

1. 培养迁移能力

迁移，是指一种学习对另一种学习的影响。

我们更多地要用到的是知识迁移能力，即将所学知识应用到新的情境，解决新问题时所体现出的一种素质和能力，形成知识的广泛迁移能力可以避免对知识的死记硬背，实现知识点之间的贯通理解和转换，有利于认识事件的本质和规律，构建知识结构网络，提高解决问题的灵活性和有效性。

思维的灵活性主要体现在解决问题时的迁移能力上，必须有意识地去培养自己的迁移能力，从而能够灵活地解决学习中的一些问题。

语文学习中，常常能遇到写人物笑的片段，比如《葫芦僧判断葫芦案》中的“笑”，《红楼梦》第四十四回中每一个人的“笑”，《祝福》中祥林嫂的“三笑”，各自联系起来，分析比较，各自表现了人物的什么个性，同时揭示了什么主题等等。

通过这种训练，可以使分析作品中人物的能力和写作中刻画人物的水平大大提高。

2. 利用“一题多解”

这种方法在数学学习中经常使用，对“一题多解”的训练，是培养思维灵活的一种良好手段，这种训练能打通知识之间的内在联系，提高我们应用所学的基础知识与基本技能解决实际问题的能力，逐步学会举一反三的本领。

学会“一题多解”的思维方式，可以训练思维的灵活性，使自己在思考问题的起点、方向上及数量关系的处理上，不拘泥于一种方式，而是根据需要和可能，随时调整和转换。

3. 大量阅读不同体裁的文章

文章是作者进行创造性思维的成果。一篇文章的创造性，主要体现在它的构思和语言的运用上，体现在文章的思想观点和表达方式上。

不同体裁的文章，也各有各的特点，就是同一体裁中的同一内容的文章，风格也是各异。在阅读一篇优秀文章时，善于发现它们的不同，善于吸取它们各自的特点，对于训练自己的思维是有益的。

总之，多读各种不同的文章，既可以获得知识，又可以获得思维和写作的借鉴，可以从比较中学习到从不同角度观察事物、思考问题的方法，从而培养思维的灵活性。

培养思维的灵活性，要学会从不同的角度、不同的方向用多种方法来解决问题，从而培养思维的灵活性。要培养思维的灵活性，就要多动脑筋，加强学习，在实践中探索新思路、验证新方法，并及时总结、改进，就一定能增强思维的灵活性，搞高思维的应变能力。

针对 3 种行之有效的激活思维灵活性的方法，用思维导图表示如下：

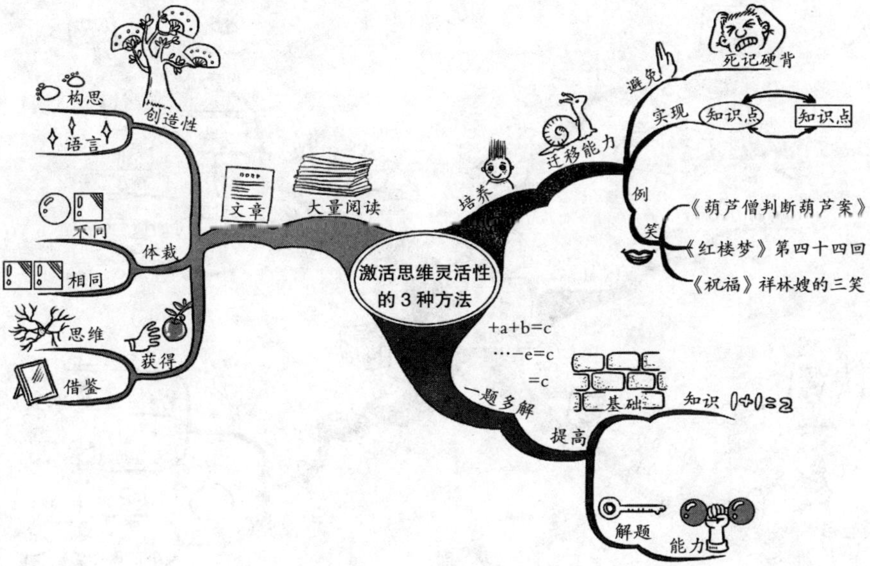

5步让我们克服骄傲的毛病

学习中有一些人不能正确对待荣誉与成绩，有的拔尖逞能，有的盲目自满，有的沾沾自喜，有的把集体的成绩看成是个人的，有的瞧不起同学，等等。

这些骄傲自大的不良习惯，最终会影响自己的不断进步，甚至使自己脱离同学，脱离集体，失去目标，成为一个自私自利的小人。而当今社会对我们的要求是，要想取得学习上的高分，成就事业，就必须首先学会做人。因此我们应从小培养谦逊的品格使自己形成戒骄戒躁的良好习惯。

那么，怎样培养谦虚的习惯呢？

首先学习这幅思维导图：

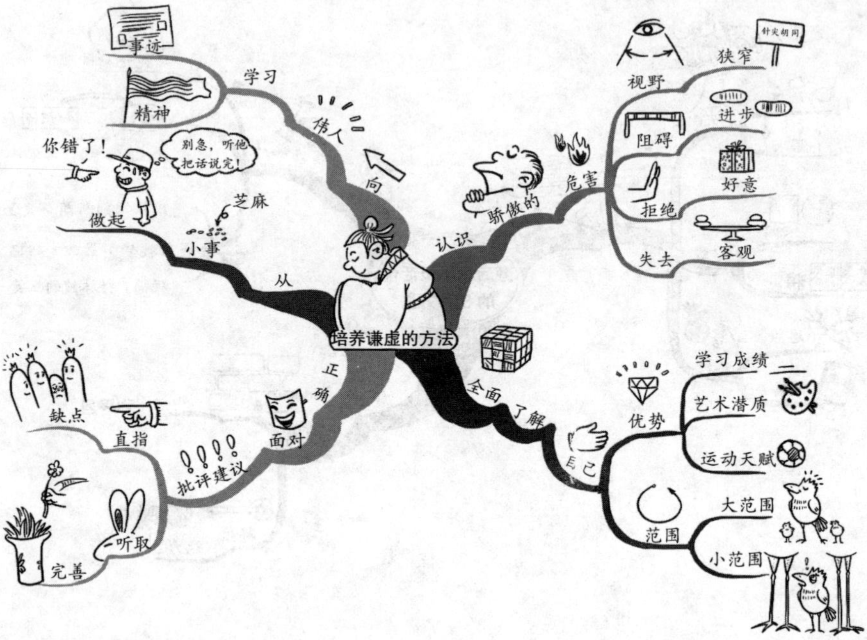

由图，我们可以看出，培养谦虚的好习惯有 5 种好方法：

1. 认识骄傲的危害

盲目骄傲自大的人就像井底之蛙，视野狭窄，自以为是，严重阻碍了自己继续前进的步伐。由于骄傲，你会拒绝有益的劝告和友好的帮助。而且由于骄傲，你们会失掉客观的标准。

骄傲是对自己的片面认识，是盲目乐观，常会让人不思进取。应该培养自己的自信心，但不能滋长骄傲自满的情绪。

2. 全面认识自己

骄傲的产生往往源于自己的某方面特长和优势，应该先分析这种骄傲的基础：是学习成绩比较好、有某方面的艺术潜质，还是有运动天赋，等等。然后应认识到，自己身上的这种优势只不过限定在一个很小的范围内，放在一个更大范围就会失去这种优势；正确的态度应该是积极进取，而不是骄傲懈怠；并且优势往往是和不足并存的，同时应该努力弥补自己的不足。

另外，应该开阔胸怀，走出自我的狭小圈子，到更广阔的地方走走，陶冶情操，了解更多的历史名人的成就和才能，以丰富的知识充实头脑，让自己变骄傲为动力。

3. 正确面对批评建议

批评往往直指一个人的缺点，如果一个人能够接受批评，他就能够比较清楚地看到自己的缺点。对于我们来说，在评论自己时常会出现偏差，原因是“不识庐山真面目，只缘身在此山中”，若能经常听取别人的意见或建议，就能不断充实和完善自己。

谦虚不仅是一种美德，还是你无往不胜的美德。养成无论在任何时候都保持谦虚温和的良好习惯，是丰富和完善人生的一种要求。让我们永远做一个谦虚的人，一个学而不厌的人吧。

4. 从小事做起

戒骄戒躁、谦虚的习惯要从小事中培养，比如取得好成绩或得到别人的夸奖，都不应该骄傲，谨记“谦虚使人进步，骄傲使人落后”的座右铭。

5. 多向伟人学习

古今中外许多伟人都是十分谦虚的，像马克思、毛泽东等。可以向老师、家长请教这方面的事迹，也可以自己读一些这方面的故事，并时时提醒自己要向这些伟人学习。

6 步搞定英语听力

我们都知道，英语听力的好坏不仅对考试的成绩，而且对考试的信心、考试的情绪都有很大的影响。虽然多听有益，但也应该掌握一定的方法，方可取得高分。

在这里，我们主要讲怎样利用磁带练习听力：

1. 随时随地法

利用可以利用的每一分钟，无论是上学放学的路上、茶余饭后，还是睡前醒后都可以戴上耳机，随时随地地听。

2. 集中分段法

首先在某一段时间内，集中精力听一个内容，这一盘录音带没有听懂、听熟之前，先不听别的内容。其次可以把一天的时间分成若干段，每一段听不同的内容。

3. 先慢后快法

刚开始练习听力的时候，可以先听语速慢的录音带。然后再过渡到语速快的录音带。

4. 先中后外法

我们可以先听中国老师录的录音带，然后才过渡到外国人录的录音带，因为中国老师的录音我们听起来会更容易接受，可以看作一个很好的过渡。

5. 词汇过关法

听录音带时，要听课文，也要听词汇。有时，听词汇比听课文更重要。如果每天都要听一遍中学课本的词汇册，时间一久，在脑子里就形成了“听觉记忆”，以后碰上听过的词，脑子里一下就能反映出来。就如同看熟了的电影，听了上句，都知道下句是什么是一个道理。

6. 自录自听法

通过这种方法可以检查自己的弱点，也可以借此增强自己的自信心。同时，还可以借此添上一点趣味性的东西。

综上，绘制如下思维导图：

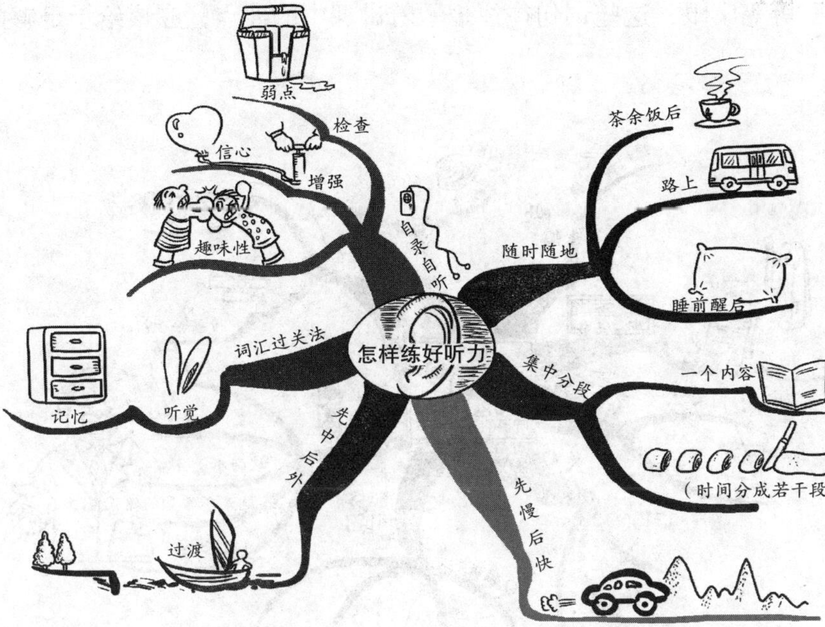

有效听课应注意的 8 个细节

高效的学习者听课都有一个特点，那就是“听课要听细节”，具体可见下页图示：

由图可知，有效听课的 8 个细节具体为：

1. 留意开头和结尾

老师在讲课时，开头一般是概括上节课的要点，指出本节课要讲的内容，把旧知识联系起来的环节，要仔细听清。老师在每节课结束前，一般会有一个小结，这也是听课的重点所在。

2. 留意老师讲课中的提示

我们在听课中，经常能听到老师提示大家：“大家注意了”，“这一点很重要”，“这两个容易混淆”，“这是不常见的错误”，“这些内容说明”，

“最后”等等字眼，这些词句往往暗示着讲课中的要点，应该给予足够的重视。

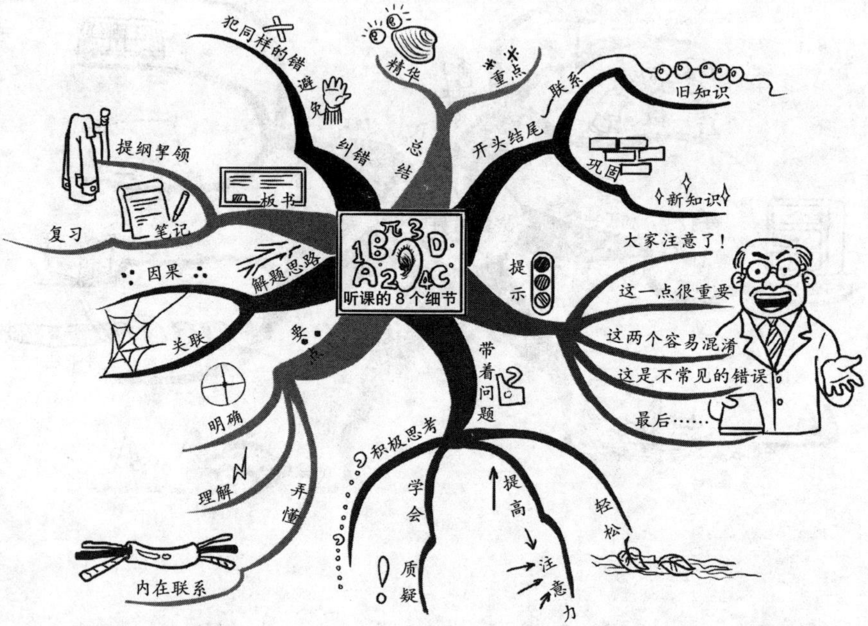

3. 学会带着问题听课

善于学习的人几乎都有一个好习惯，即他们善于带着问题去听课。听课不是照搬老师的讲课内容，而应积极思考，学会质疑，解决困惑。

带着问题去听课可以提高注意力效率，可以在听课的时候有所选择，大脑也不容易感到疲劳，不仅听课效率高而且会更轻松。

4. 留意教师讲解的要点

听课过程中，我们应该留意老师事先在备课中准备的纲要是什么，上课时，老师是怎样围绕这个提纲进行讲解的。我们在力求抓住它、听懂它、理解它的同时，还可以通过听讲、练习、问答、看课本、看板书等途径，边听边明确要点和纲要，弄懂知识的内在联系。

5. 留心老师分析问题的思路

各学科知识之间都有前因后果、上关下联的逻辑关系，有时可以相互推理，思路互通。在理科中表现得比较明显，比如一个定理、一条定律、一道习题，都有具体的思维方法，我们用心留意老师分析问题的思路和方法，仔细揣摩，就能轻松获得灵活的思维能力，越学越出色。

6. 留意老师的板书归纳和反复强调的地方

不言而喻，反复强调的地方往往是重要的或难以理解的内容，板书归纳不仅重要，而且是具有提纲挈领的作用。要注意在听清讲解、看清板书的基础上思考、记忆，并且做好笔记，便于以后重点复习。

7. 留心老师如何纠错

每个人都有做错题的时候，当老师在为同学纠错的时候，不管是你做错的题或者是别人做错的题，你都应该留心。如果你能对这些容易做错的题保持足够的警惕，那么以后就能有效地避免犯同样的错误，千万不要以为别人做错的题与你无关。

8. 留意老师对知识点的概括和总结

几乎每个老师都会在上完一堂课或讲过某些知识点之后进行概括和总结，这些“总结”是课堂知识的精华，也是考试的重点，应该好好理解和掌握。

做好作业有 6 项注意

每一个善于学习的人在做作业时，都有自己的心得体会，一般而言，需要注意 6 个方面：

1. 作业要工整、简明、条理清楚

平时做作业时，应当养成良好的习惯。工整、简明、条理清楚的作业可以反映一个人一丝不苟的学习态度。工整、简明、条理清楚的作业可以避免出现不必要的差错，有利于检查时查找；另外复习时看起来也方便；老师批阅起来可以快得多。

2. 作业要保存好

如果你能按照知识系统，定期将作业分门别类地保存起来，放进卷宗或公文袋中，到复习时可随手拿来参看。作业是学生平时辛勤劳动的成果，不注意保存好，就等于把自己的劳动果实白白丢掉了。

3. 作业要独立完成

每一个高效的善学者都会自己独立完成作业。

做作业的目的，是巩固、提高和扩展所学知识，培养分析问题和解决问题的能力。无论课堂作业还是家庭作业，都是学习过程中必不可少的重要环节。

即便自己独立做作业吃力，如果不是自己独立完成，就难以发现学习中的薄弱环节和不足之处，容易养成依赖心理和投机取巧的坏毛病，当必须自己思考和解决问题时，就会不知从何下手。

4. 不拖沓作业

善学者从不会为每天大堆大堆的作业感到头疼。如果一个学生每天作业拖沓，那就糟了。整天都在应付作业，玩的时间被挤掉了，生活和学习变得既劳累，又无乐趣。所以尽量不要拖拉作业。

5. 切忌模仿做题

有一些学生喜欢模仿做题，所谓模仿做题就是指在做题过程中机械地套用老师的解题方法、解题格式，或者机械地套用公式，或者机械地套用自己以前的解题经验，对做题过程所想到的、所写出的每一句话或者每一步心理活动过程都不明确。

总的来说，只是模仿做题对我们收获不大。

6. 不搞题海战术

事实上，很多优等生都不是通过题海战术做出来的。无论在学校还是在家里，经常见到有些同学超负荷地做练习题，漫无边际、毫无目的。

大量的练习题只会让我们思维混乱，晕头转向，难以应付。做习题应当有所选择。实际上，教科书上的作业练习和老师补充的练习，加上各级教学主管部门的各种复习材料，已足够学生的习题量了，根本不需要再去到处搜寻。

对此，如何做好作业，需要注意的6个地方可在下图表示：

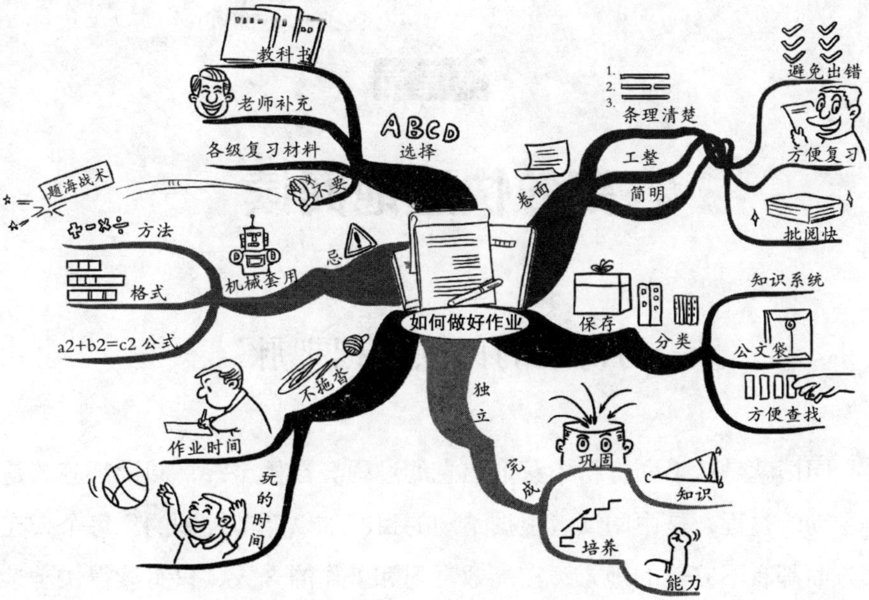

第三章

高效快速地阅读

为自己的阅读“把把脉”

阅读就是从书面材料中获取信息的过程。自始至终，阅读都应该是一个主动的过程，是由阅读者根据不同的目的加以调节控制的。每个人在阅读方面都有不完美的地方，在高效学习和工作的今天，只有读得快、读得多，才能适应时代学习的要求，从而完善自己的知识结构。

总有一些人对自己的阅读效果不满意，他们总认为是自己的阅读存在一些问题，但又不知道到此问题出在哪儿?

在阅读本节以下内容之前，你可以就阅读中存在的所有问题以思维导图的形式列出来，并严格要求自己，你找出的问题越多，那么，以后改进的就会越全面。

如果给阅读下个定义的话，它是指从书面材料中获取信息的过程。这个书面材料主要是指文字，也包括符号、公式、图表等。

一般说来，在你学会快速阅读之前，你需要克服 3 种我们从小学以来的不良阅读习惯。如果没人告诉我们，我们的阅读有什么不妥的话，我们会在每次阅读过程中不自觉地沿用这些阅读习惯。

正是这些阅读习惯的负面影响，导致我们的阅读事倍功半，没什么效果，同时，让人感觉到压抑和沉重。

3 种不良的阅读习惯分别为：默念、逐字阅读、回头阅读。

这 3 种阅读习惯或多或少地存在于每个人的身上，有些人虽然没听说这三种习惯，但却一直在使用它们，也没有意识到自己有这种习惯。一旦你了解了它们，你就会意识到你的阅读一直在受它的抑制。

1. 第一个不良的习惯是默念

也许这是老师的错，因为他曾经在课堂上要求你默念课文，通常老师读一遍，你会在下面不出声地跟着默念一遍；这也许是你自己的错，因为你一直习惯了默念。

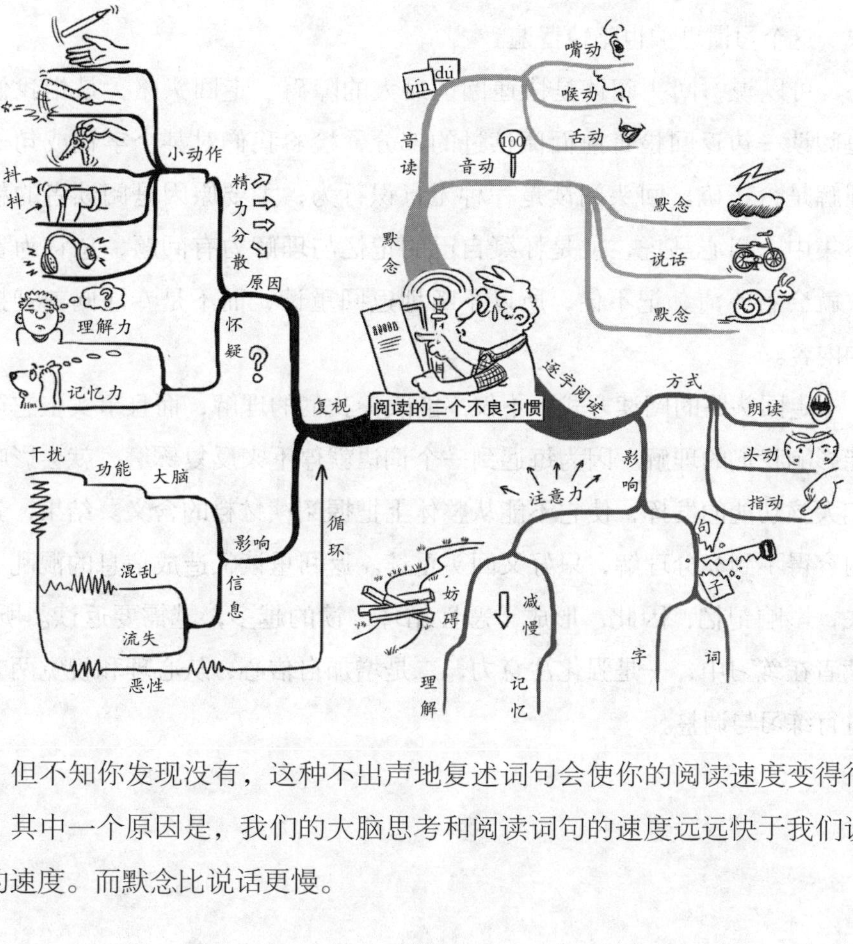

但不知你发现没有，这种不出声地复述词句会使你的阅读速度变得很慢，其中一个原因是，我们的大脑思考和阅读词句的速度远远快于我们说话的速度。而默念比说话更慢。

就以阅读英语单词为例，如果你平时默念单词的最快速度是每分钟150个单词，那么，出声阅读的最快速度大约为每分钟200 ~ 300个单词，可见差别有多么大。

2. 第二个不良的习惯是逐字阅读

逐字阅读也是不少人存在的一个阅读习惯。逐字阅读，不仅会减慢阅读速度，还会妨碍对文章内容的理解。此外，逐字阅读还会在许多时候把意思完整的句子割裂成字、词，注意力被单个字、词所分散。容易让人在阅读中妨碍和减慢了对全句或全段的理解及记忆，无法把握文章更完整的意思。

3. 第三个不良的习惯是走回头路

这个习惯恐怕也比较普遍。

可以说，回头阅读是快速阅读最大的障碍。走回头路，是指我们一边阅读一边返回检查前面阅读过的部分，检验我们对某个字词或句子的理解是否正确。回头阅读是一种无意识行为，主要原因是阅读者的精力不集中、粗心马虎，或是怀疑自己的记忆与理解力有问题，总认为看得快就会看不清、记不住，所以不断地返回重读，而不是专注向前迎接新的内容。

走回头路的阅读方式，不仅不能改善我们的理解，而且事实上它还可能影响我们的理解。因为每遇到一个词语就停下来反复琢磨，就会影响我们大脑功能的发挥，使它不能从整体上把握阅读材料的含义。结果，新的内容得不到充分理解，只好又回头重读。返回重读又造成信息的混乱、流失，影响记忆，因此，形成了恶性循环，读的越多，越需要返读。所以，读者在练习中，一是强化注意力，二是增加自信心，从心理和视觉两方面进行练习与调整。

将阅读速度提高一倍

阅读可以变得更便捷，更高效。

如果你感觉自己的阅读速度慢，现在有一种能使你的阅读能力提高一倍、两倍、甚至数倍的方法，你会有什么反应呢？

生活中，不少人都有着庞大的阅读计划，但他们常常被自己的阅读计划吓倒。他们认为阅读是件苦差事。殊不知，正因为他们带着这种念头去阅读，所以才会觉得读书很困难。他们可能因此放弃阅读，任凭阅读材料逐渐累积下来。很快，他们被远远抛在后面，看着那些堆积的材料和书籍，他们越发体会到读书的可怕，越发觉得是件苦差事。

其实，你之所以会感觉阅读是一件苦差事，主要是因为不知道如何更快捷地阅读，我们阅读的目的不在于读得更快，而在于读得更加简单、有效。

你不必为了提高阅读技巧而学习技巧。生活中，你可以通过加快自己阅读信件、书籍、报刊文章及其他信息的速度来提高自己。

有一个调查告诉我们，在我们读过的内容中有90%多属于无关紧要的部分。其中大部分文字啰唆或与我们感兴趣的主题没有关系。事实上，只有10%甚至更少的内容包含了我们用得着的信息。

这一点给我们的提醒是，如果你能跳过这90%不必要的内容，直接阅读能用得着的那10%的内容，想想看，你可以节省多少时间和精力？如果用同样的时间，你可以多读成倍的内容。

为了提高我们的阅读速度，我们一定要避免陷于细节之中。

有时候，作者在文章中为了表达某种观点，常常添加一些细节的东西，其实，这些细节不是你关注的重点，细节的作用仅仅是作者对观点的阐释。实际上，你阅读的目的是为了找出自己需要的要点出来。

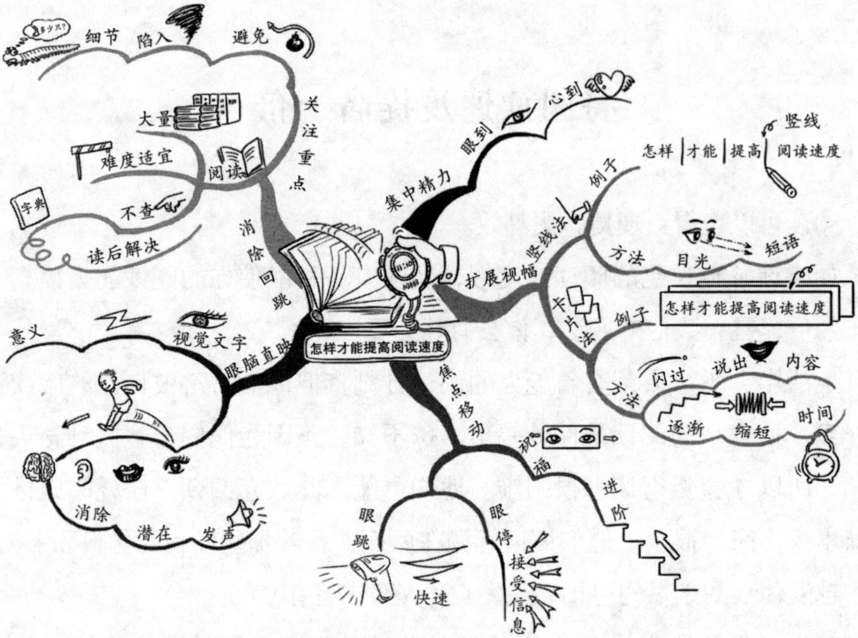

另外，要能分辨出哪些是你不必阅读的部分，如果与主题无关，你可以跳过去不需要对它进行阅读。比如，一篇文章里有很多材料，有时大多数材料都与你感兴趣的主题没什么联系。只有一部分直接与你关心的方面有关。不管那些无关的材料占了多大的比例，你都应该跳过它们。然后，把注意力用在发现和阅读有关部分上。这样，自然就节省下了很多属于你自己的时间，也提高了阅读效率。

还有一点就是，只阅读作者为你指出的关键部分。因为很多作者都在各自的书籍、杂志、说明书、报告等各种阅读材料中为你指明了哪些要点比较重要，从哪部分开始转入另一个话题。

我们还可以注意到的是，几乎所有出版物都用一些加大号的黑体字做大小标题，以提醒读者接下来讨论的可能是一个新主题。通常，这些标题对随后的要点进行了高度概括。你肯定已在报纸、书籍、报告等各种书面文字材料上见过这样的标题。所以，直接阅读这些关键部分的主题，会对你的阅读起到很大的作用。

总之，提高阅读速度是有方法和技巧可寻的，关键在于你持续不断地努力和改进。

用“阅读图”来节约更多时间

现在，我们已经进入了一个“知识爆炸”和快速阅读的时代，我们每天都需要阅读大量的材料和信息，同时，还要从这些信息中筛选出有用信息，这时候，很多人感觉最缺少的就是时间。

生活中，人们一方面感觉自己的时间不够用，另一方面又感觉是在浪费阅读时间，其实，原因是他们不知道一个简单的秘密，即绝大多数非虚构类的杂志、文章、报告和书籍是按一种普遍的结构或模式编写而成的。

比如，就拿我们常见的地图来说，如果你能根据一张“阅读图解”来阅读，它就能使你更快到达目的地，你也会知道该在何处停留，哪里有捷径，更为重要的是，“阅读图解”能帮你更快地找到你所需要的信息。

随着“读图时代”的到来，各种各样的图铺天盖地呈现在人们眼前，读图已经成为风尚，读图更成了节约时间的另一种选择。

在生活中，“阅读图”是一个简单有效的形式。

在我们周围，凡是所能接触到的图像，都有一个共同的优点：生动形象，信息量大，给读者带来了便捷。

从具体的阅读体验上来说，对文字的阅读需要人们动用比较多的脑力资源（对文字符号进行意义解读，以及进行逻辑思维）和体力储备（必须将视力一次对焦在一个又一个的字母或者汉字上）。

而“读图”则较多地使用人类形象思维，书籍和杂志编辑们正在试图把图片变得越来越大，人们对图片的解读似乎根本不费什么力气。

其实，阅读图和思维导图具有异曲同工之妙。

使用“阅读图”时，根据一般的步骤，先快速浏览一遍内容，确定你关注的主题，就像确定思维导图的中央图像一样。

接着阅读各级标题，这些标题可以看作思维导图的主要分支。

根据这些，试着了解重要观点和论据。

然后找到自己最感兴趣的信息，进行重点分析。同时，忽略那些无关紧要的部分。

当发现某些标题下面内容没有价值时，立即返回，阅读其他部分。据此，进一步绘制思维导图。

于是，在这种阅读中，便节约了大量的时间。而这些时间，对你来说，将有另外的更大的用处。

让高效阅读变得更有价值

现在，高效阅读已成为时代对每个人的要求，随着高效阅读时代的到来，面对大量的知识与信息，你是否考虑过，我们怎样使不断加快的阅读变得更有价值呢？

因为我们都明白这样一个道理：时间就是金钱，那么高效阅读节约的时间，就是我们的“摇钱树”。

也许有一些人会问，我还没有达到高效阅读这一步呢？谈什么使它变得更有价值呢？

在这里，有个心理学家的实验表明，我们在阅读过程中，眼球并不沿着每个字连续不断地移动，而是经常出现眼球的停顿，即抓住一些字静读一下后再移向另一些字上面。

阅读是眼球一连串快速的跳动。眼球停视时才能感知到字句，可以说，阅读过程的 90% ~ 95%的时间属于眼球停视，而眼动只占全部阅读时间的 5% ~ 10%。每次眼球停视获得的文字信息的大小与视觉广度有关，视觉广度大的可见 6 ~ 7 个字，小的只有 3 ~ 4 个字，有时一个字还须经过 2 ~ 3

次的注视，有时还需要重复回视，这样，回视次数越多，那么，所占用的时间也越多。

高效阅读与低效阅读的区别不在于眼球运动的速度，而在于眼睛固定时所视知的材料，实验表明，人的智力与理解力在同等时间内，眼睛固定的总量相等，而两者所读的词汇量却相差4倍之多。

在这里，纵向跳跃，即无声阅读的方式，可加快眼球跳动次数，增大眼球跳动幅度，可以大量收集信息资料，同时还可以减少注视次数，使阅读更高效。

相比较传统的字、词、句阅读，按行从左至右逐行阅读方式，高效阅读不是逐字阅读，而是一次凝视比较多的文字，减少注视次数，扩大视野广度，眼球停视时多抓一些文字信息，能抓住要点，用较少时间，赢得较大阅读量。

实际上，进行高效阅读的方法很多，比如逆读法、预读法，略读法、跳读法、错序读法、前后交叉读法，等等。

为了使我们的高效阅读变得更有价值，在阅读过程中，面对蜂拥而至的大量信息，我们不能只是贪图阅读的量有多大，而应保持它们的质量，具体可从以下两个方面着手：

1. 弄清楚阅读信息的真假

在阅读过程中，我们常常能够对所见所闻所读的信息的正确性迅速做出自己的判断，在这方面，你可能不需要去查找很多资料，也不必到处征求别人的意见和建议。因为这些材料，自始至终加入了你自已的判断。

比如，阅读材料中有没有含糊不清的定义或术语。真实的信息总是通过准确的词句和数据来表达。看看有没有一些含糊不清的词句，可以使人们从不同角度对它们做出各种解释。

比如，能不能确定材料中的信息来源。如果我们经常听演讲的话，我们就要留神了，因为很多演讲者的所引用的信息并不一定是恰当的，在我们未亲自弄清楚之前，不要轻易相信。

再比如，阅读的资料是一手货还是二手货。我们都明白，最好的最有用的信息当然是第一手的，因为这些资料来自那些非常清楚自己在说什么的人那里。如果你获取资料的渠道是在引用第二手、第三手，甚至第四手资料，这种情况下，资料中歪曲事实的可能性就在不断增大，歪曲事实的程度也会越来越严重。

2. 识别信息中隐蔽的细节

在这方面，主要是针对一些经过作者加工、或隐藏了的信息、或对通过具有感情色彩的语句来误导你的结论的资料信息进行探讨，发现作者所使用的小手段，只要你了解了作者所玩的这些小伎俩，就会轻易识别那些被隐藏的信息了。

比如，作者只向你呈现对他的观点有利的资料，并故意省略那些与作者观点相违背的事实部分。他们这样做的目的就是让你接受它们，认可它们。

再比如，有一些信息就是为了分散你的注意力，让你无法发现作者论断的漏洞，并让你没有机会就对方的结论里的逻辑问题提出疑问。

有的阅读信息中可能会使用一些带有情感色彩的论断，以此来煽动读者的情绪，谋取读者的支持，甚至鼓动读者来反对别人，从而传播他的观点。如果你发现了这类带有情感倾向的论断，一定不要管它，并赶紧去其他地方寻找你需要的更有价值的信息。

总之，利用高效的阅读方法，避免陷入无价值阅读的误区，一定能帮助我们更好地工作和学习。

最后，请你针对以上内容要点，结合自己的理解，绘制出一幅有关阅读与价值之间的思维导图。

神奇的全脑阅读法

“全脑阅读法”是指在利用左脑的同时注意开发右脑的一种阅读方法。

“全脑阅读法”的观点是：在阅读中，共同开发左脑和右脑使之协调一致，彼此配合，以达到开发大脑潜能、提高阅读效率的目的。

“全脑阅读法”主要由 3 个部分组成：

1. 全脑快速阅读

此法是人们从文字中迅速有效地提取所需信息的阅读法。人们习惯于从向左向右的阅读顺序，传统的音读是从左脑输入信息的，阅读速度慢。全脑快速阅读是视读法，把文字当作图，从右脑输入信息，全脑处理。由于全脑直接反映而省去了发音和听觉器官的活动，所以大大提高了阅读速度。

2. 全脑图示阅读

此法特色是以“图”析“文”。它讲究形象性、整体性、凝练性和美学性。它也是从右脑输入信息，全脑处理。图示是展示文章的“屏幕”，学习文章的“导游图”，是阅读教学的微型形象课文。

3. 全脑反刍阅读

在这里，一是抓语感训练。通过诵读领悟法、触发意会法、语境揣摩法、比较推敲法、练笔感受法等，从整体上培养对语言的敏感。二是抓形感训练。通过说文解字法、角色扮演法、想象作文法等，培养对形象的敏感。三是抓语理训练。语理是指语文理法，即语法、修辞、文章、逻辑等法则。捷克教育家夸美纽斯说过：“规则可以帮助，并且强化从实践得来的知识。”

上述三种训练方法，语感训练和形感训练偏重于右脑，语理训练偏重于左脑。左右脑协调，就能提高阅读效率。

在全脑训练过程中，我们还必须重视精读法。

精读就是读文章的时候逐字逐句、逐段逐节、深入细致阅读，弄懂弄通和把握基本概念、理论、观点以及全部内容，并进行研究与探索，这样的阅读就是精读。

精读法有点像蚕吃桑叶，细嚼慢咽，便于消化吸收。那些自我进修、自学成才的人士，也多采用这种方式读书学习。

进行精读法训练时，我们应该做到“五到”：

第一到：心到。集中精力，全神贯注阅读；

第二到：口到。在朗读与背诵时，声音要清楚、响亮；

第三到：眼到。眼睛及时聚焦，阅读仔细、认真；

第四到：手到。在边读书的时候，边做笔记或者摘要；

第五到：脑到。在阅读的时候，勤奋用脑，不断思考。

专业人士由于工作与职业的需要，也要阅读图书资料，他们大多是精读，阅读的目的在于学以致用，是为了分析问题、解决问题而进行的阅读。

对于某些自己喜欢的知识材料以及为了某些特定的目的，也可以展开精读。对那些无关紧要的或者与自己联系不大的资料，就不一定要精读了，以免浪费自己的时间、精力。

全脑阅读过程中，为了赢得时间，加强效率和效果，增强驾驭知识的能力，更有效地采用相关知识解决实际问题，就要把握详略。

要是在读书时面面俱到，什么也不舍得放弃，没有选择与侧重点，不掌握轻、重、缓、急，平均使用力量，就会造成精力与时间大量浪费。因此要采用略读的方法，学会、学透知识，并且加以实际运用。

不是什么内容都要略读。切记：略读并不是省略去掉不读，是省略书中某些无关紧要的地方，选出重要或必要的内容进行阅读，千万不要误会成略读是把重要的内容省略不读，略读在下述情况下展开：某些阅读材料不需要精读；没有足够的精力与时间精读；阅读内容中某些部分同读者阅读关系不大等。

“一目十行”古来就有。《三国演义》中记述了张松速读曹操的《孟德新书》“一目十行”。他当着曹操的面，复述曹操这本兵书的内容，讥讽曹操这本兵书在四川人人都会，连儿童都知道，让曹操上了一个大当，当即烧毁了他自己苦心编出的这部兵书。由此可见，这种速读技术的作用是如此之大。

扫描速读为全新的高效的阅读方式。当人们拥有这种技术之后，可以大幅提高阅读速度，比原来的阅读速度快 8 倍以上。用这种速读进行泛读、略读或精读，也比常人速度快。

扫描速读法不是指走马观花、粗枝大叶、草草了事，速读既要求快，又要求质量。对阅读材料进行快速阅读，即采用超常的阅读速度和特殊技术进行阅读，就是扫描速读。这种速读技术通常要经过专门训练与练习，才能够加以掌握与运用。

进行扫描速读应该把握以下原则：

（1）快速反应原则。这要求我们在扫描速读之前要高度集中留意力，快速反应，使眼睛与大脑灵敏自如、互相配合、协调一致。

（2）视读材料原则。可以采用不出声的泛读方式进行速读，即采用默读的方式，容易使留意力集中在关键的内容上面，对无关紧要的内容可以一扫而过。

（3）逐步提升原则。值得注意的是，这个要在把握速读思想之后，先慢后快，由慢到快，层层递进，不断升级，最后养成快速泛读的智力和习惯。

（4）掌握文法的原则。应该对连接词、副词等尽量熟悉，以便于在速读的时间跳过去，腾出时间来抓关键的地方。

（5）注意积累原则。这要求我们在平时要做足功夫，速读起来就比较有利。

（6）广泛运用的原则。即要求我们把速度在现实生活中广泛加以运用。

最后，为了达到扫描速读的目的，还可以这么着手准备：

（1）浏览那些除正文之外的所有消息，这同精读、略读大致类似。

（2）关注封面，对阅读图书的书名、作者、出版社等进行浏览，做到心中有数，看该书反映了什么主题，对个人的意义如何。

（3）关注提要，这个能帮助你判断需不需要读这本书，有没有阅读的价值。

（4）进行列表，这样做的好处是可以反映全书的整体架构，让人一目了然。

（5）看序跋，序、跋反映了该书作者有关消息，如作者的书面表达意图、背景、主旨等。

（6）阅读正文，正文是扫描速读的核心部分。

总之，不管我们选择什么样的阅读方式，都应该建立在自己丰富的知识体系上，在这个基础上，进行全脑阅读法的训练，让阅读更快捷、更有效、更实用。

看书还需因“材”而读

学习是一个阅读的过程。

在我们所遇到的诸多材料中，我们应根据不同的阅读资料、不同的阅读目的来变换我们的阅读速度。唯有如此，我们才能成为一位高效阅读的学习者。

在阅读之时，我们往往会以同一种方法去阅读各种不同的阅读资料，这种阅读习惯是十分错误的。我们要做阅读的主人，而不是阅读的奴隶。在阅读中我们要不以一种唯一的速度，而要灵活地变换读速，并发展和培养对阅读速度的控制能力。同时，这也是快速阅读的要诀。

阅读速度是多种多样的。为了解情节而读小说，可以读得很快。但是，读教科书或必须记忆的参考书，就不能太快。好的读者，会根据阅读的目的、所阅材料的性质和难易程度，以及自己的阅读能力和所掌握的背景知识，不断地自由调节阅读速度。

根据材料不同，阅读速度大致有以下 3 种：

1. 精读速度

这是最慢的阅读速度，用于难读的材料，要求获得高度理解的内容或希望牢固记忆的材料。在精读时，应力求仔细钻研材料，解决疑点、难点，记住要点。这时，阅读速度每分钟大约在 250 字以下，理解率在 90% 以上。但是，即使是这种精读，也应先将材料快速阅读一遍，然后回头再来看第一遍遗漏的细节，或在重点部分画线圈点，或摘录提要，或针对思考题回答。速读与精读相结合的“精读法”，一般要比单纯的精读法效果更好，理解和记忆得更深刻。

2. 普通阅读速度

这是最常用的一种阅读速度，用于日常对文件、小说、报刊、杂志或浅易课本等的阅读。这种阅读速度每分钟大约在 250 ~ 500 字之间，理解率在 80%左右。

3. 速读速度

这是最快的阅读速度，用于时间紧迫、必须快速阅读时，或无需高度理解的材料。如从大量报告、刊物和众多的补充读物中迅速获取大意或信息。这是一种有用的技巧，学会这种技巧，将终身受益无穷。这种阅读速度每分钟大约在 500 字以上。

阅读时究竟采取哪种速度，要由阅读目的来决定。阅读目的是因人而异，因情况而异的。同一本书，对某人来说是为学习和研究而读，但对另一个人来说则是为了欣赏。但是，不管怎样，我们都应该做到目标明确，以便确定不同的阅读速度和理解程度。

阅读能力不强的人，往往不管读什么东西、为什么目的，读速总是一成不变，或者总以同样的理解程度来阅读所有的材料。虽然这些人中的不少人，也能把读过的东西完全理解并记住，但是对于要想成为一个快速高效阅读的人来说，你必须随阅读目的和读物内容的不同，灵活地调整阅读速度，选用不同的速读方法和技巧，做到在阅读中要快则快，要慢则慢，当精则精，当粗则粗，迅速掌握所读材料的内容。

其实，我们的阅读就如同欣赏美妙的音乐一样，一旦听到美妙的乐曲时，往往会如痴如醉，有时忍不住跟着哼唱起来。音乐的魅力在哪里呢？答案就在于音乐充满了节奏感。我们的阅读同样也需要节奏感。当我们带着节奏感去阅读不同的材料时，我们的阅读就变成了一种享受。